Dieter Schulz

PC-gestützte Meß- und Regeltechnik

Grundlagen und praktische Anwendung

Mit 144 Abbildungen

Die Deutsche Bibliothek - CIP-Einheitsaufnahme

Schulz, Dieter.:
PC-gestützte Meß- und Regeltechnik : Grundlagen und
praktische Anwendung / Dieter Schulz. - München : Franzis, 1991
  (Franzis Einführung)
  ISBN 3-7723-6675-9

© 1991 Franzis-Verlag GmbH, München

Sämtliche Rechte – besonders das Übersetzungsrecht – an Text und Bildern vorbehalten. Fotomechanische Vervielfältigungen nur mit Genehmigung des Verlages. Jeder Nachdruck, auch auszugsweise, und jede Wiedergabe der Abbildungen, auch in verändertem Zustand, sind verboten.

Satz: Franzis-Verlag (Autor)
Druck: Offsetdruck Heinzelmann, München

Printed in Germany · Imprimé en Allemagne

ISBN 3-7723-6675-9

Vorwort

Es existiert eine unzählige Menge von A/D - D/A - Wandlerkarten und sogenannten Multifunktionskarten für die Rechner vom Typ IBM-PC/XT/AT oder
deren kompatible Nachbauten. Was mit solchen Karten erreicht werden kann
oder was nicht, ist den wenigsten Anwendern wirklich bekannt. Speziell auf
dem Gebiet der A/D-Wandlung wird in der Regel alles geglaubt, was der
Computer als Ergebnis zurückliefert.

Dieses Buch gibt praktikable Hinweise, wie man zu sicheren Meßergebnissen
kommt. Es zeigt auch die Stellen der PC-Meßtechnik, wo Vorsicht geboten ist.

Jede Menge Messungen und Experimente wurden während der Entstehung
dieses Buches durchgeführt, um die aufgezeigten Wege in der Praxis gangbar
zu machen.

Ich danke insbesondere der Ing.- Gemeinschaft WSP dafür, daß ich den gesamten zur Verfügung stehenden Meßgerätepark für meine Messungen und Untersuchungen nutzen konnte.

D. Schulz, Aachen

Inhalt

1 Einleitung

Eine ganze Reihe von Problemen in Labor und Prüffeld ließen sich bisher nur mit sehr aufwendigen und relativ teueren Apparaten lösen. Diese sind in der Regel kompliziert in der Handhabung und Bedienung und erlauben deshalb meist den effektiven Einsatz erst nach einer längeren Einarbeitungszeit des Benutzers.

Auch im industriellen Bereich, wo es meist gilt, umfangreiche Steuerungen und Regelkonzepte zu realisieren, greift man sehr häufig zu recht teuren und komplizierten Lösungen. Hier haben Speicherprogrammierbare Steuerungen, kurz SPS, zwar eine wesentliche Erleichterung in Richtung der Flexibilität gebracht, Es bleibt aber der relativ hohe Preis.

Der Einsatz von PCs mit entsprechender Peripherie (A/D - D/A - Wandler, digitale I/O usw.) ist in vielen Fällen eine einfache und preisgünstige Alternative. Es läßt sich so, wie bei einer SPS, ein modulares System aufbauen, bei dem für einen Aufgabenwechsel lediglich andere Software und möglicherweise der eine oder andere Spezialadapter benötigt werden.

Wenn auch die Genauigkeit manchmal nicht an ein Gerät der 100.000,- DM-Klasse heranreicht, so lassen sich dennoch bei vielen Anwendungen meist zufriedenstellende und durchaus ausreichende Ergebnisse erzielen. Vor allem dann, wenn man weiß, wie und wo Fehler entstehen und wie stark sich ihre Größe auf den gesamten Ablauf auswirkt. Die verwendeten Sensoren oder Meßwertumformer, die z.B. einen Druck, eine Temperatur oder eine andere physikalische Größe in eine meßbare Spannung umformen, geben ohnehin durch ihre Bauart und ihre Qualität die maximal erreichbare Genauigkeit bereits vor.

Allerdings ist ein PC in der ausschließlichen Verwendung als Meßgerät sicherlich etwas unterfordert. Erst bei der Auswertung von Meßreihen bzw. bei der Signalanalyse zeigt er, was in ihm steckt. Speziell dann, wenn es an die grafische Darstellung von Ergebnissen geht, die mit kaum einem anderen System als einem Computer, machbar ist.

So gibt es auch im Bereich der Regelungstechnik einige Tricks und Möglichkeiten, mit Hilfe derer ein Computer, ergänzend zu den Routinen für die klassische Regelung, den analog aufgebauten Regler weit in den Schatten stellt. Dieser ist nämlich nicht in der Lage, neben seiner fest vorgegebenen bzw. eingestellten Verhaltensweise, auf bestimmte Situationen besonders zu reagieren. Ihm fehlt eben das Wenn-Dann-, oder programmiertechnisch ausgedrückt, das IF-THEN-Verhalten.

Gerade diese Eigenschaft eines PCs, nämlich logische Entscheidungen treffen zu können, ist im Bereich der Steuerungstechnik von großem Nutzen. So vielfältig die Möglichkeiten z.b. einer SPS auch sein mögen, mit einem PC können sie alle nachgebildet, oder besser ausgedrückt, vollwertig ersetzt werden. Selbst ein PC im Industriegehäuse mit allen erdenklichen I/O - Möglichkeiten schneidet bei der Kostenbetrachtung dann immer noch günstiger ab. Nicht zu vergessen, daß für SPS-Steuerungen noch zusätzlich spezielle Programmiergeräte benötigt werden, damit man überhaupt eine Möglichkeit hat, hier etwas am Ablauf zu ändern. Mildernd muß natürlich erwähnt werden, daß ein solches Programmiergerät nur einmal angeschafft werden muß.

Richtig angewendet ist der PC also keineswegs nur Alternative, sondern er stellt in der Verbindung mit der entsprechenden Hard- und Software ein vollwertiges Meß-, Auswerte-, Steuer- und Regelgerät dar. In manchen Fällen kann er sogar Funktionen verwirklichen, die bisher mit noch keinem für diesen speziellen Zweck erwerbbaren Spezialgerät in die Praxis umgesetzt werden konnten. Man denke dabei nur an die Möglichkeit, relativ schnell komplizierte mathematische Berechnungen durchzuführen, und deren Ergebnisse in die Steuerung oder Regelung einfließen zu lassen. Auch hier ist eine SPS aufgrund ihres beschränkten Befehlsvorrates, der sich in der Regel auf der Maschinenebene des verwendeten Prozessors abspielt, immer im Nachteil. Für Speicherprogrammierbare Steuerungen wurden zwar spezielle Programmiersprachen entwickelt, über eine AND-, OR-, XOR- Verknüpfung usw. kommen die Elemente der Sprachen jedoch nicht weit hinaus. Jedenfalls bieten die Programmiermöglichkeiten nicht den Komfort einer echten Hochsprache, wie z.B. C oder Pascal, wo auch die volle mathematische Unterstützung, und sei es nur zur Linearisierung der Kennlinie eines Sensors, gegeben ist.

In den nachfolgenden Kapiteln wird versucht, die Möglichkeiten, die ein PC-System zur Steuerung und Regelung bietet, von allen Seiten zu beleuchten. Dazu gehören in einigen Dingen Grundlagen, sowie natürlich auch Hard- und Software. Bei der verwendeten Software stand die Wahl zwischen den Programmiersprachen Pascal und C. Beide Sprachen bieten für die Lösung der Probleme in der Meß- und Regelungstechnik einen umfangreichen Befehlsvorrat. Die Entscheidung ist für Turbo-Pascal gefallen, da diese Programmiersprache sehr weit verbreitet ist und den meisten Anwendern keine Probleme bei der Programmierung und dem Verständnis der abgebildeten Programme bereitet.

Erfahrene Programmierer, gleichgültig, welche Sprache sie bevorzugen, sollten jederzeit in der Lage sein, die vorgestellten Programme in eine Programmiersprache ihrer Wahl funktions- und wirkungsgleich zu übersetzen.

Grundsätzlich ist natürlich jede Programmiersprache für den Einsatz in der Steuerungs- und Regelungstechnik geeignet, sofern sie den direkten Zugriff auf Ein- bzw. Ausgabeports des verwendeten Rechners zuläßt. Der Unterschied zwischen den einzelnen Programmiersprachen besteht meist nur in der Behandlung mathematischer Funktionen und natürlich auch im Komfort der Entwicklungsumgebung. Nur selten tritt bei Steuerungsproblemen das Kriterium der Bearbeitungsgeschwindigkeit in den Vordergrund. Anders bei der Signalanalyse, hier werden volle mathematische Unterstützung und maximale Prozessorleistung benötigt.

Zu bemerken sei noch, daß vom funktionsfähigen Labormodell einer Steuerung oder gar einer Regelung noch ein ziemlich langer Weg zur industriellen Einsatzfähigkeit zu bewältigen ist. Es geht dabei im Wesentlichen um die Stör- und Funktionssicherheit. Bei einer industriellen Lösung mit einem PC müssen alle erdenklichen Stör- und Fehlerfälle berücksichtigt werden. Das Problem ist nur, man kann lediglich Schutzmaßnahmen gegen bekannte Ursachen treffen.

2 Digitale Ein-/ Ausgabe

Ohne die Möglichkeit, Signale an externe Baugruppen auszugeben, oder Zustände extern anliegender Signale zu lesen, ist ein Computer als Steuerrechner absolut hilflos. Mit dem Benutzer oder Bediener kommuniziert der Rechner in erster Linie über Tastatur und Bildschirm. Man kann sich aber leicht vorstellen, daß ein Relais, das vom PC geschaltet werden soll, von einer Bildschirmausgabe äußerst unbeeindruckt bleiben wird.

Es muß also eine Möglichkeit gefunden werden, die Datenleitungen des Rechners nach außen zu führen, und z.B. für eine Ausgabe die Zustände auf diesen Leitungen irgendwie zu speichern.

2.1 Möglichkeiten des PC

Die Struktur des PC bietet neben der eigentlich selbstverständlichen Fähigkeit den Speicher zu adressieren, auch die Möglichkeit, eine ganze Reihe sogenannter I/O-Ports anzusprechen. Diese I/O-Ports werden parallel zum Speicher verwaltet. Beim PC gibt es deswegen eine spezielle READ- und eine WRITE-Leitung, /IOR und /IOW, die nur dafür zuständig sind, die I/O-Ports zu bedienen. D.h., diese Leitungen werden nur aktiv, wenn eine Ausgabe oder eine Eingabe über einen Port stattfinden soll. Der Schrägstrich vor der eigentlichen Signalbezeichnung bedeutet, daß dieses Signal LOW-aktiv ist. Damit ist gemeint, daß es zum Zeitpunkt des Zugriffs auf logisch 0 liegt. Der Prozessor verwendet für die I/O-Adressierung 16 Adreßleitungen. Damit ergibt sich eine theoretische Anzahl von 65.536 zu erreichenden Ein- bzw. Ausgabeadressen. In der praktischen Ausführung des PC hat man jedoch den E/A-Adreßraum drastisch eingeschränkt. So werden für den Datenverkehr mit externen Geräten lediglich 10 Adreßleitungen (A0 - A9) nach außen hin bedient. Damit hat sich die Anzahl auf 1.024 ansprechbare Portadressen vermindert. Von diesen 1.024 sind jetzt noch einige durch das System belegt. Die ersten 256 Adressen (000h - 0FFh) sprechen ausschließlich Bausteine an, die sich auf der Hauptplatine des Rechners befinden. Darüberhinaus sind noch einige andere Adressen bestimmten Steckkarten, wie z.B. den verschiedenen Grafikadaptern oder Schnittstellenkarten vor-behalten. Die seriellen Schnittstellen z.B. belegen 3F8h für COM1 und 2F8h für COM2 als

sogenannte Basisadresse. Für den Druckerport LPT1 ist 378h reserviert. Es sind
also nicht alle der verfügbaren Portadressen für den Anwender nutzbar. Abb. 2.1
zeigt eine Aufstellung der wichtigsten vom Rechner bzw. vom Betriebssystem
belegten, oder reservierten I/O-Adressen. Für eigene Applikationen oder spezielle
le Zusatzkarten bleibt trotzdem noch genügend Adreßraum frei. Im Einzelfall muß
das Handbuch des verwendeten Rechners zu Rate gezogen werden, um die tatsächlich
lich belegten Adressen festzustellen. Nicht immer sind z.B. zwei Druckerschnitt-
stellen oder zwei serielle Schnittstellen installiert. Auch der Gameport ist oft nicht
vorhanden. In diesem Fall können die dafür reservierten Adreßbereiche durchaus
für eigene Anwendungen genutzt werden. Bei A/D-Wandlern benutzt man oft den
Adreßbereich 300h.

```
I/O-Adresse        Modul

000h-01fh    DMA-Controller 8237
020h-03fh    Interrupt-Controller 8259
040h-05fh    Timerbaustein 8253/8254
060h-063h    Tastaturport u. Systemstatus
070h-07fh    Echtzeituhr u. Konfigurations-RAM (AT)
080h-09fh    DMA-Pageregister
0a0h-0bfh    2. Interrupt-Controller (AT)
0c0h-0dfh    2. DMA-Controller (AT)
0f0h-0ffh    Math. Coprozessor x87
1f0h-1f7h    AT-Harddisk-Controller
200h-207h    Gameport
278h-27fh    Paralleler Port (LPT 2)
2f8h-2ffh    Serieller Port (COM 2)
300h-31fh    Prototypenbereich
320h-32fh    PC-Harddisk-Controller
378h-37fh    Paralleler Port (LPT 1)
3b0h-3bfh    Monochrom Grafikkarte
3c0h-3dfh    Farbgrafikkarte
3f0h-3f7h    Floppy-Disk-Controller
3f8h-3ffh    Serieller Port (COM 1)
```

Abb. 2.1:   Übersicht der belegten I/O-Adressen beim PC

2.1.1 Nutzung der verbleibenden Adressen

Damit der Anwender die Ein- und Ausgabemöglichkeiten, die der Rechner bietet,
auch nutzen kann, wurde beim IBM-PC bzw. bei seinen kompatiblen Brüdern, der
sogenannte Erweiterungsbus geschaffen. Allgemein wird dieser Busanschluß auch
als Steckplatz oder Slot bezeichnet. Normalerweise verfügt ein Rechnerboard über

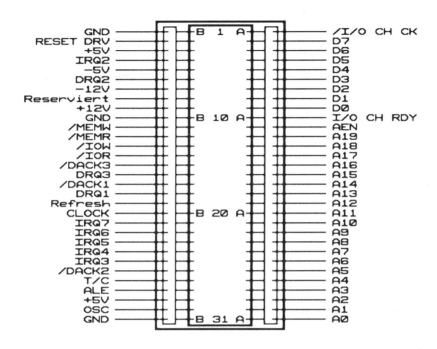

Abb. 2.2: Kontaktbelegung eines PC-Slots

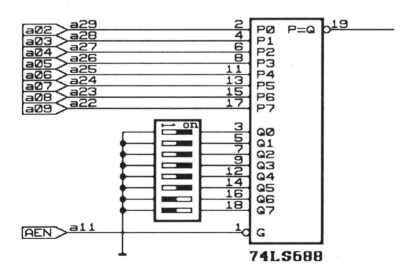

Abb. 2.3: Einfache Schaltung zur I/O-Decodierung

8 solcher Steckplätze. Meist sind jedoch 3 davon schon durch Grafikkarte, Fest-
plattencontroller und z.B. eine Karte mit einer seriellen Schnittstelle besetzt.
In Abb. 2.2 ist die Kontaktbelegung für einen dieser Slots dargestellt. Es handelt
sich hier um einen 8-Bit-Steckplatz.

Die Tatsache, daß nur 10 Adreßleitungen bei E/A-Operationen bedient werden,
vereinfacht natürlich auch den Hardwareaufwand für die Decodierung. Diese
Überlegung hat sehr wahrscheinlich bei der Entwicklung des Rechners auch zu
der Einschränkung auf 1.024 Adressen geführt. Abb. 2.3 zeigt eine kleine Schaltung, mit der eine einfache Adreßselektion möglich ist. Kernstück der Schaltung
ist der 8-Bit-Komparator 74LS688. Er vergleicht die Zustände auf den Adreßleitungen A2 bis A9 mit den an seinen anderen Eingängen durch Lötbrücken,
sogenannte Jumper oder DIL-Schalter voreingestellten Werten. Bei Gleichheit
und wenn dazu noch das Signal AEN auf logisch 0 liegt, geht der Ausgang Q
ebenfalls auf 0. Dieses Signal kann jetzt genutzt werden, um andere Bausteine
anzusprechen. Durch die verbleibenden Adreßleitungen A0 - A1 können unter
der voreingestellten Basisadresse der Schaltung weitere 4 Adressen selektiert
werden.

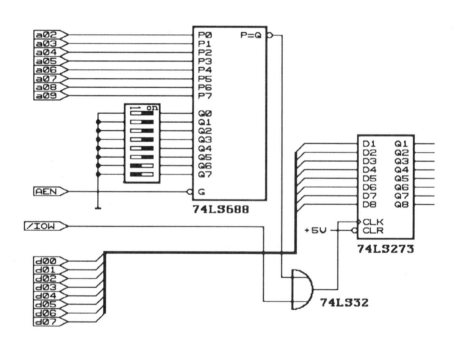

Abb. 2.4:   Schaltung zur Datenausgabe mit einem 74LS273

2.1.1.1 Einfache Ausgabemöglichkeit

Eine sehr einfache Möglichkeit, Daten an externe Schaltungen auszugeben, besteht in der Verwendung eines 8-Bit-D-Registers. Ein geeigneter Typ wäre da der integrierte Schaltkreis 74LS273. Er übernimmt die Zustände, die an seinen Eingängen D0 bis D7 anliegen, sobald an seinem Eingang CLOCK eine positive Signalflanke auftritt.

Diese Signalzustände werden dann an den entsprechenden Ausgängen Q0 bis Q7 ausgegeben. Sie bleiben erhalten, bis durch eine erneute Flanke an CLOCK ein neuer Zustand in den Baustein übertragen wird. Die positive Signalflanke, die die Übernahme der Daten auslöst, kann z.b. das /CS Signal der Schaltung aus Abb. 2.3 bilden. Zu dem Zeitpunkt, wo die /IOW-Leitung inaktiv wird, liegen die entsprechenden Daten auf den Leitungen D0 bis D7 noch an. Die Verschaltung des 74LS273 mit dem Erweiterungsbus und der Decodierlogik zeigt Abb. 2.4. Die Ausgänge Q des Chips können jetzt über Drähte nach außen geführt werden und dort irgendwelche Schaltvorgänge auslösen. Im einfachsten Fall kann mit dem Ausgang des Bausteins direkt eine LED angesteuert werden, wie in der Abbildung dargestellt. Programmtechnisch ist der 74LS273 ganz einfach anzusprechen. Z.B. über folgende Pascal-Zeile, wenn zuvor die Adresse 300h bei der Schaltung eingestellt wurde.

```
port[$300] := wert;
```

Die Variable WERT beinhaltet den Zahlenwert, der ausgegeben werden soll. Zu beachten ist, daß die Ausgabe für die meisten der angeschlossenen Schaltungen bitorientiert stattfindet. Wenn also am Ausgang Q1 ein 1-Signal erzeugt werden soll, muß die Variable WERT gleich 2 sein. Soll lediglich Ausgang Q7 auf 1 gelegt werden, muß WERT gleich 128 sein. Mit den verfügbaren 8 Bit lassen sich auf diese Weise 256 verschiedene Kombinationen erzeugen.

2.1.1.2 Einfache Eingabemöglichkeit

Ebenso einfach wie die Ausgabe von Daten, gestaltet sich das Eingeben und Lesen von Signalzuständen, die extern anliegen. Dazu kann man z.B. den Baustein 74LS125 verwenden. Dieser beinhaltet vier Bus-Leistungstreiber und ist mit Tri-State-Ausgängen ausgestattet. Er kann also mit seinen Ausgängen direkt auf den

Datenbus geschaltet werden, ohne daß Störungen oder irgendwelche Probleme entstehen. Erst wenn der Steuereingang C auf logisch 0 gelegt wird, gibt der Ausgang den Zustand weiter, der am Eingang anliegt. In Verbindung mit der De-codierschaltung aus Abb. 2.3 ist das wieder der Moment, wo die eingestellte Adresse vom Programm aus angesprochen wird. Voraussetzung dafür, daß die Signalübertragung funktioniert, ist natürlich, daß die externen Signale mit soge-nannten TTL-Pegeln anliegen. D.h., ihr Spannungswert darf entweder 0 oder +5 V betragen. Die zulässigen Toleranzen einmal außer acht gelassen. Um alle 8 Datenleitungen zu versorgen, müssen zwei dieser ICs eingesetzt werden. Die Steuereingänge C aller Stufen werden dann miteinander verbunden und an das Signal /CS angeschlossen. Eine Alternative zum 74LS125 bei 8 Bit ist der Einsatz eines 74LS244. Dieser beinhaltet in einem 20poligen DIL-Gehäuse praktisch zwei 74LS125, deren Steuereingänge in Gruppen zu jeweils vier Treibern zusammenge-faßt sind.

Gehen wir wieder davon aus, daß die eingestellte Basisadresse an der Schaltung 300h ist, kann der Zustand der externen Signale, die an den Eingängen des 'LS244 oder 'LS125 anliegen, mit der Anweisung

```
wert := port[$300];
```

von Pascal her abgefragt werden. Um nun den Zustand auf einer einzelnen Leitung zu prüfen, muß WERT dann noch genauer untersucht werden. So kann man z.B. für eine Überprüfung der Datenleitung D0 die Anweisung

```
zustand := wert and 1;
```

verwenden, oder für die Leitung D6 die Anweisung

```
zustand := wert and 64;
```

ZUSTAND beinhaltet, wenn die abgefragte Datenleitung auf logisch 1 liegt, den Wert, der bei der UND-Verknüpfung angesetzt wurde. Ansonsten ist ZUSTAND gleich 0.

Abb. 2.5 zeigt die komplette Schaltung für die Dateneingabe unter Verwendung eines 74LS244. Auf die Verknüpfung mit der Leitung /IOW wurde hier verzichtet, da von dem Port nur gelesen werden soll.

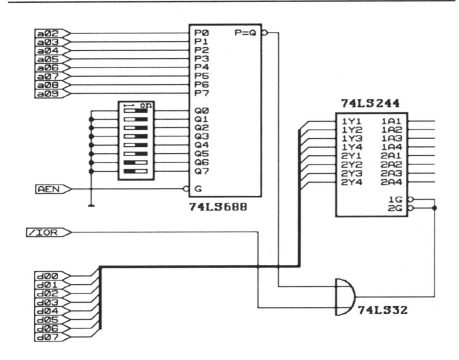

Abb. 2.5:   Schaltung für die Dateneingabe mit einem 74LS244

2.2 Portbaustein 8255

Zuvor haben wir einfache Möglichkeiten kennengelernt, wie man eine Aus- oder Eingabe am PC hardwaremäßig realisieren kann. Der Einsatz integrierter Schaltungen ist dabei unerläßlich. Die vorgestellten Lösungen waren aber nur für einen ganz bestimmten Einsatzfall geeignet: Entweder nur für die Ausgabe oder nur für die Eingabe von Daten. Wesentlich flexibler ist man mit sogenannten Portbausteinen. Diese sind, wenn sie einmal in die Schaltung eingefügt sind, in ihrer Verhaltensweise per Programm einstellbar. D.h., man kann sie programmieren, ob sie als Eingang oder als Ausgang oder auch beides gleichzeitig arbeiten sollen. Ein solcher Baustein ist z.B. der 8255.

Der 8255 wurde als I/O-Baugruppe von Intel speziell für die Zusammenarbeit mit dem Prozessor 8080 entwickelt. Aufgrund seines einfachen Aufbaus kann er jedoch, das hat sich später herausgestellt, in Verbindung mit nahezu jedem Mikroprozessor eingesetzt werden.

Die Hauptaufgabe dieses Bausteins ist die Herstellung der digitalen Verbindung vom Prozessor zur Außenwelt. Dazu besitzt er 24 Anschlüsse, die auf die unterschiedlichste Weise programmiert und organisiert werden können. Damit kann die Verbindung zu allen erdenklichen externen Geräten aufgebaut werden. So kann z.b. auch der Datenverkehr zwischen zwei Computern relativ einfach über einen solchen Baustein abgewickelt werden.

2.2.1 Aufbau und Arbeitsweise

Die Schaltung des 8255 ist in einem 40poligen Gehäuse untergebracht. Abb. 2.6 zeigt die Pinbelegung und das Blockschaltbild der Baugruppe. Zunächst einmal kann man den Baustein von der Funktion her in drei unabhängig voneinander arbeitende I/O-Ports unterteilen. Diese Ports werden allgemein mit A, B und C bezeichnet. Jeder verfügt nach außen hin über 8 Anschlüsse. Die Verbindung zum Computer geschieht über den Datenbus mit 8 Bit Breite, sowie über weitere 5 Steuerleitungen (/RD, /WR, A0, A1 und /CS). Zusätzlich existiert ein RESET-Anschluß, über den der 8255 z.B. beim Einschalten des Systems in einen definierten Zustand versetzt werden kann. Dieser Anschluß ist so gestaltet, daß bei Anliegen eines 1-Signals der Rücksetzvorgang stattfindet. Nach einem RESET sind grundsätzlich alle Leitungen als Eingänge definiert. Dies ist auch der Zustand des Bausteins, nachdem die Betriebsspannung angelegt wurde.

Durch die beiden vorhandenen Adreßleitungen A0 und A1 können Bausteinintern vier verschiedene Register angesprochen werden. Dabei handelt es sich bei den Adressen 0 bis 2 um die einzelnen Ports A bis C. Die 4. Adresse, also Adresse 3, ist dem Befehls- oder Steuerregister zugeordnet. Über dieses Register kann die Arbeitsweise der einzelnen Gruppen vom Prozessor aus festgelegt bzw. programmiert werden.

Die Register A, B und C sind von der Konzeption her für unterschiedliche Aufgaben bei der Ein- und Ausgabe von Daten ausgelegt. Je nach eingestellter Arbeitsweise kann der 8255 einmal als einfaches Ein-/ Ausgaberegister mit 3 x 8 Bit angesehen werden, zum anderen kann er auch als E/A-Register mit 2 x 8 Bit arbeiten, wobei dann der Datenverkehr über zusätzliche Steuerleitungen kontrolliert bzw. protokolliert werden kann. In diesem Fall spricht man nur noch von zwei Gruppen, der Gruppe A und der Gruppe B. Die Leitungen von Port C werden

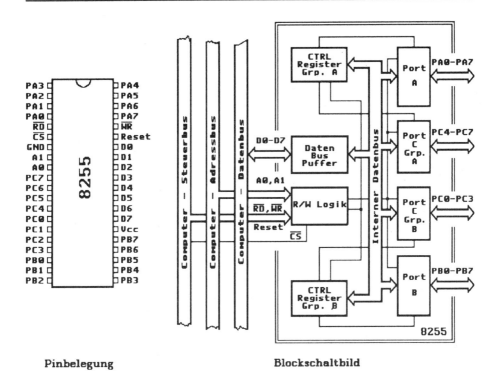

Pinbelegung   Blockschaltbild

Abb. 2.6:   Pinbelegung und Blockdiagramm des 8255

jetzt als Steuerleitungen verwendet, wobei der Gruppe A fünf (PC3 - PC7) und
der Gruppe B drei Leitungen (PC0 - PC2) zugeordnet sind.

Daß die Gruppe A fünf Steuerleitungen erhält, läßt darauf schließen, daß über
diese ein noch komplexerer Datenverkehr abgewickelt werden kann, als über
Gruppe B. In der Tat ist über die Gruppe A auch die Möglichkeit des bidirektionalen Verkehrs gegeben, d.h., es kann geschrieben und gelesen werden, ohne daß
der Portbaustein umprogrammiert werden muß.

Hardwaremäßig kann der 8255 genauso mit der in Abb. 2.3 vorgestellten Deko-
dierschaltung verbunden werden, wie die Einzellösungen in den Abschnitten
2.1.1.1 und 2.1.1.2. Es sind lediglich die Leitungen A0 und A1 zu den entsprechenden Anschlüssen des Bausteins weiterzuführen. Ebenso sind die Signale /IOW und
/IOR mit den korrespondierenden Pins /WR und /RD zu verbinden. Ein erweitertes
Schaltbild zeigt Abb. 2.7.

Der RESET-Anschluß des 8255 muß nicht unbedingt mit dem Bus verbunden
werden. Wird er nicht benutzt, wie in der gezeigten Schaltung, dann ist er auf

Masse zu legen. Allerdings muß man sich darüber im Klaren sein, daß ein RESET
der CPU am Baustein in diesem Fall unwirksam bleibt. Solange die Betriebsspannung nicht abgeschaltet wurde, bleibt die Programmierung und der Zustand der als
Ausgang definierten Portleitungen unverändert. In verschiedenen Systemen kann
dies zu unerwünschten, ja sogar zu unerlaubten Aktivitäten der Peripherie führen.

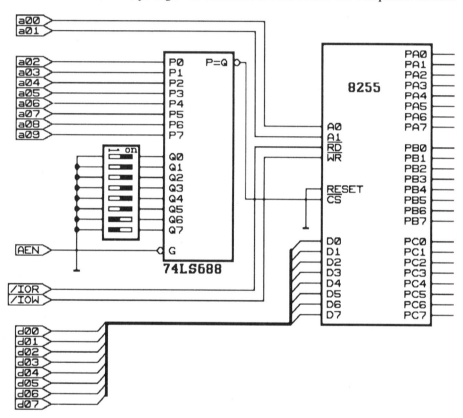

Abb. 2.7:   Verschaltung des 8255 mit der Decodierlogik

2.2.2 Beschreibung der Betriebsarten

Wie aus dem vorherigen Abschnitt schon ersichtlich wurde, kann der 8255 auf
unterschiedliche Weisen eingesetzt werden. Insgesamt stehen dem Programmierer
drei Betriebsarten für die Anwendung zur Verfügung. Teilweise können diese auch
für die einzelnen Ports unterschiedlich eingestellt werden. Im Folgenden werden
diese Betriebsarten näher beschrieben.

2.2.2.1 Modus 0

Der Modus 0 ist die einfachste, und deshalb wohl auch die am häufigsten eingesetzte Betriebsart des 8255. In diesen Modus werden übrigens alle Ports, wie schon erwähnt, nach einem RESET versetzt, wobei allerdings danach alle Portleitungen als Eingänge initialisiert sind.

Die Betriebsart 0 kann an jedem der drei Ports A bis C eingestellt werden. Port C stellt hier allerdings eine Besonderheit dar. Während die Ports A und B in ihrer vollen Breite über 8 Bit entweder nur als Eingang oder nur als Ausgang arbeiten können, gestattet Port C eine weitere Unterteilung. Er kann nochmals in 2 Gruppen, oder besser Grüppchen, zu je 4 Bit aufgeteilt werden, die sich getrennt sowohl als Aus- oder als Eingang einstellen lassen. Die Trennung bezieht sich dabei auf die Leitungen PC0 bis PC3, bzw. auf PC4 bis PC7. Abb. 2.8 zeigt schematisch die Konfiguration der Portleitungen für den Fall, daß alle Ports in diesem Modus arbeiten. Durch eine einfache Schreib- oder Leseoperation auf die entsprechende Adresse des Portregisters kann jetzt die Aus- bzw. Eingabe stattfinden.

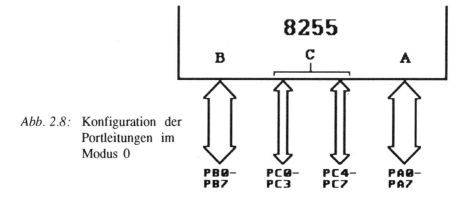

Abb. 2.8: Konfiguration der Portleitungen im Modus 0

Obwohl der 8255 sogenannte TTL-Kompatibilität besitzt, unterscheiden sich seine als Eingang definierten Portleitungen durchaus von den Schaltungen, zu denen er 'kompatibel' ist. Während bei TTL-Schaltkreisen, z.B. bei denen vom Typ 74' die Eingänge intern über sogenannte Pullup-Widerstände mit der Betriebsspannung verbunden sind, ist dies bei denen als Eingang benutzten Leitungen des 8255 nicht der Fall. Durch einen Pullup-Widerstand wird z.B. ein offener Eingang, also einer, an dem kein definiertes Signal anliegt, automatisch auf logisch 1 gezogen. Der 8255 dagegen betrachtet einen offenen Eingang wie ein anliegendes

0-Signal. Zur Sicherheit der Datenerkennung sollten auf jeden Fall alle Eingänge, auch die momentan unbenutzten, auf einen definierten Signalpegel gelegt werden. Gerade offene, hochohmige Eingänge sind gegenüber Störsignalen sehr empfindsam und können manchmal ungewollte Reaktionen im Gesamtsystem hervorrufen.

2.2.2.2 Modus 1

Über den Modus 1 kann ähnlich wie in Modus 0 ein Port entweder als Eingang oder als Ausgang konfiguriert werden. Dieser Modus läßt sich jedoch nur für die Leitungen der Ports A und B einstellen. Der Grund ist, daß einige der Leitungen von Port C für die Abwicklung des hier vorgesehenen Protokolls beansprucht werden. In dieser Betriebsart des Bausteins, oder in einer seiner seiner Ports, sind jeweils drei sogenannte Handshake-Leitungen für die ordnungsgemäße Abwicklung des Datenverkehrs vorgesehen. Die verbleibenden Leitungen von Port C, besser, die für diesen Vorgang nicht reservierten, können weiterhin als eigenständige I/O-Leitungen genutzt werden. Eine Übersicht über die Konfiguration im Modus 0 zeigt Abb. 2.9.

Während für die Gruppe B stets die gleichen Leitungen (PC0 - PC3) für Protokollzwecke verwendet werden, kann dies bei der Gruppe A durchaus wechseln. Arbeitet die Gruppe A als Ausgang, werden die Leitungen PC3, PC6 und PC7 verwendet. In diesem Fall können die Anschlüsse PC4 und PC5 frei programmiert werden. Ist Gruppe A dagegen als Eingang programmiert, werden für das Protokoll die Leitungen PC3 - PC5 verwendet. Jetzt stehen die Leitungen PC6 und PC7 für andere Anwendungen zur Verfügung.

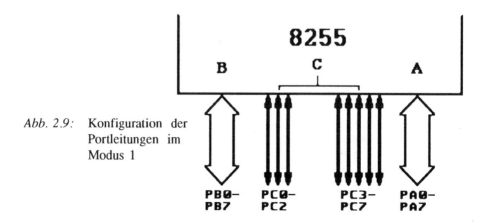

Abb. 2.9: Konfiguration der Portleitungen im Modus 1

8255

B   C   A

PB0–   PC0–   PC3–   PA0–
PB7   PC2   PC7   PA7

Da der Modus 1, wie auch der im nächsten Abschnitt kurz beschriebene Modus 2, in der Steuerungstechnik nicht so interessant ist, soll auf die genauere Beschreibung der Funktion der Protokolleitungen verzichtet werden.

2.2.2.3 Modus 2

Der Modus 2 dieses Bausteins ist lediglich auf die Gruppe A anwendbar. Er gestattet einen bidirektionalen Datenverkehr mit dem angeschlossenen Peripheriegerät. Auf die Adresse 0 des Bausteins, also auf Port A, kann somit lesend oder schreibend zugegriffen werden, ohne daß zwischenzeitlich eine Umprogrammierung des Ports stattfinden muß. Die Übermittlung der Daten geschieht dabei über die Leitungen PA0 bis PA7. Zur Abwicklung des Datenprotokolls nimmt in dieser Betriebsart die Gruppe A fünf Anschlüsse des Ports C für Steuerzwecke in Anspruch.

Eine denkbare Anwendung wäre beispielsweise der Datenaustausch zwischen zwei Rechnern.

2.2.3   Programmierung

Die Programmierung des 8255 ist dank des strukturierten Aufbaus relativ einfach. Zur Festlegung der Betriebsarten der einzelnen Ports dient das Steuerwortregister. An dieses Register werden vom Prozessor Daten ausgegeben, die die Arbeitsweise der einzelnen Ports bestimmen. Das Steuerwortregister besitzt im Baustein die höchste Adresse (Basisadresse + 3). Der Aufbau des Befehlswortes, das an diese Adresse zur Konfiguration des 8255 zu senden ist, kann Abb. 2.10 entnommen werden. Es lassen sich nahezu alle erdenklichen Kombinationen von Ein- und Ausgängen programmieren.

Der Port C bietet eine weitere Besonderheit. Auf diesem Port ist es dem Programmierer möglich, einzelne Bits bei der Ausgabe gezielt anzusprechen und diese entweder auf logisch 1 oder 0 zu setzen. Dies ist insbesondere dann hilfreich, wenn für die Abwicklung des Datenverkehrs ein vom Programmierer selbst bestimmtes Protokollverfahren eingesetzt werden soll. Um diese Funktion zu erreichen, muß neben dem Steuerwort, das die Betriebsart der Ports festlegt, ein zusätzliches Datenbyte an das Steuerwortregister gesendet werden.

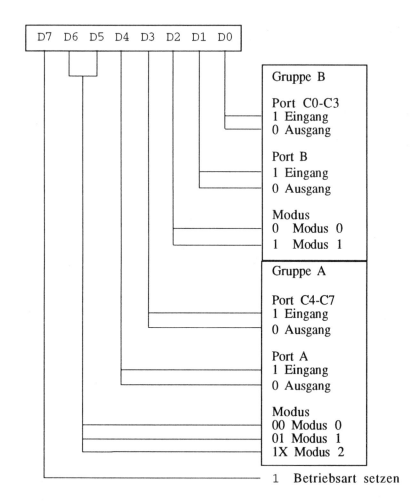

Abb. 2.10: Aufbau des Steuerwortes zur Festlegung der Betriebsart des 8255

Der Aufbau dieses zusätzlichen Steuerwortes kann Abb. 2.11 entnommen werden.

Wie man sieht, genügt allein das richtig zusammengestellte Datenbyte, um das entsprechende Bit von Port C entweder zu setzen oder zurückzunehmen. Alle notwendigen Informationen sind bereits in diesem enthalten. Ein zusätzlicher Schreibzugriff auf die Adresse des Ports selbst ist nicht notwendig.

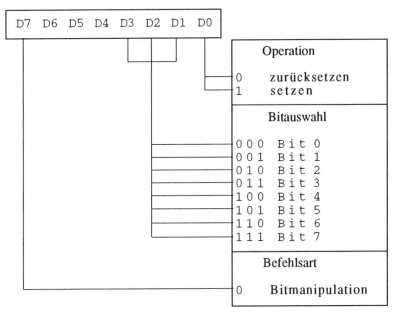

Die Zustände der Bits D4 bis D6 sind hier ohne jegliche Bedeutung !

Abb. 2.11:   Bedeutung der Datenbits für die Funktion Bit setzen oder rücksetzen
bei Port C

2.3 Anwendungsbeispiel

Eine LED an einem Port des Rechners zum Leuchten zu bringen, dürfte mit dem
8255 also kein Problem mehr darstellen. Es gibt aber in der Steuerungstechnik
wesentlich anspruchsvollere Aufgaben als das Schalten einer LED.

2.3.1 Steuerung des Zündwinkels an einem Triac

Für eine bestimmte Aufgabe kann es erforderlich sein, die zugeführte elektrische
Leistung an einem Verbraucher kontinuierlich zu verändern. Es könnte sich dabei
z.B. um einen sehr schnell reagierenden Heizstrahler handeln. Damit keine merk-
lichen Schwankungen in der Leistungsabgabe auftreten, kommt nur eine Phase-

nanschnittsteuerung in Betracht. Die Steuerung soll vom Computer aus vorgenommen werden.

Als Schaltelement wird ein Triac ausgewählt, mit dem man die Netzspannung
und dazu auch einen entsprechenden Strom schalten kann. Leider weiß ein solches
Bauteil mit dem digitalen Schaltausgang des Computers recht wenig anzufangen.
Applikationen für reine Analoglösungen eines solchen Problems gibt es in großer
Anzahl, meist bekannt als Dimmerschaltungen.

2.3.1.1 Die analoge Lösung

Erhältlich sind z.B. auch Dimmer oder Leistungssteller, die nicht nur durch ein
Potentiometer oder durch Tastschalter eingestellt werden können, sondern die
zusätzlich einen Steuereingang für ein Gleichspannung oder einen Strom besitzen.
Auf diese Weise kann die Leistung am Verbraucher dann durch ein externes Gerät,
das einen entsprechenden Steuerausgang besitzt, bestimmt werden. Einen PC mit
einem solchen Steuerausgang auszustatten, ist bestimmt kein Problem. Ein viel
größeres Problem ist es, handelsübliche Leistungssteller zu bekommen, die mehr
als 10 A schalten können. Sieht man einmal von den relativ teueren Industrielö-
sungen ab, kommt eigentlich nur der Selbstbau in Betracht.

2.3.1.2 Die digitale Lösung

Für die digitale Steuerung steht im PC der Portbaustein 8255 zur Verfügung. Es
muß nun eine Lösung gefunden werden, die einen digitalen Zahlenwert im Bereich
von z.B. 0 - 255 (8 Bit) oder gar 0 - 65.535 (16 Bit) in einen entsprechenden
Zündwinkel für den Triac umsetzen kann. Die Schaltung muß weiterhin dafür
Sorge tragen, daß der Triac den Zündimpuls auch zur richtigen Zeit synchron zum
Phasenverlauf der Netzspannung erhält. In Abb. 2.12 ist der Schaltplan einer Logik
dargestellt, die alle diese Kriterien erfüllt. Es handelt sich dabei um die Umsetzung
eines Zahlenwertes von 8 Bit. Das Prinzip der Schaltung gestattet aber auch eine
feinere Auflösung von z.B. 12 oder gar 16 Bit. Sie ist dann entsprechend zu
erweitern.

Für den praktischen Aufbau wird als Schaltelement im 220-V-Leistungskreis ein
Halbleiterrelais verwendet. Halbleiterrelais beinhalten eigentlich nichts anderes
als einen Triac oder auch zwei antiparallel geschaltete Thyristoren nebst der

zugehörigen Zündlogik. Der große Vorteil besteht darin, daß Steuer- und Leistungskreis galvanisch durch Optokoppler vollständig voneinander getrennt sind. Es erübrigt sich damit der Aufbau einer eigenen Lösung, die diese wichtige Trennung vornimmt. Außerdem sind diese Schaltelemente für einen großen Laststrombereich von bis zu 50 A erhältlich. Damit läßt sich ein weites Anwendungsgebiet abdecken.

Es ist unbedingt zu beachten, daß man ein Halbleiterrelais auswählt, das sich in jeder Position einer Halbwelle zünden läßt. Solche Relais werden vornehmlich für das Schalten von induktiven Lasten verwendet, da diese, wenn sie im Nulldurchgang eingeschaltet werden, einen sehr hohen Anfangsstrom ziehen. Im Gegensatz dazu schalten Relais, die speziell für ohmsche Lasten ausgelegt sind, nur im Nulldurchgang. Eine Phasenanschnittsteuerung ist damit nicht möglich.

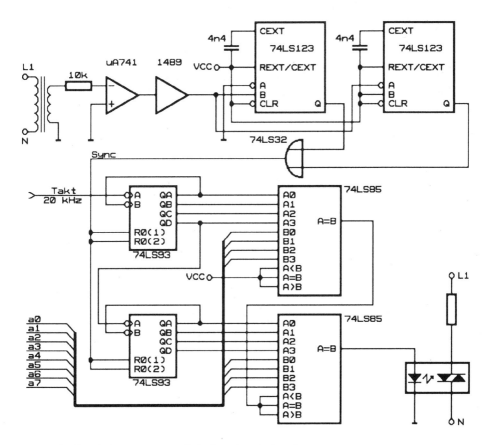

Abb. 2.12: Schaltung zur digitalen Zündwinkelsteuerung

Durch den Operationsverstärker (µA 741) wird aus der sinusförmigen Netzwech-selspannung ein Rechtecksignal erzeugt. Der Pegelwandler MC1489 reduziert dieses auf TTL-Pegel. Sowohl die positive, als auch die negative Flanke triggern jeweils eines der nachgeschalteten Mono-Flops 74LS123. Diese erzeugen einen etwa 1 µs dauernden Impuls, der über das ODER-Gatter die beiden in Reihe geschalteten 4-Bit-Zähler (74LS93) auf 0 zurücksetzt. Dieser so erhaltene 8-Bit-Zähler wird mit einer separat zugeführten Taktfrequenz von 20 kHz getaktet und zählt damit von Beginn einer neuen Halbwelle an von 0 aufwärts. Die Ausgänge dieses Zählers sind mit den Komparatoren 74LS85 verbunden, an deren zweitem Eingang der vom PC vorgegebene Zahlenwert ansteht. Sind beide Werte identisch, wird ein kurzer Impuls mit der Dauer der halben Taktzeit zum Halbleiterrelais durchgeschaltet. Es zündet!

Mit dem Takt von 20 kHz ist die Anzahl der möglichen Zündpositionen je Halb-welle auf 200 in dieser Schaltung festgelegt. Für eine höhere Auflösung ist also auch die Taktfrequenz entsprechend zu vergrößern. Der PC hat nun nichts weiter zu tun, als einen Zahlenwert entsprechend dem gewünschten Zündwinkel an Port A (bzw. an A und B für 12 oder 16 Bit Breite) auszugeben. Zu beachten ist, daß ein großer Zündwinkel einer kleinen Leistung entspricht und umgekehrt. In Abb. 2.13 ist der Verlauf der Spannung am Verbraucher für verschiedene Werte der vom Rechner ausgegebenen Zahl x dargestellt.

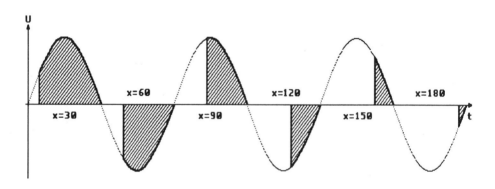

Abb.2.13:   Spannungskurven für verschiedene Werte von x

2.3.1.3 Bestimmung der Leistung

Solange Ohmsche Verbraucher an den Ausgang der Schaltung angeschlossen sind, ist es jetzt relativ einfach möglich, die an den Verbraucher abgegebene elektrische Leistung rechnerisch zu bestimmen. Möglicherweise wird diese für ein Versuchsprotokoll benötigt. Bei üblichen Leistungsmeßgeräten gibt es fast immer Probleme mit nichtsinusförmigen Werten, wie sie bei der Phasenanschnittsteuerung ja vorliegen. Außerdem fehlt oft eine Anschlußmöglichkeit an den PC und man ist somit gezwungen, die gemessenen Werte zunächst manuell zu notieren und später in das Meßprotokoll einzuarbeiten. Aus der Elektrotechnik ist die Leistungsgleichung

$$P = \frac{U^2}{R}$$

bekannt. U bezeichnet hier den quadratischen Mittelwert oder auch Effektivwert der Spannung. Im Normalfall beträgt er bei der Netzspannung 220 V. Der quadratische Mittelwert in allgemeiner Form einer Funktion f im Intervall [a,b] wird durch folgenden Term definiert:

$$m_q = \sqrt{\frac{1}{b-a} \cdot \int_a^b [f(x)]^2 \, dx}$$

Da für die Leistungsberechnung ohnehin das Quadrat dieses Wertes benötigt wird, kann die Wurzel schon einmal entfallen. Angewendet auf die Netzspannung mit der Sinusfunktion folgt:

$$U^2 = \frac{U^{*2}}{T} \cdot \int_t^T \sin^2 \omega t \, dt$$

Nun gilt es noch das Integral zu lösen.

$$U^2 = \frac{U^{*2}}{T} \left. \frac{1}{2} t - \frac{1}{4\omega} \sin 2\omega t \right|_t^T$$

Substituiert man außerdem:

$$t = \frac{\pi x}{200\omega} \quad ,$$

da sich eine Halbwelle in 200 Positionen zünden läßt, und setzt man die
Obergrenze mit $T = \pi / \omega$ ein, so erhält man nach Umformen:

$$U^2 = \frac{U^{*2}}{4\pi} \left[2\pi - \frac{\pi x}{100} + \sin\frac{\pi x}{100} \right] \Bigg|_{0 \le x \le 200}$$

Diese Gleichung läßt sich unmittelbar programmieren und liefert nach Einsetzen
von $U^{*2} = 2 \cdot U_{eff}^2$ und Division durch den Widerstand des angeschlossenen
Verbrauchers direkt die abgegebene Leistung. Der Wert x charakterisiert die vom
Rechner vorgegebene Größe für den Zündwinkel. Noch genauer wird die Rechnung, wenn man berücksichtigt, daß der elektrische Widerstand bei den meisten
metallischen Leitern mit der Temperatur anwächst. Für Chrom-Nickel-Stahl z.B.,
der üblicherweise als Heizleitermaterial eingesetzt wird, kann der Widerstands-
verlauf mit der Temperatur bis ca. 450 °C annähernd linear angenommen werden.
Man kann den Widerstand dann durch folgende Gleichung ermitteln.

$$R_T = R_{20} (1 + \alpha \cdot \Delta T)$$

Oberhalb 450 °C bleibt der Widerstand bis etwa 1.000 °C nahezu konstant. Der
Wert von α liegt bei diesem Material je nach Legierungszusammensetzung zwischen etwa $0{,}7 \cdot 10^{-4}$ und $1{,}6 \cdot 10^{-4}$ 1/K. Selbst wenn man einen Mittelwert ansetzt,
ist die Rechnung noch genauer, als ohne Korrektur.

2.4 Ausgabe von periodischen Signalen

Ein anderes Problem ist die Ausgabe von periodischen Signalen. Unter den
Begriff periodische Signale lassen sich z.B. Impulsfolgen, aber ganz einfach
auch Rechteckschwingungen einordnen. Signale also, die sich nach einer gewissen Zeit wiederholen.

Es besteht die Möglichkeit, einen PC z.B. als Rechteckgenerator einzusetzen,
wobei man die Ausgangsfrequenz und das Impuls-Pausen-Verhältnis in weiten

Grenzen frei bestimmen kann. Die Grundvoraussetzung für einen solchen Einsatz ist das Vorhandensein eines Zeitgeberbausteins, wie z.B. eines 8253, im PC.

2.4.1 Zeitgeberbaustein 8253

Ein weiterer wichtiger Baustein, der es verdient, besonders erwähnt zu werden, ist der Zeitgeberbaustein 8253. Die Bezeichnung als Zeitgeber ist eigentlich nicht ganz zutreffend. Es handelt sich vielmehr um einen programmierbaren Zählerbaustein, der in sechs unterschiedlichen Modi arbeiten kann. Dadurch ist es möglich, fast die gesamte Palette der normalerweise auftretenden Anwendungsfälle abzudecken.

Der 8253, eigentlich genauso wie der 8255, ursprünglich für die Zusammenarbeit mit dem 8-Bit-Prozessor 8080 von Intel entwickelt, zeichnet sich durch seine Einfachheit aus, sowohl was die externe Beschaltung, als auch die Universalität der Programmierung betrifft. Da er zur Funktion keine speziellen Steuersignale benötigt, wie man es von vergleichbaren, auf bestimmte andere Prozessortypen abgestimmten Schaltkreisen her kennt, ist er im Grunde in Zusammenarbeit mit jedem Prozessor einsetzbar. Lediglich bei Prozessortypen, die das R/W-Signal auf einer gemeinsamen Leitung führen, wie z.B. den Motorola-Typen, ist durch eine entsprechende Zusatzbeschaltung das Read- und das Write-Signal zu trennen. Aus diesem einfachen Grund wurde der Baustein auch direkt bei der Konzeption des PCs in die Hardware mit einbezogen. Er kontrolliert dort die interne Uhr, sowie einige Funktionen im Zusammenhang mit den Diskettenlaufwerken.

2.4.2 Aufbau und Organisation

Abb 2.14 zeigt die Anschlußbelegung und das Blockschaltbild des 8253. Die Schaltung ist in einem 24poligen Gehäuse untergebracht. Für die Verbindung zum Prozessor werden lediglich die 8 Datenleitungen, zwei Adreßleitungen sowie die Signale WR und RD benötigt. Das CS-Signal muß meist aus einer zusätzlichen Logik generiert werden, die die Adreßinformation mit dem Signal, das einen Zugriff auf I/O-Komponenten anzeigt, veknüpft.

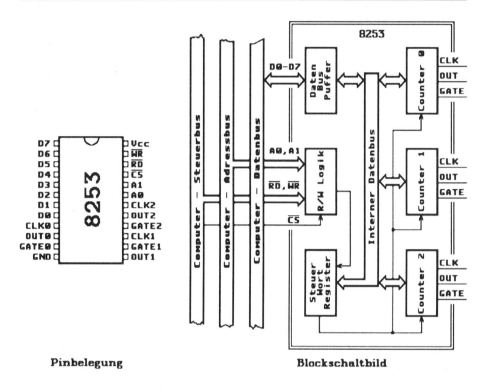

Pinbelegung   **Blockschaltbild**

Abb. 2.14: Pinbelegung und Blockschaltbild des 8253

Der Baustein selbst enthält drei unabhängig voneinander arbeitende aber trotzdem völlig identisch aufgebaute Zählergruppen. Die Zähler sind als 16-Bit-Zähler
aufgebaut. Die Zählweise ist rückwärts. Sobald der Zählerstand 0 unterschreitet,
findet am Ausgang OUTn der entsprechenden Stufe ein Ereignis statt, das durch
die vorherige Programmierung der Betriebsart festgelegt ist. Gezählt werden
grundsätzlich die negativen Taktflanken, die am Eingang CLKn auftreten. Will
man beispielsweise 2.000 Impulse zählen, um danach einen bestimmten Vorgang
einzuleiten, muß also der entsprechende Zähler mit dem Anfangswert 2.000
geladen werden. Man kann sich jetzt vorstellen, daß das Verfahren des Rück-
wärtszählens wesentlich einfacher für solche Zwecke anzuwenden ist und daß
auch der Zählerstand leichter auf Erreichen oder Überschreiten des Wertes Null
auszuwerten ist, als auf einen beliebigen anderen Wert, wenn der Zähler vorwärts
zählen würde.

Zusätzlich besitzt jeder der Zähler noch einen sogenannten GATE-Eingang. Über
diesen Anschluß kann, je nachdem, ob er auf logisch 0 oder 1 liegt, der Zählvorgang unterbrochen oder freigegeben werden.

Die zwei Adreßleitungen, mit denen der Baustein vom Prozessor versorgt
werden muß, deuten schon darauf hin, daß dieser 4 I/O-Adressen belegt. Dabei
entsprechen die Adressen 0 bis 2 auch den Zählern 0 bis 2. Über die Adresse 3 wird
das Steuerwortregister angesprochen. Nur über diese Adresse lassen sich die
einzelnen Zähler in ihrer Betriebsart festlegen. Die Verwandtschaft zum 8255
kann hier nicht verleugnet werden.

2.4.3 Die Betriebsarten des 8253

Der 8253 kann in sechs verschiedenen Betriebsarten arbeiten. Dabei ist es möglich, jeden der drei Zähler auf eine andere Betriebsart zu programmieren. Je
nachdem, welcher Modus eingestellt wird, ergeben sich an den Ausgängen die
unterschiedlichsten Resultate. Die verschiedenen Betriebsarten mit ihren Eigen-
heiten sind nachfolgend beschrieben. Sie werden allgemeinen als Betriebsart oder
Modus 0 bis 5 bezeichnet.

2.4.3.1 Einmal zählen bis Null (Modus 0)

Dieser Modus stellt eine sehr einfache Anwendung dar. Ziel ist es, nach Ablauf
einer vorgegebenen Anzahl von Taktimpulsen am Ausgang eine positive Flanke
zu erzeugen. Sobald das Steuerwort für diese Betriebsart an den entsprechenden
Zähler übergeben ist, geht dessen Ausgang auf 0. Der Zählvorgang startet jedoch
erst dann, wenn auch der Anfangswert nach der im Steuerwort vorher festgelegten
Art vollständig übergeben ist. Voraussetzung ist außerdem, daß auch der entsprechende GATE-Eingang auf 1 liegt. Wird der Zählerstand Null erreicht, wechselt
der Ausgang von 0 auf 1. Der Zählerstand wird dabei trotzdem durch das Taktsignal ständig weiter vermindert. Nach Überschreiten der Null beginnt der Zähler
wieder bei 65.535.

Dieser Zustand am Ausgang bleibt so lange erhalten, bis ein neues Steuerwort oder
ein neuer Zähleranfangswert eingeschrieben wird. Der Vorgang kann jetzt von
neuem beginnen. Die laufende Zählung kann jederzeit durch ein 0-Signal am
GATE-Eingang unterbrochen werden, ohne daß dies Auswirkungen auf das Ausgangssignal hat. Wird die Zählung durch ein 1-Signal wieder freigegeben, wird
mit dem Wert weitergezählt, bei dem zuvor der Ablauf unterbrochen wurde.

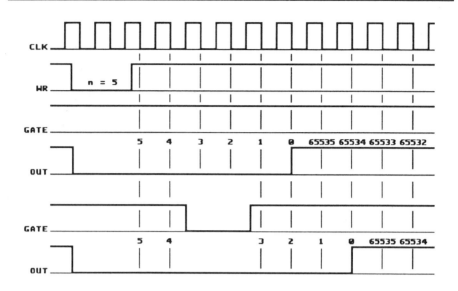

Abb. 2.15: Impulsdiagramm für Modus 0

Es ist durchaus möglich, während eines laufenden Zählvorganges einen neuen Anfangswert zu laden, oder auch einen neuen Modus zu programmieren. Im Fall eines neuen Anfangswertes wird mit dem Laden des ersten Bytes der laufende Vorgang unterbrochen. Nach dem Laden des zweiten Bytes wird dann der Zählvorgang mit dem neuen Wert gestartet. Abb. 2.15 zeigt ein Impulsdiagramm, dem der Ablauf in dieser Betriebsart entnommen werden kann.

2.4.3.2 Monostabile Kippstufe (Modus 1)

Eine weitere interessante Betriebsart ist der Einsatz des 8253 als programmierbare monostabile Kippstufe. Die gleiche Aufgabe könnte man z.B. durch den Einsatz eines 74LS122 ebenfalls lösen, da es sich hierbei ebenfalls um eine monostabile Kippstufe mit gleichen Eigenschaften handelt. Jedoch ist die programmierbare Kippstufe weitaus flexibler, was den Zeitbereich angeht. Um bei einem 74LS122 die Länge des Ausgangsimpulses exakt um den Faktor 100 zu vergrößern, ist man schon gezwungen, zum Lötkolben zu greifen. Setzt man für die verwendeten Widerstände und Kondensatoren eine Toleranz von 0 % an, könnte die gewünschte Vergrößerung der Zeit tatsächlich beim ersten Versuch erreicht werden.

Wesentlich eleganter ist da die Softwarelösung. Hier wird einfach der Zähleranfangswert um den entsprechenden Faktor verändert. Er darf allerdings den Wert
von 65.535 nicht überschreiten. Wie man diese Grenze dennoch überwinden kann,
werden wir später noch sehen, wenn auch die anderen Betriebsarten dieses Bau-
steines vorgestellt wurden.

Eigentlich unterscheidet sich diese Betriebsart nur wenig von der Betriebsart 0.
Auch hier geht der Ausgang für die Dauer der Zählung auf 0 und nach Überschreiten, oder besser nach Unterschreiten, des Standes von Null auf logisch 1. Der
Unterschied liegt jedoch in der Art der Auslösung des Zählvorganges. Die programmierbare monostabile Kippstufe wird durch Hardware getriggert. Das bedeutet, wenn das Steuerwort und der Zähleranfangswert programmiert sind, geschieht
zunächst noch nichts. Auch der Ausgang bleibt auf 1. Der Zählvorgang kann nur
durch eine positive Flanke am GATE-Eingang ausgelöst werden. Danach geht der
Ausgang für die Anzahl der vorgegebenen Taktimpulse am Eingang CLK auf 0.
Durch eine weitere positive Flanke am GATE-Eingang kann der Vorgang erneut
ausgelöst werden. Kommt die Flanke in der Zeit, zu der der Zähler noch nicht
ganz abgelaufen ist, wird einfach der ursprüngliche Zähleranfangswert automatisch neu geladen. Das Ausgangssignal bleibt dabei auf 0. Damit hat man die
Möglichkeit, den Ausgangsimpuls beliebig zu verlängern. Theoretisch auf Tage,
Wochen oder sogar Monate. Diese Art von monostabilen Kippstufen nennt man
auch retriggerbare Kippstufen. Abb. 2.16 zeigt auch hierzu entsprechende Impulsdiagramme. Sowohl für den normalen Ablauf, als auch mit Retriggerung.

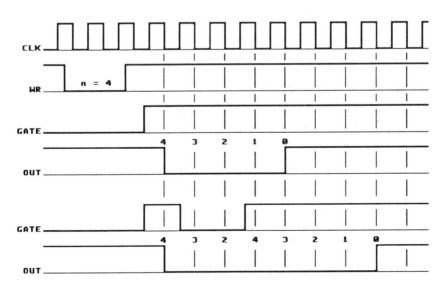

Abb. 2.16: Ausgangssignale im Modus 1

Ein Anwendungsfall für eine retriggerbare Kippstufe könnte z.B. die Überwachung eines periodisch auftretenden Signals am GATE-Eingang sein. Solange es auftritt, während der Zähler noch nicht ganz abgelaufen ist, bleibt der Ausgang auf 0. Ansonsten kann durch das auftretende 1-Signal ein Alarm ausgelöst werden. Praktisch dabei ist, daß der Computer lediglich den Vorgang einleiten oder initialisieren muß. Er hat mit der Überwachung des eigentlichen Signals nichts mehr zu tun.

Man kann diese Kippstufe über einen kleinen Umweg auch softwaremäßig triggern. Dazu schließt man den GATE-Eingang an einen Ausgang des Rechners an, den man per Programm bedienen kann (z.B. 8255).

2.4.3.3 Taktgenerator, Teiler 1/n (Modus 2)

Diese Betriebsart ist die in der Praxis wohl am häufigsten verwendete für den 8253. Daher hat er auch seinen Namen als Timerbaustein.

Er wird hier als Teiler der am Anschluß CLK anliegenden Eingangsfrequenz durch den geladenen Zähleranfangswert n eingesetzt. Praktisch sieht das so aus, daß bei jedem Nulldurchgang des Zählers der Ausgang für die Dauer einer Taktperiode auf logisch 0 geht. Gleichzeitig wird der Zähler automatisch wieder mit dem alten Anfangswert geladen.

Benutzt man am Eingang eine Taktfrequenz von z.B. 1 MHz, und lädt man den Zähler mit dem Wert 10.000, erhält man am Ausgang eine Impulsfolge mit der Frequenz von 100 Hz. Es handelt sich nun um einen echten Timer, dessen Genauigkeit nur von der Toleranz der Eingangsfrequenz abhängig ist. In Abb. 2.17 ist ein entsprechendes Impulsdiagramm für diese Betriebsart dargestellt. Wird zu irgendeiner Zeit ein neuer Anfangswert in den Zähler geladen, hat dies keinen Einfluß auf den laufenden Zählvorgang. Die gerade laufende Periode wird erst abgeschlossen, ehe mit dem neuen Wert begonnen werden kann.

Alle diese Betrachtungen setzen voraus, daß der GATE-Eingang auf logisch 1 liegt. Setzt man während des Betriebs diesen Eingang auf 0, wird damit der Zählvorgang unterbrochen. Wird dann zu irgendeinem Zeitpunkt wieder ein 1-Signal angelegt, wird mit der nächsten fallenden Flanke an CLK der Zählvorgang mit dem geladenen Anfangswert neu gestartet. Durch diesen Umstand kann der Eingang GATE auch zur Synchronisation des Zählers auf irgendwelche externen Ereignisse benutzt werden.

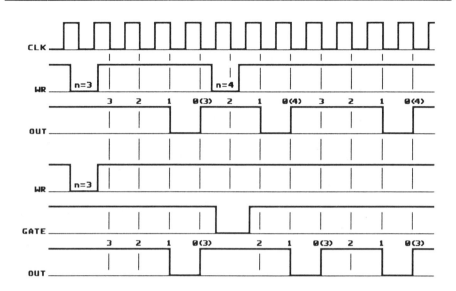

Abb. 2.17: Impulsverlauf beim Einsatz als Taktgenerator

Der kleinste ladbare Wert in dieser Betriebsart beträgt 2. Sieht man sich das Impulsdiagramm genauer an, wird man feststellen, daß mit einer geladenen Eins der Ausgang dauernd auf 0 liegen würde. Ganz abgesehen davon, daß eine Division eines Wertes durch 1 keinen praktischen Sinn ergibt.

Jetzt können wir das Beispiel der monostabilen Kippstufe nochmals aufgreifen. Es ging darum, die Grenze von 65.535 zu überschreiten, um den Ausgangsimpuls zu verlängern. Benutzt man als Eingang für diese den Ausgang eines Zählers, der in der Betriebsart 2 läuft, und ist an dessen Eingang das Taktsignal angeschlossen, kann die Länge des Ausgangsimpulses der Kippstufe noch einmal um einen Faktor bis zu 32.768 erhöht werden. Damit kann der Ausgang der Kippstufe mit nur einer Triggerung für die Dauer von sage und schreibe 2.147.483.647 Taktimpulsen auf logisch 0 gehalten werden. Bei einer Eingangsfrequenz von 1 MHz sind das immerhin ca. 35 Minuten.

Für die Erzeugung extrem niedriger Taktraten können selbstverständlich auch zwei oder sogar noch mehr Zähler, die alle in der Betriebsart 2 programmiert sind, hintereinandergeschaltet werden. Grenzen sind hier eigentlich nur durch die vorhandene Anzahl von 8253-Chips und durch die Geduld des Programmierers gesetzt, wenn er auf ein Ereignis am Ausgang warten muß.

2.4.3.4 Rechteckgenerator (Modus 3)

Die Erzeugung von Rechtecksignalen gehört in der Digitaltechnik eigentlich zu den Grundlagen. So gibt es quarzgesteuerte Rechteckgeneratoren im Frequenzbereich > 1 MHz als fertig integrierte Schaltungen zu kaufen. Benötigt man ein Signal in einem kleineren Frequenzbereich, muß man sich meist durch Herunterteilen eines höherfrequenten Signals behelfen. Je nach gewünschter Frequenz kann der Hardwareaufwand erheblich steigen. Wenn darüber hinaus auch noch an das Impuls-Pausen-Verhältnis oder das Tastverhältnis bestimmte Ansprüche gestellt werden, kann man bei der Hardwarelösung schon auf enorme Schwierigkeiten stoßen.

Wesentlich einfacher ist es auch hier, eine programmierbare Lösung zu benutzen. Der 8253 läßt sich nämlich genauso als programmierbarer Rechteckgenerator einsetzen.

Die Werte, mit denen der Baustein für diese Betriebsart geladen werden muß, lassen sich auf einfachste Weise ermitteln. Dazu muß man wissen, daß der Ausgang für die eine Hälfte des geladenen Anfangswertes auf 1 und für die andere Hälfte auf 0 geht. Dabei gehen wir zunächst davon aus, daß wir es mit einem geradzahligen Zähleranfangswert zu tun haben. Es soll z.B. eine Frequenz von 16 Hz mit einem Tastverhältnis 1:1 erzeugt werden. Der Wert, mit dem der Zähler geladen werden muß, ergibt sich aus der Gleichung

$$n = \frac{f_e}{f_a} \, ,$$

wobei f_e die Eingangsfrequenz der Zählerstufe ist und f_a die gewünschte Ausgangsfrequenz. Setzen wir für die Eingangsfrequenz 1 MHz an, ergibt sich n zu 62.500. Wird der Zähler mit diesem Wert geladen, dann geht der Ausgang für die Dauer der ersten 31.250 Takte am Eingang auf logisch 1. Für die zweite Hälfte, also für die Dauer der nächsten 31.250 Takte liegt der Ausgang dann auf 0. Das Tastverhältnis ist hier genau 1:1. Nach dem Zählernulldurchgang wird der Startwert erneut übernommen. In dieser Betriebsart arbeitet der Zähler periodisch. Man kann zum Vergleich die Überlegung anstellen, mit welchem Hardwareaufwand das gleiche Resultat zu erzielen ist.

In einem weiteren Beispiel soll eine Frequenz von 27 Hz erzeugt werden. Nach obiger Gleichung ergibt sich damit ein Zähleranfangswert von n = 37.037. Genau genommen gibt es auch noch ein paar Nachkommastellen. Mit dem ermittelten

Wert kann man also die gewünschte Frequenz nicht ganz exakt erreichen. Hier würde man statt der Vorgabe von 27,0 Hz eine tatsächliche Frequenz am Ausgang von 27,000027 Hz erhalten. Der Fehler, der hier gemacht wird, ist mit Sicherheit vernachlässigbar. Er liegt in diesem Fall schon fast in der Größenordnung der Stabilität bzw. der Temperaturdrift eines Quarzoszillators. Was aber hier wesentlich interessanter ist, ist die Tatsache, daß wir es mit einem ungeraden Zähleranfangswert zu tun haben. Das Ausgangssignal geht für $(n+1)/2$ Eingangstakte auf 1 und anschließend für $(n-1)/2$ Eingangstakte auf 0. Für ungeradzahlige Anfangswerte ist das Tastverhältnis also nicht mehr genau 1:1. Der Fehler, der dabei entsteht, liegt aber in der gleichen Größenordnung wie der bei der Frequenz. Er ist damit ebenfalls vernachlässigbar. Lediglich bei kleinen Werten für n muß man diesen Fehler in die Überlegung mit einbeziehen.

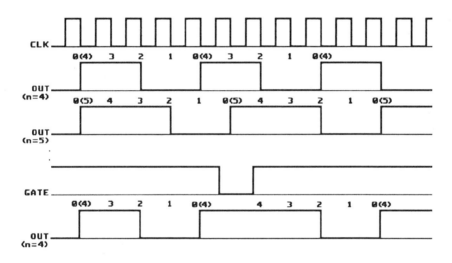

Abb. 2.18: Impulsverläufe beim Einsatz als Rechteckgenerator

Abb. 2.18 zeigt die Impulsdiagramme für den Fall kleiner Anfangswerte. Auch in dieser Betriebsart kann der Zähler über den GATE-Eingang gesteuert werden. Ein 0-Signal am GATE unterbricht den laufenden Zählvorgang und schaltet den Ausgang grundsätzlich auf 1. Mit einem 1-Signal wird der Zähler wieder freigegeben. Er startet in diesem Fall mit der nächsten fallenden Flanke von CLK erneut mit dem geladenen Anfangswert. Auch in dieser Betriebsart ist, wie schon beim Einsatz als Taktgenerator, nur ein Anfangswert von mindestens 2 sinnvoll.

Selbstverständlich ist es auch möglich, dem Rechteckgenerator eine oder sogar mehrere Zählerstufen in der gleichen oder einer anderen Betriebsart vorzuschalten. Die zu erreichende Ausgangsfrequenz kann so in den mHz-Bereich oder noch darunter abgesenkt werden. Grundsätzlich gilt, daß die Genauigkeit, die durch die Einstellung erreicht werden kann, um so größer ist, je kleiner die Ausgangsfrequenz gewählt wird.

2.4.3.5 Verzögerung von Softwaresignalen (Modus 4)

In dieser Betriebsart erscheint genau wie beim Betrieb als Taktgenerator oder Frequenzteiler am Ausgang des Zählers für die Dauer einer Eingangstaktperiode ein 0-Signal, wenn der Zähler abgelaufen ist. Der Unterschied zum Betrieb als Frequenzteiler besteht jedoch darin, daß sich dieser Vorgang nicht zyklisch wiederholt. Der Ausgang bleibt danach dauerhaft auf 1. Nachdem Modus und Anfangswert geladen sind, beginnt der Zählvorgang. Vorausgesetzt wird ebenfalls wieder, daß der GATE-Eingang auf logisch 1 liegt.

Diese Betriebsart eignet sich also dazu, ein Softwaresignal, hier stellvertretend das Einschreiben des Anfangswertes, um eine bestimmte Zeit zu verzögern und dann am Ausgang des Zählers erscheinen zu lassen. Die Verzögerungszeit ergibt sich aus der Dauer der Eingangstaktperiode $1/f_c$ multipliziert mit dem Zähleranfangswert n. Eine Anwendung könnte z.B. sein, daß aufgrund irgendeines Ereig-

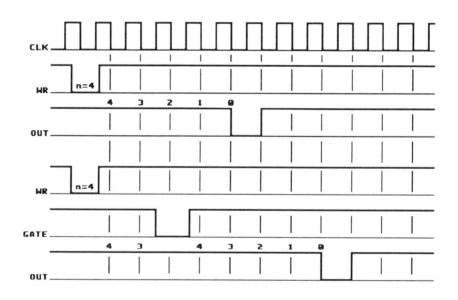

Abb. 2.19: Verzögerung von Softwaresignalen

nisses oder durch das Zutreffen einer Bedingung im Programmablauf nach einer bestimmten Zeit ein anderer externer Vorgang ausgelöst werden soll.

Wie vorher schon erwähnt, muß der GATE-Eingang für diesen Ablauf auf 1 liegen. Das deutet schon darauf hin, daß man den Zählvorgang durch ein 0-Signal am GATE-Eingang unterbrechen kann, solange der Zähler noch nicht abgelaufen ist. Der Ausgang bleibt während dieser Zeit unverändert. Durch Hochsetzen des Eingangs wird der Zählvorgang erneut mit dem geladenen Anfangswert gestartet. Man hat also zusätzlich die Möglichkeit, den Vorgang durch ein Hardwaresignal zu beeinflussen. Nachdem der Zähler einmal abgelaufen ist, kann er jedoch nur durch Einschreiben eines neuen Zähleranfangswertes neu gestartet werden. Diese Methode funktioniert natürlich auch dann, wenn der alte Wert noch nicht abgezählt ist. Abb. 2.19 zeigt auch für diese Betriebsart die entsprechenden Impulsdiagramme.

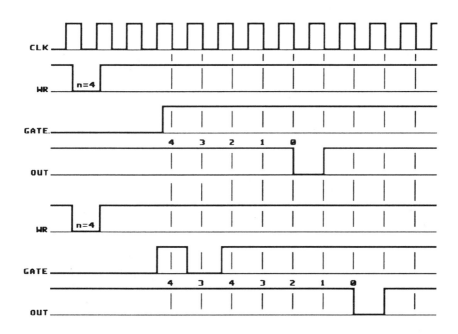

Abb. 2.20: Verzögerung von Hardwaresignalen

2.4.3.6 Verzögerung von Hardwaresignalen (Modus 5)

Die Wirkung am Ausgang ist die gleiche wie im Modus 4. Lediglich die Art der Auslösung des Zählvorganges unterscheidet sich bei beiden Modi. Das Einschreiben von Steuerwort und Anfangswert hat hier keine direkte Auswirkung auf den Zählvorgang. In dieser Betriebsart kann der Zähler nur durch eine positive Flanke am GATE-Eingang gestartet werden. Eigentlich muß man sagen, er wird dadurch in Zählbereitschaft versetzt, da der eigentliche Zählvorgang ja erst mit der nächsten negativen Flanke des Taktsignales beginnt. Solange jetzt der GATE-Eingang auf logisch 1 bleibt, bleibt der Zählvorgang aktiv. Durch ein 0-Signal wird auch hier der Zähler gestoppt. Durch eine erneute positive Flanke startet der Vorgang von neuem. Es gibt noch einen Unterschied zur Betriebsart 4. Auch nach Ablauf des Zählers kann durch ein positives Signal am GATE-Eingang der Ablauf erneut gestartet werden. Der Zähler ist also beliebig oft neu triggerbar. In Abb. 2.20 sind die entsprechenden Impulsdiagramme für den Modus 5 dargestellt.

2.4.4 Das Steuerwortregister

Damit die unterschiedlichen Betriebsarten des Bausteins auch eingestellt werden können, besitzt er genau wie der 8255 ein Steuerwortregister. Auf dieses Register des Bausteins an Adresse 3 kann nur schreibend zugegriffen werden. D.h., es können keine Informationen, die vorher programmiert wurden, zurückgelesen werden. Der Programmierer muß also genau Buch über die Schreibzugriffe zum 8253 führen.

Wir wollen uns im Weiteren mit dem Aufbau des Steuerwortes zur Einstellung der Betriebsart beschäftigen, das in diesem Register abgelegt werden muß.

Abb. 2.21 gibt einen Überblick über die Funktion der einzelnen Datenbits im Steuerwort. Mit den Bits D7 und D6 wird der entsprechende Zähler selektiert. Durch D5 und D4 wird festgelegt, welches Byte, oder wenn beide Bytes des 16-Bit-Wortes geladen werden sollen, in welcher Reihenfolge der Ladevorgang stattfindet. Über die Bits D3 bis D1 wird die Betriebsart des jeweilig ausgewählten Zählers festgelegt. D0 entscheidet schließlich darüber, ob dual oder dezimal gezählt werden soll. Für die dezimale Zählweise gilt, daß die Zähler dann in vier Dekaden zu je 4 Bit abwärts zählen. Der Zählbereich beträgt in diesem Fall 9.999. Bei der dualen Zählart beträgt der Zählbereich $2^{16} - 1 = 65.535$. Welche Art

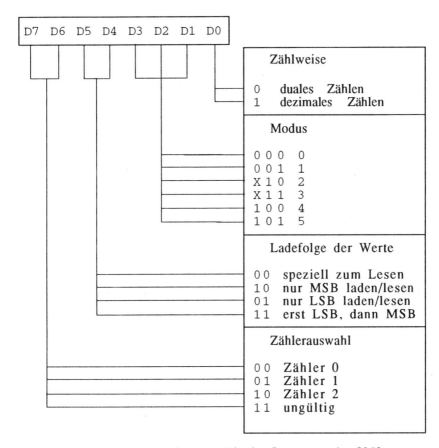

Abb. 2.21: Funktionen der einzelnen Bits im Steuerwort des 8253

letztlich gewählt wird, hängt immer vom Anwendungsfall ab. Man könnte sich vorstellen, daß ein Zahlenwert an einem BCD-Codierschalter von Hand einge-stellt wird. Diesen Wert braucht der Prozessor dann nur noch von einem anderen Port zu übernehmen und kann ihn sofort ohne weitere Umrechnung oder Wandlung an den 8253 als Zähleranfangswert weitergeben.

2.4.5 Rücklesen der Zählerinhalte

Oft ist es ganz hilfreich, wenn man den momentanen Stand eines Zählers auslesen und kontrollieren kann. So möchte man vielleicht wissen, wie viele Taktperioden vergangen sind, seit der Zähler, der im Modus 0 arbeitet, seinen Ausgang auf 1 gelegt hat. Manchmal kann es auch interessant sein zu wissen, wie viele Taktperioden noch benötigt werden, bis der laufende Zählvorgang abgeschlossen ist. Um an die aktuellen Zählerstände zu gelangen, gibt es grundsätzlich zwei Möglichkeiten.

2.4.5.1 Mit Unterbrechung des Zählvorganges

Die erste Methode ist die, daß der Zähler angehalten und dann der Zählerstand mittels eines einfachen Lesebefehls ausgelesen wird. Dabei ist die Adresse aus der gelesen wird, unmittelbar die Adresse der entsprechenden Zählerstufe im Baustein. Das Anhalten des Zählers geschieht dadurch, daß der GATE-Eingang für die Zeit des Lesezugriffs vom Computer aus auf logisch 0 gelegt wird. Der Rechner muß für diesen Fall also immer die Möglichkeit haben, den GATE-Eingang jedes einzelnen Zählers zu kontrollieren. Ist eine externe Steuerung dieses Eingangs vorgesehen, müssen beide Signale durch eine entsprechende Logik verknüpft werden. Die Verknüpfung kann beispielsweise über ein UND-Gatter geschehen. Solange beide Signale auf logisch 1 liegen, kann die Stufe programmgemäß arbeiten bzw. zählen.

Da der Datenbus nur mit einer Breite von 8 Bit aus dem Baustein herausgeführt ist, müssen die beiden Bytes eines Zählers nacheinander ausgelesen werden. Die Reihenfolge, in der die Werte ausgegeben werden, entspricht genau der Folge, die auch für den Ladevorgang bei der Festlegung der Betriebsart programmiert wurde (vgl. Abb. 2.21).

Je nach eingestellter Arbeitsweise hat aber die Unterbrechung der Freigabe des Zählers am GATE-Eingang schwerwiegende Folgen auf den Gesamtablauf der Zählung. Der Zähler soll z.B. im Modus 1 als monostabile Kippstufe arbeiten. Bei sehr langen Intervallen des Ausgangsimpulses kann es durchaus von Interesse sein, den Zählerstand zwischendurch abzufragen, um festzustellen, welche Anzahl von Impulsen zum kompletten Ablauf noch benötigt wird. Dazu muß also nun der

Zähler angehalten werden. Was geschieht aber, nachdem der GATE-Eingang
wieder auf logisch 1 gesetzt wurde? In diesem Modus beginnt der Zählvorgang
mit dem ursprünglich geladenen Wert von neuem. Wir haben also durch das
Auslesen der Zählerstufe die monostabile Kippstufe neu getriggert, was eigentlich
nicht die Absicht war.

Versuche, die Zählerinhalte zu lesen, während GATE auf logisch 1 liegt, also ohne
den Zählvorgang kurzzeitig anzuhalten, sollten möglichst unterbleiben. Damit
werden auf jeden Fall unvorhersehbare Reaktionen am Ausgang und im Verhalten der Zählerstufe ausgelöst. Wenn man Glück hat, wird nur der Zähler neu
gestartet. Also ist auch diese Methode für das Auslesen in dieser Betriebsart nicht
geeignet.

Mit Unterbrechung des Zählvorganges kann also nur sinnvoll dann der Zählerstand ausgelesen werden, wenn der Zähler in einer Betriebsart arbeitet, die nicht
schwerwiegend auf eine Änderung des GATE-Zustandes reagiert, oder wenn der
Zähler ohnehin abgelaufen ist (z.B. Modus 0). Bei relativ kleiner Eingangsfrequenz ist die Wahrscheinlichkeit, daß man durch die Unterbrechung des Vorganges zum Lesen einen Zählimpuls verliert, sehr gering.

2.4.5.2 Ohne Unterbrechung des Zählvorganges

Der eben erwähnte Nachteil kann jedoch völlig beseitigt werden, wenn man
eine bestimmte Methode für das Rücklesen der Zählerinhalte verwendet, die
auch ohne Unterbrechung des Zählvorganges arbeitet. Der 8253 verfügt über
mehrere Speicherregister. Eines davon ist geeignet, bei entsprechender Programmierung den aktuellen Zählerstand aus dem Zählerregister als Zwischenspeicher
zu übernehmen. Daraus kann anschließend der Wert durch eine einfache Leseoperation entnommen werden. Der GATE-Eingang des Zählers muß also nicht
verändert werden.

Bevor der Zähler ausgelesen werden soll, ist ein entsprechender Programmiervor-
gang notwendig. Die angesprochene Zählstufe muß die Anweisung erhalten, den
aktuellen Stand des Zählers in einen Zwischenspeicher zu übertragen. Dies geschieht dadurch, daß das Steuerwortregister des Bausteins auf Adresse 3 mit
einem bestimmten Datenblock geladen wird. Die Datenbits D7 und D6 kennzeich-
nen dabei nach dem Muster von Abb. 2.21 den Zähler. D5 und D4 sind jeweils 0.
Die Werte von D0 bis D3 können beliebig sein, sie sind hier ohne Bedeutung.

Danach können die Zählerstände in der vorher für den Zähler vereinbarten Weise vom Programm ausgelesen werden. Die Leseadresse ist dabei die des Zählers selbst. Man hat dadurch eine elegante Methode, jeden Zähler in jeder Betriebsart störungsfrei auszulesen.

2.5 Erfassen von Zustandsgrößen

Unter Zuhilfenahme eines Portbausteines wird die Erfassung externer Daten durch einen PC wesentlich vereinfacht. Am Beispiel des 8255 können 24 verschiedene Zustände auf verschiedenen Leitungen vom Rechner eingelesen und verarbeitet werden. Durch den Einsatz zweier solcher Bausteine kann die Anzahl der möglichen Eingabeleitungen auf einfachste Weise auf 48 verdoppelt werden. Selbst 96 einzelne Signale als Input stellen durch den Einsatz von vier Bausteinen vom Typ 8255 für einen PC kein Problem dar. Irgendwann wird natürlich der Kabelbaum zum PC zu dick.

Durch die hohe Anzahl möglicher eingehender Informationen, ist es auch sicherlich denkbar, daß einige Werte digital codiert übermittelt werden. D.h., es werden z.B. für die Übermittlung eines Zahlenwertes 4 oder 8 Leitungen gemeinsam benutzt.

Für den Bediener einer Anlage, wird es jedoch sehr kompliziert und unübersichtlich, wenn er z.B. mehr als drei Zahlenwerte, die dazu noch möglicherweise in Form einer digitalen Anzeige, also als dargestellte Ziffern, über längere Zeit im Auge behalten muß.

Wenn also Prozeßdaten erfaßt werden, und der Bediener der Anlage auf verschiedene Ereignisse auch eine bestimmte Reaktion zeigen soll, ist es zwingend notwendig, die Daten und Zustände in übersichtlicher Form darzustellen. Manchmal ist die wertmäßige Ausgabe einer Temperatur durchaus ausreichend. In einem anderen Fall kann es sein, daß allein die digitale Anzeige nicht genügt, da man an der Tendenz des Signales interressiert ist. Digitale Anzeigen erlauben nur schwer, das zeitliche Verhalten einer Größe zu verfolgen. Wird von der angezeigten Temperatur z.B. ein voreingestellter Grenzwert überschritten, kann es durchaus hilfreich sein, wenn die Anzeige dann die Farbe wechselt. Zur Unterstützung könnte sie auch noch blinken.

2.5.1 Der Bildschirm als Datenspeicher

Das Interface zwischen Mensch und Maschine bzw. zwischen Mensch und Prozeß ist bei Verwendung eines Computers meist der Bildschirm. Zusätzlich dient die Tastatur dazu, Anweisungen an die Maschine oder an den Prozeß allgemein zu erteilen. Der Bildschirm ist aber Dreh- und Angelpunkt.

Die Struktur des Bildwiederholspeichers bei einem PC erlaubt es, diesen direkt als Datenspeicher zu nutzen. Dabei spielt es zunächst keine Rolle, ob man einen Farb- oder einen Monochrombildschirm benutzt. Bei einem Farbmonitor ergeben sich natürlich weitaus mehr Möglichkeiten bei der Darstellung.

Man kann den Bildschirm für die Darstellung von Prozeßabläufen auch in einem entsprechenden Grafikmodus betreiben. Diese Methode hat jedoch den Nachteil, daß bei Verwendung einer anderen Grafikkarte das Programm angepaßt werden muß. Vom Zeitaufwand, den eine Grafikprogrammierung erfordert, wollen wir jetzt einmal ganz absehen.

Für eine einfache, aber trotzdem wirkungsvolle Darstellung kann man durchaus auch den Textmodus benutzen. Dies hat zudem den Vorteil, daß die Darstellung auch auf anderen Grafikkarten in der gleichen Weise wiedergegeben wird, ohne daß das Programm umfangreich geändert werden muß.

Der Aufbau des Bildwiederholspeichers bei einem PC ist denkbar einfach strukturiert. Durch die Darstellungsmöglichkeit von 80 Zeichen in der Breite bei 25 Bildschirmzeilen, ergeben sich $80 \cdot 25 = 2.000$ Zeichen. Für jedes dieser Zeichen steht ein 8 Bit breiter Speicherplatz zur Verfügung. Damit ergibt sich ein Speicherbedarf von ca. 2 KByte. In Wirklichkeit ist der Bildwiederholspeicher bei einem PC aber 4 KByte groß. Der Grund ist, jeder Zeichenposition ist noch ein sogenanntes Attributbyte zugeordnet. Durch den Wert dieses Bytes wird festgelegt, wie, oder ob überhaupt das Zeichen auf den entsprechenden Speicherplatz dargestellt wird.

Die WRITE()- oder die WRITELN()- Anweisung in Pascal ist ganz sicher eine einfache Methode, ein Zeichen auf dem Bildschirm auszugeben. Der Programmierer hat jedoch nur dann eine sichere Kontrolle über den Ort, an dem er das Zeichen ausgeben möchte, wenn er vorher die GOTOXY()- Anweisung benutzt. Um z.B. ein A in Zeile 24 an Position 50 auszugeben, würde man programmieren:

```
gotoxy(50,24);
write('A');
```

Damit hat man jedoch noch keinen unmittelbaren Einfluß auf die Darstellungsart des Buchstabens A. Durch eine einfache Definition kann der Bildschirmspeicher in den Variablenbereich des Programms mit einbezogen werden.

```
bs: array[1..2000,0..1]of byte absolute $b800:0;
```

Durch die Angabe der absoluten Speicheradresse wird die Variable bs in den Bereich des Bildwiderholspeichers verlegt. Die Angabe $b800 gilt für den Textmodus aller Farbgrafikkarten von der CGA bis zur VGA. Für eine Monochromkarte ist der Bereich $b000 zu benutzen! Man hat deshalb verschiedene Speicherbereiche festgelegt, damit beide Adapter gemeinsam in einem System benutzt werden können. Der Speicherplatz 1 befindet sich in der linken oberen Ecke des Bildschirms.

Um nun den Charakter A in Zeile 24 auf Platz 50 auszugeben, kann man die folgende Anweisung benutzen.

```
bs[1890,0] := ord('A');
```

Der Platz von bs[x,0] errechnet sich zu $23 \cdot 80 + 50 = 1.890$. Der Speicherstelle wird die Ordinalzahl des Zeichens zugewiesen. Für ein A beträgt diese 65.

Über den 2. Speicherplatz bs[1890,1] hat man jetzt direkten Zugriff auf das Attributbyte, das diesem Charakter zugeordnet ist. Der Wert in diesem Byte bestimmt die Darstellungsart des Zeichens, das dort abgebildet ist. Abb. 2.22 gibt einen Überblick über die Bedeutung der einzelnen Bits des Attributbytes bei Farbgrafikkarten.

Will man das Zeichen blinkend darstellen, so ist z.B. zusätzlich zur gewählten Darstellungsart das Bit 7 zu setzen. Soll das ausgegebene Zeichen in Zeile 24 an Position 50 nun hellrotblinkend auf dunklem Hintergrund dargestellt werden, lautet die entsprechende Befehlszeile:

```
bs[1890,1] := 128 + 8 + 2;
```

Man kann die Rechnung auch zusammenfassen. Die Programmzeile

```
bs[1890,1] := 138;
```

liefert am Bildschirm das gleiche Resultat.

Soll das A nicht dargestellt werden, ist die Attributspeicherzelle mit 0 zu besetzen. Die Richtung, die bei der Prozeßvisualisierung eingeschlagen werden kann, ist also klar. Man benutzt eine einfache Grafik, die u.U. aus den im Zeichensatz des PC enthaltenen Sonderzeichen aufgebaut werden kann. Bei EGA- und VGA-Karten besteht die Möglichkeit, einen zusätzlichen 2. Zeichensatz in das RAM der Karte zu laden. Dies kann dann ein mit einem geeigneten Programm selbst entworfener, auf die Bedürfnisse der Anlage oder besser gesagt, ein auf die Bedürfnisse des Prozesses abgestimmter Zeichensatz sein.

```
Bit   Wert   Funktion

 7    128    Blinken
 6     64    Rotanteil
 5     32    Grünanteil   Hintergrundfarbe
 4     16    Blauanteil
 3      8    Intensitätsbit für Vordergrundfarbe
 2      4    Rotanteil
 1      2    Grünanteil   Vordergrundfarbe
 0      1    Blauanteil
```

Abb. 2.22: Funktion der einzelnen Bits im Attributbyte

Nachdem die Grafik aufgebaut ist, wird an ihrer eigentlichen Struktur nichts mehr geändert. Die Teile, die dargestellt werden sollen und weiter ihre Darstellungsart, werden jetzt lediglich über das Attributbyte vom Ablaufprogramm bestimmt. Ein ganz bestimmter Zustand eines Schalters kann nun einen Bildschirmbereich z.B. rot blinken lassen. Um den Schirm dunkel zu schalten, müssen lediglich alle Attributspeicher mit 0 geladen werden. Der Vorteil ist, die Abbildung bleibt, wenn auch unsichtbar, erhalten.

Verschiedentlich hört man, diese Vorgehensweise entspricht nicht den DOS-Konventionen. Besondere Situationen erfordern jedoch besondere Maßnahmen.

2.5.1.1 Schaltzustände externer Schalter

Das einfachste Beispiel ist die Darstellung der Schaltzustände von Kontakten oder Geräten, die in irgendeiner Weise am Ablauf eines Prozesses beteiligt sind.

Wir gehen zunächst davon aus, daß dem Bediener einer Anlage lediglich die
Zustände angezeigt werden sollen. Als "Lampe" benutzen wir eine Kombination von zwei Zeichen aus dem erweiterten Zeichensatz des PC. Es handelt sich
dabei um die Zeichen mit dem Code 219. Werden zwei nebeneinanderliegende
Speicherplätze mit diesem Code geladen, ergibt sich für die Darstellung am
Bildschirm eine nahezu quadratische Fläche. Wir wollen diese Fläche nun unterhalb des vorher schon erwähnten A positionieren. D.h., in Zeile 25, Position 50 und
51. Dazu werden folgende Programmanweisungen benutzt:

```
bs[1970,1] := 0;
bs[1971,1] := 0;
bs[1970,0] := 219;
bs[1971,0] := 219;
```

Die vorhergehenden Anweisungen auf das jeweilige Attributbyte lassen die entsprechenden Zeichen zunächst unsichtbar. Im Programm kann jetzt durch den
Zustand einer Leitung am Eingabeport die "Lampe" rot oder grün werden. Die
nachfolgenden Programmzeilen demonstrieren die Vorgehensweise.

```
schalter := port[$300] and 1;
if schalter = 1 then
begin
   bs[1970,1] := 2;
   bs[1971,1] := 2;
end
else
begin
   bs[1970,1] := 4;
   bs[1971,1] := 4;
end;
```

An Adresse 300h wird dabei natürlich ein Port vorausgesetzt, von dem gelesen
werden kann.

An dieser Stelle kann lediglich der Weg zu einer Prozeßvisualisierung aufgezeichnet werden. Wie die Darstellung letztendlich aussieht, und wie das Attributbyte
verwaltet wird, bleibt der Phantasie des Programmierers überlassen.

2.5.1.2 Schaltzustände von Ausgangsleitungen

Nicht nur Ergebnisse von Abfragen der Zustände irgendwelcher Ports können
dargestellt werden. Auf die gleiche Art können natürlich auch die Schaltzustän-

de der ausgehenden Signale am Bildschirm protokolliert werden. Leuchtdioden (LEDs) direkt an den Schaltleitungen waren dazu immer ganz hilfreich. Sie geben eine direkte physikalische Kontrolle. Mit zunehmendem Vertrauen in die Computertechnik kann man aber von dieser Lösung absehen. Dazu wird lediglich das Statusbyte eines oder mehrerer Zeichen nach dem Ändern des Bytes am Port durch das Programm auf eine andere Farbe gesetzt. Es kann auch das Zeichen selbst geändert werden, z.B. von 0 auf 1.

Benutzt man definierte Zustände, ist es dem Computer sogar möglich, den Schaltzustand eines Bit's oder Byte's aus dem Bildschirmspeicher rückzulesen.

2.5.2 Kontrolle über Bewegungen

Die digitale Kontrolle umfaßt nicht nur die Überwachung statischer Signale, wie sie von einfachen Schaltern gebildet werden und deren Zustand sich möglicherweise alle Minuten einmal ändert. Auch Signale, die sich rasch ändern, sogenannte dynamische Signale, können erfaßt werden. Vielfach handelt es sich hier um Signale, die von irgendwelchen Bewegungen eines Körpers herrühren. So kann z.B. an einem Wellenende eines Motors oder eines Getriebes ein Impulsgeber sitzen. Der Motor soll die Welle für eine bestimmte Anzahl von Impulsen drehen. Danach soll die Drehrichtung vom Computer umgekehrt werden.

2.5.2.1 Überwachung durch Interrupt

Eine relativ einfache Methode der Überwachung von Impulsen oder Impulsfolgen bietet sich bei MS-DOS-Computern durch die Verwendung des Interrupt's 1Ch. Diese Programmunterbrechung wird ca. 18 mal je Sekunde im Computer ausgelöst. Ursache ist das Aktualisieren der Softwareuhr durch den Interrupt 08h. Nach jedem Takt verzweigt das Programm dann zur Adresse, die in der Interruptvektortabelle am Anfang des RAM-Bereiches unter dem Eintrag für 1Ch steht. Normalerweise ist auf dieser angegebenen Speicheradresse ein Rücksprungbefehl (IRET) plaziert. Es werden also neben dem Aktualisieren der Uhr keine weiteren Aktivitäten durchgeführt. Nun gibt es die Möglichkeit, in der Interruptvektortabelle an der Adresse für die Unterbrechung 1Ch eine andere Zieladresse abzulegen. Z.B. eine, die auf eine selbst geschriebene Routine zeigt.

In welcher Sprache diese Routine geschrieben ist, ist zunächst zweitrangig. Man kann durchaus eine Hochsprache verwenden. In Kapitel 7 wird noch näher auf die Programmierung von Interrupts eingegangen.

Wichtig ist für eine selbst geschriebene Routine, die durch den Interrupt 1Ch aufgerufen werden soll, daß die Bearbeitungszeit durch den Prozessor nicht länger ist als das Aufrufintervall. Um das Hauptprogramm auch noch zum Zuge kommen zu lassen, sollte man sicherstellen, daß die Interruptroutine nach spätestens 45 ms abgearbeitet und verlassen ist. Auch bei den neueren Rechnergenerationen, speziell bei den 386- und den 486- ATs, hat sich das Aufrufintervall (ca. 18,2 mal je Sekunde) nicht geändert. Rechner dieser Art können damit in der zur Verfügung stehenden Zeit einen wesentlich größeren Programmumfang bearbeiten, als dies bei einem normalen PC mit einer Taktfrequenz zwischen 4,77 und 10 MHz der Fall ist. Beim Übertragen eines solchen Programms auf einen langsamer arbeitenden Rechner ist also äußerste Vorsicht geboten.

Zurück zum eigentlichen Problem. Mit dem Interrupt 1Ch hat man die Möglichkeit, eine an einem Port anliegende digitale Information etwa 18 mal pro Sekunde abzufragen. Man kann so auf eine Statusänderung des Signals relativ schnell, oder anders ausgedrückt, in einer sicher vorhersehbaren Zeit reagieren. Liegen an diesem Eingang z.B. Rechteckimpulse mit einem Tastverhältnis von 1:1 an, und ist es sichergestellt, daß die Impulsfrequenz 9 Hz nicht überschreiten kann, können die Impulse ganz zuverlässig gezählt werden. Im Prinzip wertet man dann im Programm nur Änderungen des Signalpegels aus, die den Impulsflanken entsprechen.

2.5.2.2 Überwachung durch einen 8253

Viel einfacher kann dieses Problem durch den Einsatz eines Zählerbausteins 8253 gelöst werden.

Dazu wird dieser im Modus 0 programmiert und mit der Anzahl von Impulsen geladen, die der Motor drehen soll. Der Impulsgeber wird dazu an den CLK-Eingang angeschlossen. Nun besteht für den Computer nur noch die Aufgabe, auf das 1-Signal am Ausgang des Zählers zu warten. Der Ausgang kann z.B. mit einem anderen Eingabeport des Rechners verbunden sein. Erscheint die 1, wird die Drehrichtung umgekehrt und der Zähler neu geladen. Man sollte nicht vergessen, den GATE-Eingang der Zählstufe auf 1-Pegel zu setzen, da es sonst sehr lange dauern kann, bis der Zähler abgelaufen ist.

2.5.3 Frequenz und Periodendauer

Eine interessante Anwendung des 8253 ist die Frequenz- oder analog dazu auch die Periodendauermessung. Das Prinzip, das dabei zugrunde liegt, entspricht genau dem von speziell für diesen Zweck konstruierten Meßgeräten.

2.5.3.1 Frequenzmessung

Im einfachsten Fall erzeugt man mit einer oder zwei Stufen des Bausteins eine Rechteckschwingung von genau 0,5 Hz. Diese wird dann auf den GATE-Eingang einer weiteren Stufe gelegt. Dadurch steht an diesem Eingang für genau eine Sekunde ein 1-Signal an. Alle negativen Signalflanken, die innerhalb dieser Zeitspanne am CLK-Eingang anliegen, werden gezählt. Damit hat man aber das Ergebnis, wie viele Impulse in einer Sekunde anlagen, noch nicht zur Verfügung. Der Baustein muß vorher noch programmiert werden. Zusätzlich muß außerdem der Zustand der GATE-Leitung durch den Computer abgefragt werden, damit Programmierung und Auslesen auch in der richtigen Zeit erfolgen können. Abb. 2.23 zeigt schematisch die Anordnung der Zähler.

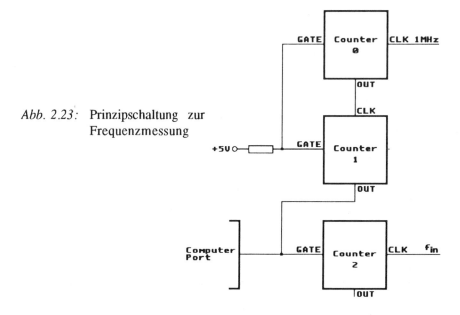

Abb. 2.23: Prinzipschaltung zur Frequenzmessung

Sobald der GATE-Eingang auf logisch 0 liegt, wird der Zähler im Modus 0 programmiert und mit dem maximalen Anfangswert von 65.535 geladen. Anschließend muß das Programm warten, bis eine Zählperiode vergangen ist und der GATE-Eingang erneut auf 0 liegt. Der Zähler kann jetzt ausgelesen und mit dem neuen Startwert für die nächste Periode geladen werden, wenn die Messung kontinuierlich erfolgen soll. Die Eingangsfrequenz errechnet sich zu 65.535 - Zählerstand. Das Ergebnis liegt direkt in Hz vor, da der Meßzyklus ja eine Sekunde beträgt. Mit dieser Methode lassen sich Frequenzen bis ca. 65 kHz einwandfrei erfassen. Will man höhere Frequenzen messen, ist man gezwungen, die Torzeit zu verkleinern, z.B. auf die Hälfte. Die kleinere Meßzeit muß dann auch in der Rechnung berücksichtigt werden. Der Meßfehler wächst jedoch mit dem Faktor, um den man die Zeit verkleinert, an. Bei einer Sekunde Meßzeit kann er absolut ±1 Hz betragen. Bei 0,5 s ±2 Hz, bei 0,25 s ±4 Hz usw.

Ist man sicher, daß die zu messende Eingangsfrequenz in unserem Beispiel 130 kHz auf keinen Fall übersteigt, kann man unter einer bestimmten Voraussetzung bei einem Intervall von einer Sekunde bleiben. Im Modus 0 wird nach Durchlaufen der Null der Ausgang der Zählstufe auf 1 gesetzt. Der Zähler arbeitet dabei weiter. Fragt man über eine weitere Leitung nun diesen Ausgang vom Programm aus ab, erhält man damit einen Indikator dafür, ob die Null bereits durchlaufen wurde. Wenn ja, sind zum Ergebnis 65.536 zu addieren. Ein zweiter Nulldurchgang kann jedoch nicht mehr erkannt werden. Von Vorteil ist dabei, daß der Fehler trotz höherer Auflösung seine absolute Größe beibehält. Der relative Fehler nimmt somit ab.

2.5.3.2 Periodendauermessung

Um sehr niedrige Frequenzen mit ausreichender Genauigkeit zu bestimmen, ist die vorgenannte Methode ungeeignet. Man wendet dann günstiger die Periodendauermessung an.

Das Prinzip ist ähnlich dem der Frequenzmessung, nur mit vertauschten Rollen der Signale. Die GATE-Steuerung übernimmt nun die Meßfrequenz, und das Zählen wird von Impulsen mit konstanten Zeitabständen, z.B. 1 µs (1 MHz) oder 1 ms (1 kHz), erledigt. Wie man eine Periodendauermessung mit einem 8253 durchführen kann, ist schematisch in Abb. 2.24 dargestellt.

Die Teilung der Eingangsfrequenz durch den Faktor 2 in dem als Rechteckgenerator arbeitenden 3. Zähler ist notwendig, damit für eine volle Dauer der Periode ein 1-Signal am GATE-Eingang der Impulszählstufe erzeugt wird. Der Meßfehler beträgt bei dieser Anordnung ±1 Takt des Zeitsignales, mit dem der Zähler versorgt wird. Übersteigt die Periodendauer den Zählbereich, muß der Takt verlangsamt werden. Für den dabei auftretenden Fehler gelten prinzipiell die gleichen Bedingungen, wie bei der Frequenzmessung. Auch hier kann der Ausgang des Zählers als Hilfsmittel zur Verdoppelung des Zählbereiches herangezogen werden.

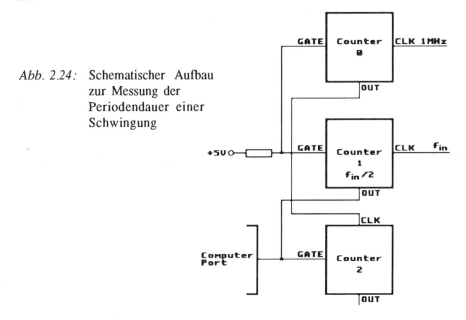

Abb. 2.24: Schematischer Aufbau
zur Messung der
Periodendauer einer
Schwingung

2.5.3.3 Messung bei beliebiger Kurvenform

Die in den vorangegangenen beiden Abschnitten vorgestellten Meßmethoden funktionieren nur, wenn das Eingangssignal, dessen Frequenz oder Periodendauer bestimmt werden soll, TTL-Pegel besitzt. Um aber auch Signale auf ihre Frequenz hin zu überprüfen, die keinen TTL-Pegel besitzen, ja noch nicht einmal Rechteckform haben, muß man diese im Signalpegel erst anpassen.

Abb. 2.25 zeigt eine kleine Schaltung, mit der eine Anpassung problemlos möglich ist. Es können Signalspannungen beliebiger Kurvenform und Amplitude bis 30 V umgewandelt werden.

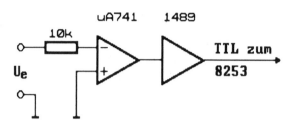

Abb. 2.24: Schaltung zur Wandlung beliebiger Signale in TTL-Signale

Die Schaltung setzt jeden Nulldurchgang der Eingangsspannung in eine TTL-Signalflanke um. Damit auch einer Gleichspannung überlagerte Wechselanteile erfaßt werden können, kann der Pluseingang des OPs auf den Ausgang eines Spannungsteilers gelegt werden, mit dem die Schaltschwelle auf einen beliebigen Wert zwischen $+U_b$ und $-U_b$ des Verstärkers gesetzt werden kann. Um mit dieser erweiterten Schaltung dann TTL-Signale zu messen, muß hier eine Spannung von ungefähr +2,5 V eingestellt werden.

3 Datenübertragung

Wenn man die Information, daß eine bestimmte Temperatur z.B. 100 °C beträgt, oder daß ein Gasdruck 120 mbar aufweist, auf elektrischem Wege zwischen zwei Geräten übertragen will, hat man dazu grundsätzlich zwei Möglichkeiten. Die eine ist, man überträgt eine der Temperatur entsprechende Spannung, also einen analogen Wert. Die zweite Möglichkeit ist, man überträgt die Zahl 100 in einer speziell codierten Form. In diesem Fall handelt es sich um eine digitale Übertragung. Dadurch, daß stellvertretend für irgendwelche Größen nur Zahlenwerte übermittelt werden, ist diese Form der Übertragung sehr universell.

Für die Übertragung digitaler Daten von einem Gerät zum anderen gelten allerdings grundsätzlich andere Gesetzmäßigkeiten, als bei der Übertragung von einfachen analogen Signalen der Fall ist. Eigentlich müßte man die Regeln der Hochfrequenz-Übertragungstechnik hier anwenden. Digitale Signale können nicht als ein kontinuierlicher Spannungsverlauf dargestellt werden, sondern sie bestehen aus dem Aufeinanderfolgen von Spannungssprüngen. Der Ausdruck DIGITAL sagt ja aus, daß lediglich zwei Signalzustände auftreten können. Es wird also unterschieden zwischen den beiden Zuständen, ob eine Leitung eine gewisse Spannung führt oder nicht. Für alle digital arbeitenden Schaltkreise gilt dabei selbstverständlich ein gewisses Toleranzband.

Ein Signalwechsel kann demnach also nur durch einen Spannungssprung erfolgen. Spannungssprünge in einem Signal sind aber immer ein Indikator dafür, daß in diesem hohe Frequenzanteile enthalten sind. Und die korrekte Übertragung hoher Frequenzen stellt besondere Ansprüche an das Übertragungsmedium. Es ist für die Auswahl der Übertragungsleitung zunächst unerheblich, wie oft das Signal seinen Zustand wechselt, sondern entscheidend ist in erster Linie, wie schnell dieser Wechsel erfolgt.

Während bei relativ kleinen Distanzen mit einfachen Drähten bzw. Kabeln, noch gute Ergebnisse in der Übermittlung zu erzielen sind, kann bei größeren Leitungslängen bedingt durch die Dämpfung und durch sogenanntes Übersprechen, also Signaleinkopplungen von einer Leitung zur anderen, nicht mehr für eine einwandfreie Übertragung garantiert werden. Die Flanken der Signale werden durch störende Leitungskapazitäten und Induktivitäten abgeflacht. Die Leitung wirkt da wie ein Tiefpaß. Normale TTL-Empfangsbausteine, wie

sie üblicherweise eingesetzt werden, hier speziell Schaltungen, die auf Signalflanken reagieren, können verschliffene Flanken nicht mehr mit der erforderlichen Sicherheit erkennen.

Für Gatterschaltungen z.B. der Serie 74LSXX wird zum sicheren Betrieb eine
Flankensteilheit am Eingang von mindestens 10 V/µs vom Hersteller gefordert. Man muß sich ein ideales Rechtecksignal zusammengesetzt aus der Summe von Sinusschwingungen beginnend mit der Grund- oder Signalfrequenz bis
hinauf zu unendlich hohen Frequenzen hin vorstellen. In Kapitel 8 wird darauf
noch näher eingegangen. Damit die Flankensteilheit der Signale gewährleistet
bleibt, muß von Seiten der Übertragungsleitung her eine genügend hohe Anzahl an Oberschwingungen mit übertragen werden können. Bei niedrigen Signalfrequenzen sind dies entsprechend mehr, da hier der anfängliche Kurvenverlauf wesentlich flacher ist. Für Bausteine, die flankengetriggert arbeiten, z.B. Flipflops wie 74LS74 o.ä., wird sogar eine Spannungssteilheit von
mindestens 50 V/µs an den Triggereingängen verlangt. Nach überschläglicher
Abschätzung muß, um die 50 V/µs einhalten zu können, die Signalübertra-
gungsleitung für eine Übertragungsbandbreite von wenigstens 10 MHz ausgelegt sein, wenn die Signalflanken auch als solche sicher erkannt werden
sollen. Diese Werte sind natürlich absolute Mindestanforderungen. Die Ausgänge gebräuchlicher Digitalschaltungen schaffen Spannungssteilheiten von
ca. 1.000 V/µs oder sogar darüber. Damit diese korrekt übertragen werden
können, muß die Übertragungsbandbreite der Leitung ca. um den Faktor 20
größer sein. Man befindet sich also schnell im Bereich von weit über 100 MHz.

3.1 Störfaktoren

Es gibt eine ganze Reihe von Störungsarten, die dem Anwender bei der Übertragung von digitalen Signalen das Leben schwer machen können. Leider ist
es unmöglich, die Störungen selbst zu unterbinden, was eigentlich am besten
wäre. Man kann lediglich durch gezielte Maßnahmen einzelne Störquellen in
ihrer Intensität mindern. Meist ist jedoch das Verhältnis von erzieltem Nutzen
zum erforderlichen Aufwand sehr gering. Dieses Verhältnis bezeichnet man
gemeinhin als Wirkungsgrad. Es bleibt als Alternative nur, das Übertragungssystem selbst gegen die Einwirkungen von Störungen zu schützen. Wie dieser
Schutz auszusehen hat, hängt wiederum von der Art der Störung ab, gegen die
der Schutz gerichtet ist.

3.1.1 Störungen von außen

Als Störungen von außen kann man Störsignale bezeichnen, die mit dem Übertragungssystem selbst im weitesten Sinne nichts zu tun haben. Dazu zählen z.b. Einflüsse magnetischer Felder, wie sie in direkter Nähe von Transformatoren auftreten, aber auch elektrische Störfelder, z.b. hervorgerufen durch Funkenbildung oder Spannungsspitzen beim Trennen von Stromkreisen mit induktiven Lasten (Wechelspannungsrelais, Motore).

3.1.1.1 Induktive Störungen

Induktive Störungen treten immer dann auf, wenn Signalleitungen zusammen mit Energiekabeln parallel verlegt werden. Als abschreckendes Beispiel dient ein vieradriges Kabel, von dem lediglich 3 Adern für eine 220-V-Versorgung genutzt sind. Die 4. Ader liegt unbenutzt an beiden Enden frei. Mit einem Spannungsprüfer in Schraubenzieherform kann man am freien Ende des unbenutzten Drahtes eine relativ hohe Spannung feststellen. Diese Erscheinung ist auf eine induktive Einkopplung zurückzuführen. Durch die parallel liegenden Leitungen wird nämlich ein Transformator mit je einer Windung auf der Primär- und der Sekundärseite gebildet. Dadurch, daß durch den frei liegenden Draht kein Stromkreis gebildet wird, er also sehr hochohmig ist, kann die induzierte Spannung auch nicht abgeleitet werden.

Signalleitungen, wie sie in der digitalen Übertragungstechnik üblich sind, besitzen zum größten Teil ebenfalls eine relativ hohe Impedanz. Die Impedanz von Leitungen kann in erster Näherung einem Widerstand zum Bezugspotential, also gegen Masse, gleichgesetzt werden. Damit sind sie grundsätzlich empfindlich gegen induktive Einkopplungen, speziell von 50-Hz-Wechselsignalen. Der Spannungsprüfer wird zwar nicht leuchten, eine Störamplitude von ±1 - 2 V kann jedoch nicht ausgeschlossen werden. Mit einem sehr hochohmigen Meßgerät kann diese Störspannung gemessen werden. Ein niederohmiges Gerät, z.B. ein Multimeter der 50,- DM-Klasse, erzeugt einen zusätzlichen Parallelwiderstand nach Masse und verändert dadurch die Impedanzverhältnisse auf der Leitung sofort.

Man sollte stets bestrebt sein, die Impedanz einer Übertragungsleitung so niedrig wie möglich zu halten, um die Auswirkungen dieser Koppeleffekte zu reduzieren. An dem Beispiel der vorher beschriebenen 220-V-Leitung ist dies leicht nachzuvollziehen. Verbindet man die beiden offenen Enden über einem zusätzlichen Draht, verschwindet die Erscheinung. Der Grund ist, der Sekundärkreis ist damit kurzgeschlossen. Die Impedanz beträgt jetzt nahezu 0 Ω. Bei einer Signalleitung verschwindet damit aber auch das Nutzsignal, weil an einem Widerstand dieser Größe kein Spannungsabfall entstehen kann. Fügt man in die Verbindung nun einen Widerstand ein, dessen Wert langsam vergrößert wird, kann die Induktionsspannung mit stetig steigender Amplitude wieder festgestellt werden.

3.1.1.2 Kapazitive Störungen

Bei kapazitiven Störungen handelt es sich meist um Störsignale, die durch irgendwelche Zustandsänderungen hervorgerufen wurden. Zustandsänderungen auf elektrischen Leitungen sind immer mit Spannungssprüngen verbunden. Spannungssprünge jedoch werden von Kapazitäten nahezu ungedämpft übertragen. Liegen zwei Leitungen parallel oder führen sie nur aneinander vorbei, bilden sie zusammen einen Kondensator. Für sprunghafte Änderungen der Spannung, wie sie z.B. beim Abschalten eines Schützes entstehen, bildet eine solche Anordnung dann kaum einen Widerstand. Die Folge kann sein, daß Störimpulse auf die Datenleitungen eingekoppelt werden.

3.1.2 Innere Störungen

Nicht genug damit, daß äußere Einflüsse die Übertragung stören können, auch das Signal selbst trägt in Verbindung mit der Übertragungsleitung zu seiner eigenen Verfälschung bei.

In Abb. 3.1 ist das Ersatzschaltbild einer Übertragungsleitung dargestellt. Die Leitung besteht aus Induktivitäten und Kapazitäten, die man sich in der dargestellten Weise zusammengeschaltet vorstellen muß. Mit zunehmender Länge der Leitung wachsen diese Erscheinungen an. Wenn Signalleitungen beschrieben werden, findet man meist die Angabe der Leitungskapazität. Typische Werte liegen zwischen 50 und 100 pF/m. Es gilt der Grundsatz, je weniger, desto besser. Die Leitungsinduktivität ist wesentlich schwieriger zu beschreiben. Angaben dazu findet man sehr selten.

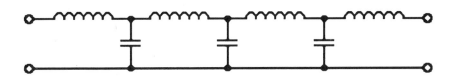

Abb. 3.1: Ersatzschaltung einer Übertragungsleitung

Auch an andere Leitungen, die z.B. parallel verlaufen, gibt das digitale Signal durch kapazitive Kopplung Energie ab. Diese Abgabe ist um so größer, je höher die Signalfrequenz ist. Dies führt letztlich dazu, daß die höheren Frequenzanteile im Signal stark bedämpft werden. Die reine Rechteckschwingung, die wie eingangs schon erwähnt, aus Sinusschwingungen bis zu unendlich hohen Frequenzen zusammengesetzt ist, wird in ihrem Frequenzgehalt so beeinträchtigt, daß nur noch ein vager Anteil erhalten bleibt. Die resultierende Flanke des digitalen Signales wird immer flacher.

3.2   Arten der Signalübertragung

In der Digitaltechnik kennt man zwei Arten der Übertragung von Signalen, die asymmetrische und die symmetrische. Die Angaben über Symmetrie oder Nichtsymmetrie sind dabei auf die Impedanz der Übertragungsleitung bezogen.

3.2.1 Asymmetrische Signalübertragung

Die asymmetrische Art der Übertragung ist wegen ihres   geringeren Aufwandes die am meisten verwendete. Das Prinzip ist in Abb. 3.2 dargestellt. Vom Ausgang eines Bausteins wird eine einfache Verbindung zum Eingang des nächsten Gatters hergestellt. Die Signalmasse liegt dabei für beide Bausteine auf Bezugspotential. Solange die Verbindungslängen kurz gehalten werden, z.B. Verbindungen von Bausteinen, die sich gemeinsam auf einer Leiterplatte befinden, arbeitet dieses Verfahren korrekt und meist auch störungsfrei. Sollen dagegen größere Entfernungen überbrückt werden, ergeben sich schwerwiegende Nachteile.

Abb. 3.2: Prinzip der asymmetrischen Signalübertragung

Der Empfänger wertet als Signal die Spannungsdifferenz aus, die zwischen seinem Eingang und dem Bezugspotential, also Masse, ansteht. Treten auf dem Übertragungsweg Störungen durch äußere Umstände auf, werden Signal- und Masseleitung nicht in gleicher Weise beeinflußt. Normalerweise besitzt die Masseleitung eine wesentlich niedrigere Impedanz als die Signalleitung (nahe 0 Ω). Damit können Störungen auf der Masseleitung wesentlich leichter abgeleitet werden. Nicht so auf der Signalleitung. Dadurch kann sich jetzt die Spannungsdifferenz am Eingang der Folgeschaltung in ungewollter Weise verändern. Da die Logik nicht in der Lage ist, zwischen Nutzsignal und Störung zu unterscheiden, interpretiert sie die Potentialdifferenz an ihrem Eingang möglicherweise falsch.

Teilweise lindern läßt sich dieses Problem durch den Einsatz von Optokopplern. Eine entsprechende Schaltungsanordnung zeigt Abb. 3.3. Die Leuchtdiode im Eingangskreis der Schaltung verringert die Impedanz auf der Signallei-

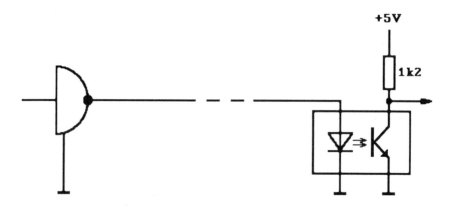

Abb. 3.3: Signalübertragung mit Optokoppler

tung erheblich. Bei Verwendung eines TTL - Gatters der Serie 74 als Treiber
fließt im Zustand logisch 1 ein Strom von ca. 20 mA durch die Leitung.
Berücksichtigt man, daß an einer LED nur ein Spannungsabfall von ca. 1,6 V
auftreten kann, erhält die Leitung somit eine Impedanz von etwa 80 Ohm. Die
Verwendung von Optokopplern bietet noch einen weiteren Vorteil. Es können
Signale zwischen Schaltungen übertragen werden, die auf verschiedenem
Bezugspotential liegen.

3.2.2 Symmetrische Signalübertragung

Die symmetrische Übertragung von Signalen geht einen anderen Weg. Man
verwendet dabei Treiberschaltungen, die sogenannte komplementäre Ausgänge besitzen. Ein komplementärer Ausgang ist dadurch gekennzeichnet, daß
die Polarität auf beiden Ausgangsleitungen jeweils unterschiedlich ist. In der
Digitaltechnik ist damit gemeint, wenn die eine Leitung auf logisch 0 liegt, ist
die andere auf logisch 1 und umgekehrt. Beide Leitungen werden zum Empfänger geführt, der jetzt als Differenzverstärker ausgebildet ist. Ausgewertet
wird die Spannungsdifferenz, die an den beiden komplementären Eingängen
des Empfängers anliegt. Im einen Fall z.B. +5 V, im anderen -5 V. In Abb. 3.4
ist eine symmetrisch arbeitende Datenübertragungsstrecke dargestellt.

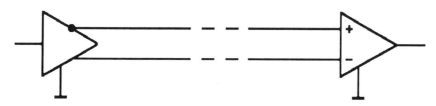

Abb. 3.4: Prinzip der symmetrischen Signalübertragung

Das Besondere an dieser Anordnung ist jedoch, daß die Impedanzen für beide
Übertragungsleitungen dadurch annähernd gleich sind. Tritt jetzt eine Störung
auf, entsteht auf beiden Leitungen der gleiche Störpegel. Die Differenz beider
Signale bleibt dadurch unverändert. Diese Eigenschaft verleiht der symmetrischen Übertragungsart ihre hohe Störsicherheit.

Für diese Anwendung geeignete Treiber-Empfänger-Kombinationen sind z.B. die Schaltkreise AM26LS31/32 oder AM36LS31/32. Diese finden ihr Einsatzgebiet vorzugsweise bei RS 422/485-Schnittstellen. Darüber hinaus gibt es natürlich noch eine ganze Reihe anderer integrierter Schaltungen, die sich für diesen Einsatz eignen.

3.3 Digitale Schnittstellen

Um den unterschiedlichsten Bedürfnissen bei der Signalübertragung in Verbindung mit Computern gerecht zu werden, wurden eine ganze Reihe digitaler Schnittstellen entwickelt. Einige davon haben sich im Laufe der Zeit zu 'Standardschnittstellen' herauskristallisiert. In erster Linie dienen diese dazu, spezielle Geräte, wie Drucker, Terminals, Plotter, Modems usw. verschiedener Hersteller ohne große Probleme mit dem Computer oder auch untereinander in Verbindung treten zu lassen. Die Hersteller solcher Geräte halten sich dabei meist an ein für die entsprechend eingesetzte Schnittstelle festgelegtes Übergabe-/ Übernahmevefahren. Man bezeichnet diese Verfahren auch als Protokolle.

Neben den eigentlichen Daten ist da noch eine ganze Reihe anderer Signale zu übermitteln, damit der Datenverkehr effektiv und sicher wird. So ist für den Absender einer Nachricht z.B. von großem Interresse, ob diese beim Empfänger auch angekommen ist. Werden solche oder andere Informationen mit übermittelt, spricht man allgemein von einem Quittungsbetrieb.

Von   der Art der Datenübertragung her wird grundsätzlich in parallele und serielle Schnittstellen unterschieden. Beide Arten sind gebräuchlich und weisen für den jeweiligen Einsatz ihre Vor- und Nachteile auf. In Abb. 3.5 sind einige der gebräuchlichsten Schnittstellen mit ihren speziellen Merkmalen und Eigenschaften zusammengestellt. In der Grundausstattung verfügt der PC üblicherweise lediglich über eine Centronics- und eine RS 232-Schnittstelle. Alle anderen Arten sind durch spezielle Zusatzkarten nachrüstbar.

Schnitt-stelle	Signal-pegel	Übertragungs länge ca.	Verwendung	Eigenschaft
Centronics	5 V	2-4 m	Drucker	schnell
IEC	5 V	20 m	Meßgeräte	
RS 232	±12V	100 m	Drucker, Terminal Meßgeräte	störsicher
TTY	20 mA	1000 m	Fernschreiber	
RS 422 485	5 V	1500 m	Steuer- u. Regelungstechnik	extrem störsicher

Abb. 3.5: Merkmale und Eigenschaften der gebräuchlichsten Digital-schnittstellen

3.3.1 Parallele Schnittstellen

Das Prinzip paralleler Schnittstellen besteht darin, daß mehrere Datenbits, üblicherweise 8, auf einmal vom Sendegerät zum Empfänger übertragen werden. Die Übertragungsdauer, oder besser die Übertragungsgeschwindigkeit, hängt dabei in erster Linie nur davon ab, wie schnell das empfangende Gerät diese Daten verarbeiten kann.

Dadurch bedingt wird es erforderlich, daß der Empfänger dem Sender auf einer weiteren Leitung mitteilen muß, daß er die auf den Datenleitungen anliegenden Informationen korrekt übernommen hat. Desweiteren teilt er dem Sender mit, daß er jetzt mit der Verarbeitung dieser Daten beschäftigt ist und deswegen im Moment keine neuen Daten annehmen kann. Hier handelt es sich um das BUSY-Signal (busy = beschäftigt). Der Sender legt anschließend neue Daten auf die Leitungen und signalisiert über eine weitere Leitung, daß diese jetzt gültig sind.

Dieses einfache Beispiel soll verdeutlichen, daß, wenn auch nur eine Daten-breite von 8 Bit übertragen werden soll, ein erheblicher Aufwand an zusätzlichen Leitungen für die Steuerung und das Protokoll notwendig ist. Nicht umsonst umfaßt ein normales Anschlußkabel für einen Drucker am PC 18

Daten- und Signalleitungen. Der Vorteil dieser Methode, und darum nimmt man auch so viele zusätzliche Signalleitungen in Kauf, liegt in der Möglichkeit, eine sehr hohe Übertragungsrate für die Daten zu erreichen. Über Parallelschnittstellen können Daten durchaus mit Übertragungsraten von mehreren MBit/s transportiert werden.

Nun ist das Beispiel eines Druckers nicht gerade stellvertretend, denn dieser kann ohne eingebauten Pufferspeicher, oder dann, wenn dieser voll ist, nicht mehr Zeichen je Sekunde übernehmen als er auch zu Papier bringen kann. Bei Matrixdruckern liegt dieser Wert zwischen ca. 40 und 250 Zeichen je Sekunde, je nachdem, wie die Druckqualität gewählt ist. Für andere Anwendungen, z.B. für die Verbindung zwischen zwei Computern zum schnellen Datenaustausch, ist diese Form der Übertragung jedoch durchaus sinnvoll. Auch die Verbindung vom Rechner zur Festplatte oder zum Diskettenlaufwerk ist durch eine Parallelschnittstelle realisiert.

Es gibt aber auch einige Nachteile. Für die Verbindung der beiden Geräte ist ein Kabel erforderlich, das bespielsweise 12 oder mehr Adern für die Signale plus derer für die erforderliche Masseverbindung aufweisen muß. Wie eingangs schon erwähnt, müssen bedingt durch die Signalsprünge, die Leitungen in der Lage sein, relativ hohe Frequenzen zu übertragen. Und genau hier krankt es bei mehradrigen Kabeln. Aus diesem Grund sind parallele Schnittstellen in ihrer Anwendung auf relativ kurze Übertragungslängen begrenzt.

3.3.1.1 Die Centronics-Schnittstelle

Das einfachste Beispiel für eine parallele Schnittstelle im Bereich des PC stellt der Druckeranschluß dar. Es handelt sich hierbei um eine sogenannte Centronics-Schnittstelle. Wenn der Druckeranschluß am Rechner mit seiner 25poligen Buchse auch nicht dem Centronics-Standard entspricht, der übliche Centronics-Anschluß ist 36polig, werden jedoch alle erforderlichen Signale berücksichtigt.

Bei dieser Schnittstelle werden neben den 8 Datenbits noch zusätzlich 5 bzw. 9 Steuersignale verwendet, die für die Kommunikation zwischen Rechner und Drucker wichtig sind. So muß der Rechner feststellen können, ob der Drucker überhaupt einsatzbereit ist. Möglicherweise ist dieser gar nicht eingeschaltet, oder es fehlt an Papier. Andererseits muß festgestellt werden, ob der Drucker nicht gerade mit der Ausgabe eines Zeichens beschäftigt ist und er deshalb zu diesem Zeitpunkt kein weiteres Zeichen annehmen kann. Erst wenn alle diese

Bedingungen in der richtigen Kombination erfüllt sind, können die eigentlichen Daten zum Drucker gesendet werden. Zusätzlich wird noch auf einer weiteren Leitung signalisiert, daß die momentan anliegenden Daten gültig sind und der Drucker diese jetzt übernehmen kann. Der korrekte Empfang wird dann wiederum über eine andere Leitung durch ein Signal vom Drucker bestätigt.

Die Signale der Centronics-Schnittstelle werden grundsätzlich mit TTL-Pegeln übertragen. Die maximale Kabellänge, mit der der Drucker am Rechner angeschlossen wird, sollte keinesfalls 4 m überschreiten. Wer seinen Drucker über ein Datenverlängerungskabel von z.b. 10 m anschließt, darf sich demnach nicht wundern, wenn zwischendurch schon einmal Unsinn gedruckt wird.

Der Centronics-Standard wird beim PC lediglich auf die Kommunikation mit dem Drucker angewandt. Realisierbar sind über diese Schnittstelle aber auch andere Verbindungen. Allerdings werden diese wegen der relativ geringen Übertragungsweite in der Steuerungspraxis kaum genutzt.

3.3.1.2 Die IEC- (IEEE-) Schnittstelle

Eine weitere standardisierte Parallelschnittstelle ist der IEC-Bus. Bereits in der 'Computersteinzeit' wurde dieses Bussystem von Commodore mit den Modellen der PET-Serie für die Verbindung der Rechner zu den entsprechenden Peripheriegeräten wie Drucker und Diskettenstation eingesetzt. Heute wird diese Schnittstelle vorzugsweise für den bidirektionalen Datentransfer von und zu externen Meß- und Steuergeräten genutzt. Aus diesem Grund kann er für die PC- gestützte Meß- und Regelungstechnik besonders interessant sein. Eine Vielzahl der heute angebotenen Meß- und Registriergeräte können mit einer Schnittstelle für den Anschluß an diesen Bus ausgestattet werden. Wenn der IEC-Bus auch nicht für den Industrieeinsatz konzipiert ist, für den Einsatz im Laborbereich und möglicherweise im Prüffeld ist er eine echte Alternative.

Der PC besitzt in seiner Grundausstattung keine solche Schnittstelle. Einsteckkarten, die diesen Bus bedienen können, sind jedoch in einer Vielfalt nebst entsprechender Treibersoftware erhältlich. Allgemein werden diese Einsteckkarten auch als GPIP-Controller (General Purpose Inteface Processor) bezeichnet.

Durch seine Struktur ermöglicht dieser Bus den gleichzeitigen Anschluß von bis zu 62 verschiedenen Geräten. Er umfaßt insgesamt 16 Signalleitungen. Diese teilen sich auf in 8 Daten- und 8 Steuerleitungen. Die einzelnen Geräte werden über eine in gewissen Bereichen fest einstellbare eigene Adresse selektiert. Die Adreßinformation wird auf dem Datenbus nach dem Multiplexverfahren mit übertragen. Dabei wird zwischen den einzelnen Geräten die Unterscheidung getroffen, ob sie nur Daten empfangen können, also Hörer (Listener), oder ob sie Daten auf den Bus senden können, also Sprecher (Talker) sind. Von jeder Gruppe können bis zu 31 Stationen angesprochen werden. Die Steuerung des Datenverkehrs übernimmt der sogenannte Master. Er ist sowohl Listener als auch Talker. Diese Funktion wird in der Regel vom Computer bzw. Leitrechner wahrgenommen.

Es sei hier dennoch eine interessante Verknüpfung als Beispiel für die Möglichkeiten erwähnt, die diese Schnittstelle bietet. Mit einem Digitalvoltmeter soll eine Spannung gemessen werden. Das Ergebnis dieser Messung soll direkt auf einem am Bus angeschlossenen Drucker protokolliert werden.

Der Master hat dabei folgende Schritte einzuleiten:

1. Er muß das Voltmeter als Sprecher initialisieren.
2. Der Drucker muß als Hörer für die nachfolgende Datenübertragung eingeschaltet werden.
3. Die Übertragung der Daten muß gestartet werden.

Der danach folgende Datenverkehr kann nun direkt zwischen Voltmeter und Drucker abgehandelt werden. Ein Eingreifen des Masterrechners ist in der Regel nicht notwendig.

Der IEC-Bus bietet darüber hinaus noch weitaus mehr Möglichkeiten des Datentransfers. Eine tiefgehende Beschreibung dieser Schnittstelle bietet Stoff genug für ein eigenes Buch. Anwender und Interessierte müssen daher auf die entsprechende Literatur verwiesen werden.

Wichtig ist noch, daß eine maximale Verkabelungslänge von ca. 20 m vom ersten bis zum letzten Gerät nicht überschritten werden sollte. Beim Einsatz fertig konfigurierter Verbindungskabel von z.B. 1,5 m Länge sollten deshalb aus Gründen der Datensicherheit in der Praxis nur maximal 13 Geräte hintereinander angeschlossen werden. Durch die eigene Art der Verbindungen ist jedoch auch ein Anschluß nach einer Baumstruktur möglich. Damit kann ggf. die maximal mögliche Anzahl von 31 + 31 Geräten erreicht werden, ohne die kritische Verbindungslänge zu überschreiten.

3.3.2 Serielle Schnittstellen

Das Gegenstück zur parallelen Schnittstelle stellt die serielle Schnittstelle dar. Hierbei lassen sich schon mit relativ einfach aufgebauten Systemen Übertragungsweiten von weit über 100 m erreichen. Der Nachteil besteht jedoch darin, daß bei seriellen Schnittstellen Bit für Bit nacheinander übertragen wird. Die Geschwindigkeit der Datenübertragung wird dadurch wesentlich herabgesetzt.

3.3.2.1 Die V.24-Schnittstelle

Die wohl am meisten bekannte und auch am weitesten verbreitete serielle Schnittstelle ist die V.24 oder auch RS 232. In ihrer einfachsten Form besteht sie aus einer Signal- und einer Masseleitung, über die das Empfangsgerät an den Computer angeschlossen ist. Auf dieser einen Signalleitung werden die Datenbits in einer fest vorgegebenen Reihenfolge nacheinander übertragen. Man spricht bei einer solchen Anordnung auch vom Simplexbetrieb. Im Gegensatz dazu steht der Duplexbetrieb. Er läßt den gleichzeitigen Datenverkehr in beiden Richtungen zu. Weiterhin gibt es den Halbduplexverkehr. Hier findet der Datenaustausch wechselweise in der einen oder in der anderen Richtung statt.

Die Geschwindigkeit, mit der die Daten übertragen werden, nennt man die BAUD-Rate. Damit die Daten richtig erkannt werden können, müssen Sender und Empfänger auf die gleiche BAUD-Rate eingestellt sein. Zur Synchronisation des Empfängers werden vom sendenden Gerät zusätzlich noch sogenannte Start- und Stopbits übertragen, zwischen denen die eigentliche Information eingeschlossen ist. Dies ist übrigens auch der Grund dafür, warum man eine auf den reinen Datenstrom bezogene Angabe der Übertragungsgeschwindigkeit in Bit/s nicht mit der Baudrate gleichsetzen kann.

Ein kleines Rechenbeispiel soll dies verdeutlichen. Angenommen sei folgendes Übertragungsprotokoll:

9600 Bd, 1 Startbit, 8 Datenbits, gerade Parität, 2 Stopbits.

Um ein Zeichen, bestehend aus 8 Bit, vollständig zu übertragen, müssen 12 Informationen (1 + 8 + 1 + 2) über die Leitung geschickt werden. Die Geschwindigkeit ist 9.600 Bd. Damit werden 9.600 / 12 = 800 Datenbytes je Sekunde übertragen. Bei 8 Bit / Byte entspricht das einem maximalen Datenstrom von 8 · 800 = 6.400 Bit/s.

Gerade die V.24-Schnittstelle ist ein Musterbeispiel für Vielfältigkeit und Flexibilität. So lassen sich hier eine Unmenge an Kombinationen von Baudrate, Stopbits, Datenbits, die Parität und darüber hinaus noch mehrere Möglichkeiten des sogenannten Handshakes über die Steuerleitungen DTR, DCD, CTS, RTS usw. einstellen.

Wer ein Meßgerät mit dieser Schnittstelle mit seinem PC verbinden möchte und über keine genaue und detaillierte Beschreibung der Schnittstelle an diesem verfügt, kann normalerweise das Vorhaben von vornherein aufgeben. Zumal, wenn es sich dabei um einen bidirektionalen Datenverkehr handeln soll. Bis man alle Möglichkeiten der Einstellung durch Versuch ausprobiert hat, ist schnell ein Tag vergangen. Ganz abgesehen davon, daß das Verbindungskabel sicherlich während der Versuchsphase des öfteren umgelötet werden muß.

Ist einmal das richtige Übertragungsprotokoll und die richtige Schaltung der Verbindungsleitung gefunden, steht der Übertragung von Daten auch über größere Entfernungen eigentlich nichts mehr im Wege. Wenn auch unter Ausnutzung aller möglichen Handshakemöglichkeiten eine Aderanzahl erreicht wird, die der eines Parallelverbindungskabels fast gleichkommt, ist die damit erreichbare Sicherheit bei der Übertragung von Daten über größere Entfernungen doch erheblich größer. Der Grund ist der Spannungspegel mit dem die Übertragung vonstatten geht. Bei der V.24-Schnittstelle hat man sich international auf einen Pegel von ±12 V geeinigt. Diese Spannung steht ohnehin bei fast allen Computersystemen aus dem Netzteil direkt zur Verfügung. Eine logische 1 wird durch eine Signalspannung von -12V, eine 0 durch eine solche von +12 V dargestellt. Der Spannungshub für einen Wechsel des Signals beträgt in diesem Fall also 24 V. Diese Spannungsdifferenz bewirkt, daß das Signal auf dem Übertragungskabel für Störungen wesentlich unanfälliger ist, als bei der parallelen Übertragung, die üblicherweise mit den TTL-Pegeln stattfindet.

Hinzu kommt die Tatsache, daß die Empfängerbausteine z.B. der 75189 oder MC1489, jede Spannung am Eingang, die größer als +3 V ist, als logisch 1 interpretieren. Störspannungen von bis zu ± 7 V können dadurch praktisch ignoriert werden. Die logische 0 wird ab -3 V eindeutig erkannt. Der Bereich dazwischen ist lt. Hersteller undefiniert. Praktisch wirkt jedoch ein offener Eingang am 75189 wie ein negatives Eingangssignal, also logisch 0. Die maximale Eingangsspannung, die diese Bausteine verarbeiten können, liegt bei ca. ±30 V. Wollte man diesen Bereich ausnutzen, ergäbe sich ein Hub beim Signalwechsel von 60 V. Das ist eine Spannungsdifferenz, bei der Störungen kaum eine Chance haben. Von Nachteil ist, daß in diesem Fall bereits eine aufgekoppelte Störamplitude von 1 V den Baustein zerstören könnte.

3.3.2.2 Synchrone und asynchrone Betriebsart

Wie im vorhergehenden Abschnitt bereits erwähnt, müssen bei einer seriellen Übertragung von Daten Sender und Empfänger auf die gleiche Baudrate eingestellt sein, damit die Kommunikation funktionieren kann. Nun kann man versuchen, zwei separat aufgebaute Taktgeneratoren ohne irgendeine Verbindung zwischen ihnen zum absoluten Gleichlauf zu bewegen. Erschwerend kommt noch hinzu, daß sie auch phasensynchron laufen sollen. Ein unmögliches Unterfangen!

Eine einfache Möglichkeit, wie man diesem Problem aus dem Wege gehen kann ist die, daß man den Takt des Senders auf einer separaten Leitung dem Empfänger zur Verfügung stellt. In diesem Fall handelt es sich um eine synchrone Datenübertragung, weil Sender und Empfänger tatsächlich absolut synchron mit dem entsprechenden Takt versorgt werden. Der Vorteil dieser Methode liegt neben der absoluten Synchronität darin, daß zur Übertragung der Daten jede beliebige Frequenz als Baudrate benutzt werden kann. Der Nachteil besteht aber darin, daß das Verbindungskabel eben eine Ader mehr aufweisen muß.

Gebräuchlicher ist in der Praxis die asynchrone Datenübertragung. Hierbei wird der Takt des Empfängers nach Empfang des Startbits der Übertragung eines Zeichens neu synchronisiert. Für die Übertragungsdauer dieses Zeichens kann man jetzt davon ausgehen, daß beide Generatoren weitestgehend synchron laufen. Dieser Vorgang wiederholt sich mit jedem Startbit. Der Vorteil dieses Verfahrens liegt darin, daß auf eine zusätzliche Leitung zur Übertragung des Taktes verzichtet werden kann und trotzdem ein ausreichender Gleichlauf gewährleistet ist.

3.3.2.3 Die TTY-Schnittstelle (Current Loop)

Eine oft verwendete Methode, die Übertragungssicherheit noch weiter zu verbessern ist die, die Information als definiertes Stromsignal über die Leitung zu schicken. In diesem Fall spricht man von einer TTY-Schnittstelle. Die TTY-Schnittstelle wurde ursprünglich für die Verbindung mit Fernschreibern (Teletype) entwickelt. Bei ihr ordnet man dabei dem Ruhezustand, also einer logischen 0, einen Strom von 20 mA zu, einer 1 einen unterbrochenen Stromkreis. Stromsignale sind durch Störungen, wie sie auf langen Leitungen normalerweise auftreten können, nahezu nicht zu beeinflussen. Diese Technik sollte immer dann angewendet werden, wenn das Signalkabel zusammen mit Energiekabeln parallel verlegt werden muß.

Ein sehr großer Vorteil dieser Übertragungsart liegt darin, daß man die Stromsignale durch die Verwendung von Optokopplern sehr leicht potentialgetrennt übertragen kann. Eine Umwandlung des Spannungssignals vom Sender in einen Strom und umgekehrt beim Empfänger die Rückwandlung ist ohnehin erforderlich. Abb. 3.6 zeigt eine entsprechende Prinzipschaltung. Wichtig hierbei ist, daß die Versorgungsspannung für den oder die Stromtreiber unabhängig von der Richtung des Datenverkehrs nur von einem Gerät zur Verfügung gestellt wird. Es liegt dann ein aktives und ein passives Gerät vor.

Ein weiterer theoretischer Vorteil einer Stromschleife, der allerdings bei diesen seriellen Schnittstellen selten genutzt wird, besteht in der Möglichkeit, mehrere Empfangsgeräte in die Kette einzuschleifen. So wäre eine Datenausgabe auf einem Terminal und zusätzlich dazu gleichzeitig auf einem Drucker über nur ein Kabel denkbar. Zu beachten ist dabei, daß die in Reihe geschalteten Eingangswiderstände der Empfänger die maximal zulässige Bürde des treibenden Systems nicht überschreiten.

3.3.2.4 Die Schnittstellen RS 422 / 485

Bei den beiden Schnittstellen RS 422 und RS 485 handelt es sich um serielle Schnittstellen, mit denen ähnlich wie bei der IEC-Schnittstelle, eine Busstruktur aufgebaut werden kann.

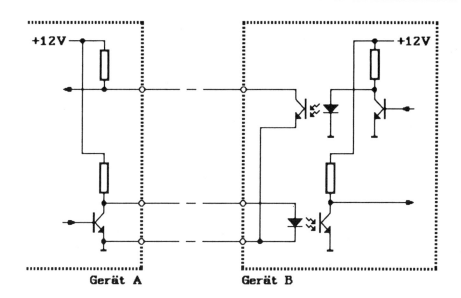

Abb. 3.6: Prinzip einer TTY-Schnittstelle

Mehrere Geräte, bis zu 30, können an eine Leitung gleichzeitig angeschlossen werden. Rein theoretisch ist die mögliche Anzahl eigentlich unbegrenzt. Sie ist letztlich nur eine Frage der Software, die diesen Bus verwaltet. Praktisch jedoch reicht die Kapazität der Leitungstreiber nicht aus, mehr als 30 Geräte sicher zu bedienen. Durch den Einsatz von Verstärkern in der Leitung kann man diesen Nachteil aber elegant umgehen.

Die Arbeitsweise beider Schnittstellenarten ist vollkommen identisch. Sie arbeiten mit symmetrischer Datenübertragung, wobei eine Spannungsdifferenz von 5 V als Signalpegel benutzt wird. Aus diesem Grund besitzen sie von Hause aus eine geringe Störanfälligkeit. Der einzige Unterschied von der RS 422 zur 485 ist, die RS 422-Schnittstelle gestattet einen Datentransfer im Vollduplexbetrieb, während mit der RS 485 lediglich im Halbduplexverfahren gearbeitet werden kann. Entsprechend werden bei der RS 422 vier und bei der RS 485 zwei Verbindungsleitungen für die Datensignale benötigt.

Je nach Baudrate sind durch die symmetrische Übertragung die erreichbaren Übertragungslängen beachtlich. Bei Verwendung einer abgeschirmten paarig verseilten Leitung ist bei 62,5 kBit/s eine Kabellänge für die Verbindung von ca. 1.200 m möglich. Bei 375 kBit/s reduziert sie sich auf ca. 300 m. Überschreitet die Länge der Verbindungen 30 m nicht, sind Übertragungsraten bis

2,5 MBit/s möglich. Diese Übertragungsleistung entspricht fast der einer parallelen Schnittstelle.

Diese beiden Schnittstellen sind voll industrietauglich. Hersteller von Meß- und Regelgeräten bieten teilweise ihre Geräte schon mit diesen Verbindungen an. Für einen PC sind auch für diese Schnittstellennorm Einsteckkarten von unterschiedlichen Herstellern erhältlich.

3.3.3 Individuelle Schnittstellen

Neben den Standardschnittstellen existiert eine ganze Reihe von Datenübertragungsmöglichkeiten, deren Protokoll und Steckerbelegung bzw. der Stecker selbst, nicht irgendwo festgelegt sind. Hierbei handelt es sich um individuelle, also dem jeweilig zu lösenden Problem angepaßte Schnittstellen.

Im einfachsten Fall kann es eine Verbindung eines externen Gerätes zu einem I/O-Port des Rechners sein. Gerade für den PC existieren Lösungen, wie man die vorhandenen Schnittstellen, also die V.24 oder den Druckerport, für eigene Anwendungen einsetzen kann. Der Druckeranschluß läßt sich z.B. durch entsprechende Programmierung auch für den bidirektionalen Datenverkehr nutzen. Ganz abgesehen davon, daß dadurch während der Anwendung kein Drucker mehr angeschlossen werden kann, bleibt die Problematik der richtigen Verbindung die gleiche, als würde man beispielsweise einen zusätzlichen 8255 als I/O-Port nutzen.

3.4   Verbindungsleitungen

Die Sicherheit der Datenübertragung steht und fällt mit der Verbindungsleitung. Während für die angeführten Standardschnittstellen geeignete Verbindungskabel mit entsprechend abgestimmten Eigenschaften direkt im Handel erhältlich sind, oder nach Spezifikation leicht zu fertigen sind, müssen für individuelle Anwendungen in der Steuerungstechnik eigene Lösungen gefunden werden.

3.4.1 Einfache Drähte

Einfache Drähte sind für die Übermittlung von digitalen Daten nur bedingt geeignet. Der Grund sind die schlechten Eigenschaften, die sie der Übertragung von hochfrequenten Signalen bieten.

Die Ausbreitungsgeschwindigkeit elektrischer Signale in Leitungen beträgt ca. 70 - 80 % der Lichtgeschwindigkeit. Um einen Meter zurückzulegen, benötigt eine elektrische Welle im Draht demnach rund 4 ns. Diese Zeit liegt jedoch auch in der Größenordnung, die ein digitaler Schaltkreis, z.B. ein TTL-Gatter, benötigt, um den Zustand an seinem Ausgang von 0 auf 1 oder umgekehrt zu verändern. Dadurch kann es auf der Leitung zu Reflektionen kommen, die als Folge z.B. Schwingungen und Impulsverformungen hervorrufen. Hat man durch Zufall das richtige Verhältnis von Leitungslänge und Impulsanstiegszeit getroffen, oder auch ein vielfaches davon, kann die Leitung so zur Sendeantenne werden. Von Signalübertragung kann dann nicht mehr die Rede sein.

Unter gewissen Umständen ist es aber trotzdem möglich, Signalzustände auf solchen einfachen Leitungen weiterzuleiten.

Es soll z.B. der Zustand eines Grenzwertgebers durch den Computer überwacht werden. Dazu kann man eine Schaltanordnung benutzen, wie sie in Abb. 3.7 dargestellt ist. Der Grenzwertgeber besitzt einen Kontakt als Ausgang, der bei Überschreitung des eingestellten Wertes öffnet. Dieser Kontakt wird so in die Schaltung eingefügt, daß er den Eingang der Folgeschaltung im Normalfall, also wenn er nicht geöffnet ist, auf Masse hält. Da durch diese Verfahrensweise die Impedanz der Signalleitung relativ gering ist, sind zunächst keine Störeinkopplungen von außen zu erwarten. Zur Unterstützung ist direkt am Eingang des ICs ein Widerstand von ca. 270 Ω zur Betriebsspannung geschaltet. Dadurch ist gewährleistet, daß über die gesamte Länge der Signalleitung ein Strom von ungefähr 18 - 20 mA fließt. Für den rein statischen Fall ist die Schaltung damit soweit in Ordnung. Zum Kontakt ist nun desweiteren ein Kondensator parallel geschaltet. Dieser hat die Aufgabe, im Fall daß der Kontakt öffnet, den Strom nach einer e-Funktion abklingen zu lassen. Aus diesem Grund ergibt sich auf der Leitung kein plötzlicher Spannungsanstieg, der die vorher erwähnten Effekte hervorrufen kann. Damit aber auch ein langsamer Signalwechsel als solcher einwandfrei erkannt werden kann, ist es erforderlich, die Eingangsschaltung als Schmitt-Trigger auszulegen. Dieser

formt das Signal für den nun wenige cm kurzen Weg zum Portbaustein auf der
Leiterplatte zurück in ein TTL-Rechtecksignal.

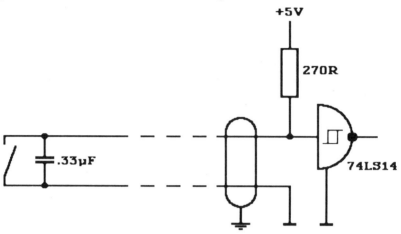

Abb. 3.7: Praktische Schaltung zur Abfrage eines Kontaktes

Auch im geöffneten Zustand des Kontaktes ist die Impedanz der Signalleitung
relativ gering. Dies wird erreicht durch die für Störsignale gültige Parallel-
schaltung des Widerstandes von 270 Ω mit dem Kondensator. Gegen kapazitive Störungen bietet diese Kombination ausreichenden Schutz. Der Nachteil
ist, daß ein Zustandswechsel des Schalters bedingt durch die Zeitkonstante des
RC - Gliedes erst wenig später erkannt wird.

3.4.2 Abgeschirmte Leitungen

Um bei der eben beschriebenen Schaltung einen vollen Schutz gegen Störeinflüsse zu erhalten, kann man für die Leitung ein abgeschirmtes Kabel verwenden. Abgeschirmte Kabel bieten in der Regel hinreichenden Schutz gegen alle
Störungen von außen. Zu beachten ist, daß die Abschirmung nur an einem
Ende des Kabels mit dem Bezugspotential zu verbinden ist. Damit wird ausgeschlossen, daß über den Schirm ein Ausgleichsstrom fließen kann, der
seinerseits wieder einen Spannungsabfall mit irgendwelchen Hochfrequenzanteilen erzeugt. Eine Abschirmung kann und darf also eine separate Masseleitung nicht ersetzen.

3.4.2.1 Leitungen mit Einzelabschirmung

Bei abgeschirmten Leitungen hat man die Wahl zwischen einer gemeinsamen Abschirmung für alle Adern des Kabels oder auch einer Einzelabschirmung für jede Ader. Für den Fall des Grenzwertschalters kommt man mit einer gemeinsamen Abschirmung aus. Ist der Kontakt geschlossen, führen beide Leitungen dasselbe Potential. Ist der Kontakt geöffnet, behält die Rückleitung ihre Verbindung nach Masse. Warum also Einzelabschirmung der Adern? Der Grund ist ganz einfach. Liegen zwei oder mehrere signalführende Leitungen nebeneinander, werden sie sich gegenseitig durch kapazitive Einstreuung beeinflussen, da sich zwischen ihnen immer eine Kapazität ausbildet. Verhindern kann man diesen Effekt nicht, man kann wohl die Auswirkung unterdrükken. Durch die separate Abschirmung bildet man eine Kapazität nach Masse und nicht zur Nachbarleitung. Damit wird das sogenannte Übersprechen gedämpft. Ein typisches Beispiel dafür ist das Verbindungskabel vom PC zum Bildschirm. Damit die H- und V-Synchronimpulse nicht auf die Datenleitungen übertragen werden, oder damit ein Videosignal von ca. 20 MHz die Synchronsignale nicht stört, verwendet man hier einzeln abgeschirmte Leitungen.

3.4.3 Flachbandleitung

Flachbandleitungen sind in der Computertechnik ein beliebtes Verbindungsmedium. Gerade wenn es darum geht, eine vielpolige Verbindung herzustellen, sind sie wegen ihrer einfachen Montagemöglichkeiten (Klemm-Schneid-Verbindung) gegenüber Lötlösungen oft bevorzugt. Flachbandleitungen werden z.B. innerhalb des PC zur Verbindung der Laufwerke mit dem Controller benutzt. Wer sich schon einmal eine solche Verbindung näher angesehen hat, dem dürfte aufgefallen sein, daß zwischen zwei signalführenden Leitungen je eine Masseleitung angeordnet ist. Dies hat auch seinen tieferen Grund. Werden bei einer Flachbandleitung zwei Signalleitungen unmittelbar nebeneinander geführt, ergeben sich für das Übersprechen die gleichen Probleme, wie bei einem herkömmlichen Mehraderkabel. Die Signalleitungen würden sich gegenseitig beeinflussen.

Manche I/O-Karten bieten als Anschlußmöglichkeit eine Pfostenreihe an. Diese läßt normalerweise nur die Verwendung von Flachbandleitung mit einem entsprechenden Stecker zu. Um der Forderung nachzukommen, neben einer Signalleitung eine Masseleitung zu plazieren, besteht meist zu wenig Platz. Als Anwender solcher Karten sollte man jedoch immer darauf bedacht sein, dies so bald als möglich nachzuholen. Spätestens wenn der Anschluß aus dem PC herausgeführt ist, sollte man über eine entsprechende Verbindungsleiste gewährleisten, daß jede Signalleitung über eine benachbarte Masseleitung verfügt.

Normale Flachbandleitungen eignen sich für die Übertragung von Digitalsignalen unter den günstigsten Voraussetzungen für Übertragungslängen von 1 bis zu 2 m. Um den Übertragungsweg gegen äußere Einflüsse zu schützen, kann man auch abgeschirmte Flachbandleitung verwenden.

3.4.4 Kabel mit definiertem Wellenwiderstand

Damit aber im Endeffekt keine Probleme entstehen, sollte man nur Kabel oder Leitungen für die Übertragung verwenden, die einen definierten Wellenwiderstand besitzen. Nicht wegen der äußeren Einflüsse, dagegen kann man sich z.B. durch Abschirmung schützen, sondern wegen der Probleme, die sich mit den Hochfrequenzanteilen im Signal selbst ergeben. Der Wellenwiderstand einer Leitung ist sowohl von deren Länge, als auch von der darauf übertragenen Signalfrequenz weitgehend unabhängig.

Solche Kabel werden z.B. auch als Antennenleitungen verwendet. Der Vorteil besteht darin, daß auf diesen Leitungen keine Reflexionen des Signals auftreten, wenn man sie am Ende mit einem Widerstand abschließt, der genau dem Wellenwiderstand entspricht. Bei Rundfunk- oder Fernsehgeräten wird dieser Widerstand durch den Eingangswiderstand des Tuners gebildet. Bei Digitalschaltungen, die normalerweise einen relativ hohen Eingangswiderstand besitzen, muß man zum Eingang einen entsprechenden Widerstand parallel schalten. In Abb. 3.8 ist die Übertagung von Signalen über eine solche Leitung prinzipiell dargestellt.

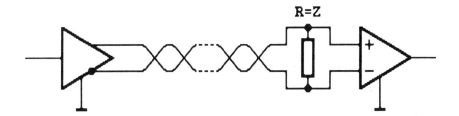

Abb. 3.8: Prinzip der Datenübertragung bei Verwendung von Leitungen mit definiertem Wellenwiderstand

3.4.4.1 Koaxialkabel

Eine Art von Kabel mit den eben erwähnten Eigenschaften ist das Koaxialkabel. Je nach Ausführung gibt es Kabel mit einem Wellenwiderstand zwischen 50 und 75 Ohm, oder sogar auch darüber.

Durch seine mechanischen Eigenschaften (Dicke, Steifigkeit usw.) ist es in der Digitaltechnik aber ungebräuchlich. Eigentlich ist es sogar ungeeignet. Dies hat nicht zuletzt den Grund, daß es schlecht über Steckleisten zu führen ist, obwohl auch dazu Lösungen existieren. Ein wesentlicher Vorteil dieses Kabels ist aber, daß es durch seinen Aufbau gleichzeitig als abgeschirmte Leitung wirkt.

3.4.4.2 Einfache Doppelleitung

Die einfachste Art, eine Verbindung mit einem definierten Wellenwiderstand zu erhalten, ist die Verwendung einer einfachen Doppelleitung. Durch den Aufbau einer solchen Leitung ist gewährleistet, daß der Abstand der einzelnen Leiter stets konstant bleibt. Unter der vereinfachten Annahme, daß als Dielektrizitätsmedium Luft verwendet wird, kann der Wellenwiderstand Z nach folgender Gleichung überschlagen werden:

$$Z \approx 276 \cdot \lg \frac{2 \cdot a}{d}$$

Mit d wird dabei der Durchmesser der Drähte, mit a der Mittenabstand jeweils in mm bezeichnet.

Leitungen dieser Art wurden früher vornehmlich als flache Antennenleitung mit einem Wellenwiderstand von 240 Ω benutzt. In der Digitaltechnik sind sie ebenfalls wie die Koaxialleitungen ungebräuchlich, da sie aufgrund der Tatsache, daß eben ein bestimmter Abstand zwischen den Leitern eingehalten werden muß, sehr viel Raum beanspruchen. Ein weiterer Nachteil ist, daß der Wellenwiderstand für normale Kupfer-Doppelleitung durch die Unsicherheit in der Dielektrizitätskonstanten der Isolation nur sehr ungenau bestimmt werden kann. Fehlanpassungen sind die Folge.

3.4.4.3 Twisted Pair

Eine wesentlich elegantere Lösung stellen sogenannte Twisted Pair-Leitungen dar. Hier ist jede Signalleitung mit einer eigenen Masseleitung über die gesamte Verbindungslänge verdrillt. Solche Leitungen werden z.B. auch als Fernsprechleitungen verwendet.

Für Zwecke der Datenübertragung sind fertige Leitungen nach diesem Prinzip als Mehraderkabel erhältlich. Es existiert hier auch die Bezeichnung Reihenschaltleitung. Normalerweise sind diese zum Schutz gegen äußere Störeinflüsse zusätzlich abgeschirmt. Der Wellenwiderstand liegt hier im Bereich von 100 bis ca. 150 Ω. Für kürzere Distanzen kann man sich eine Twisted Pair-Leitung auch selbst herstellen. Verdrillt man zwei einzelne Drähte mit ca. 100 Windungen pro Meter, erhält man so eine Leitung mit einem Wellenwiderstand von ungefähr 110 Ω. Für kürzere Verbindungen also eine praktikable Alternative.

Auch Flachbandleitung ist in der Ausführung als Twisted Pair erhältlich. Dabei sind je zwei Adern über etwa 0,5 m Länge miteinander verdrillt. Dazwischen liegen einige Zentimeter, die parallel laufen, damit der Anschlag von Steckverbindern in der gewohnten Weise erfolgen kann. Auch hier liegt der Wellenwiderstand bei ca. 100 bis 110 Ω.

3.4.4.4 Flachbandleitungen

Zuletzt seien noch Möglichkeiten erwähnt, wie auch bei einer normalen Flachbandleitung ein definierter Wellenwiderstand erreicht werden kann. Für

Übertragungsdistanzen im Bereich bis zu ungefähr einem Meter läßt sich dadurch die Übertragungssicherheit wesentlich vergrößern.

Die erste Möglichkeit ist die, den Signalleitungen jeweils links und rechts eine Masseleitung zuzuordnen. D.h., jede signalführende Leitung im Kabel muß von zwei Masseleitungen umgeben sein. Der so erreichbare Wellenwiderstand liegt bei etwa 85 bis 105 Ω. Am Beispiel der Verbindung vom Controller zu den Disketten-, bzw. Festplatten-Laufwerken wird diese Technik im PC praktiziert. Der Abschlußwiderstand für die wichtigsten Leitungen wird durch ein Widerstandsarray gebildet, das auf der Laufwerksplatine sitzt. Sind mehrere Laufwerke am Bus angeschlossen, befindet sich dieses Array nur auf einer Platine. Normalerweise auf der letzten, die der Busanschluß erreicht. In Unkenntnis dieser wichtigen Funktion, dieses Widerstandsarray wird auch gleichzeitig als Pull-Up-Widerstandsarray verwendet, wird es manchmal fälchlicherweise am ersten am Laufwerksbus installierten Laufwerk eingesetzt. Damit kann es aber für den verbleibenden Restabschnitt der Leitung seinen Zweck als Abschlußwiderstand nicht erfüllen. Bislang unerklärliche Fehler in der Datenübertragung könnten darauf zurückgeführt werden.

Eine zweite Möglichkeit ist, daß die Flachbandleitung mit einer einseitigen Abschirmung versehen wird. So ausgestattete Leitungen erhalten damit einen Wellenwiderstand, der zwischen 60 und 70 Ω liegt. Herkömmliche Leitungen können z.B. durch Ankleben einer Aluminiumfolie sehr leicht nachgerüstet werden. Das einzige Problem, daß sich dabei ergibt, ist die Isolation. Bei Verwendung innerhalb von Geräten besteht die Gefahr, daß die Schirmfolie mit anderen spannungsführenden Teilen in Verbindung kommt. Dadurch ist die Möglichkeit von Kurzschlüssen gegeben. Aber auch solche Leitungen gibt es voll isoliert fertig zu kaufen.

3.5 Datensicherheit

Trotz aller Vorsichtsmaßnahmen kann bei der Übertragung von Daten niemals ein Fehler ausgeschlossen werden. Dagegen gibt es leider keinen vollkommenen Schutz. Was man jedoch tun kann, ist Prüfverfahren zu benutzen, die es gestatten, Fehler zu erkennen. Ist ein Übertragungsfehler erkannt, hat man die Möglichkeit, die Daten noch einmal zu transferieren. Je nach Aufwand, den man betreibt, gehen manche Prüfverfahren sogar so weit, daß sie eine direkte Korrektur des fehlerhaft übertragenen Wertes gestatten. Genannt sei hier z.B. eine Übertragung im Hamming-Code. Der hard- und softwaremässige Umfang solcher Systeme kann jedoch schnell Dimensionen annehmen, die für den eigentlichen Sinn der Sache nicht mehr vertretbar werden. In der Praxis ist es oft ausreichend, nach dem Erkennen eines Fehlers den Datenblock oder das entsprechende Byte noch einmal zu übertragen.

Nachfolgend sollen die wichtigsten Verfahren zur Fehlererkennung kurz erläutert werden.

3.5.1 Echobetrieb

Im Datenverkehr mit Terminals verwendet man oft den sogenannten Echobetrieb. Dabei wird vom Gerät, das an diesem Terminal angeschlossen ist, das empfangene Zeichen direkt als Echo zurückgesendet und z.B. am Bildschirm dargestellt. Erkennt der Benutzer einen Fehler, hat er dann meist die Möglichkeit, das zuletzt eingegebene Zeichen zu löschen und durch ein neues zu ersetzen. Perfekter kann eine Fehlererkennung und Korrektur normalerweise gar nicht sein.

3.5.2 Prüfsumme

Eine relativ einfache Methode der Prüfung besteht darin, über die zuvor gesendeten Daten eine sogenannte Prüfsumme zu bilden. Das geschieht in der Weise, daß alle Dateninhalte, die z.B. als Hexzahl vorliegen, in einem Zähler aufaddiert werden. Nach der Übertragung des Datenblockes wird die senderseitig ermittelte Prüfsumme ebenfalls übertragen. Der Datenempfänger bildet nun seinerseits eine Prüfsumme über die empfangenen Daten und vergleicht diese mit der vom Sender übermittelten. Wird jetzt eine Abweichung beider Werte voneinander festgestellt, kann man davon ausgehen, daß die Übertragung gestört wurde. Den Fehler selbst kann man auf diese Weise nicht lokalisieren. Es ist sogar denkbar, daß die Daten durchweg in Ordnung sind und daß ein Fehler erst bei der Übertragung der Prüfsumme aufgetreten ist.

Das Prüfsummenverfahren wendet man häufig bei der Übertragung von und zu Diskettenlaufwerken an. Wird ein Fehler entdeckt, wird der entsprechende Datenblock eben noch einmal übertragen. Normalerweise ist die zweite Übertragung fehlerfrei, wenn der Übertragungsweg selbst nicht gestört ist. Unter

MS-DOS werden im Fall eines Übertagungsfehlers bis zu drei Versuche unternommen, bevor eine Fehlermeldung am Bildschirm ausgegeben wird.

3.5.3 Paritätsbit

Eine andere Art der Kontrolle, die z.B. bei der seriellen Übertragung von Daten speziell über die RS 232-Schnittstelle verwendet wird, ist die Verwendung des Paritätsbits. Das Paritätsbit kann mit der Quersumme verglichen werden, die aus der allgemeinen Mathematik gut bekannt ist.

Übertragen werden soll z.B. die binäre Zahlenfolge 10110111. In dem Datenwort befinden sich sechs Einsen, eine gerade Zahl. Das Paritätsbit wird in diesem Fall gleich 0 gesetzt. Bei einer ungeraden Anzahl von Einsen erhält es den Wert 1. Da das Paritätsbit im Anschluß an das Datenbyte mit übertragen wird, ist die Anzahl der übertragenen Einsen in einem Datenblock stets gerade. Man spricht in diesem Fall auch von gerader Parität. Ungerade Parität liegt vor, wenn das Paritätsbit für die Übertragung invertiert wird.

Nach dem Empfang des Zeichens wird dieses im Empfänger auf die gleiche Weise geprüft. Das Resultat wird anschließend mit dem ebenfalls empfangenen Paritätsbit verglichen. Der Nachteil dieser Methode besteht darin, daß lediglich eine ungerade Anzahl von Fehlern erkannt werden kann. Treten z.B. zwei Übertragungsfehler auf, kompensieren sie sich gegenseitig. Außerdem ist die fehlerhafte Stelle in der Übertragung, wie bei den vorher beschriebenen Verfahren, nicht lokalisierbar.

4 D/A-Wandler

Für die Ausgabe eines Wertes vom Computer an die Umwelt gibt es mehrere Möglichkeiten. Die erste ist, daß der Wert auf dem Bildschirm ausgegeben wird. Damit ist dieser dem Benutzer eines bestimmten Programms zugänglich und in leicht verständlicher Form dargebracht. Es gibt aber auch Situationen, in denen der Wert einer Größe analog als Spannungswert ausgegeben werden muß. Sei es, um diesen Wert lediglich auf einem Meßgerät anzuzeigen, oder ihn auf einem xy - bzw. auf einem xt - Schreiber zu protokollieren. Die Zeigerposition auf einem analogen Meßgerät gibt für den ersten Überblick einen wesentlich besseren Anhalt als eine reine Darstellung des sich möglicherweise auch noch schnell ändernden Zahlenwertes. Außerdem sind Tendenzen wesentlich besser erkennbar. Es gibt aber auch Fälle, in denen ein am PC angeschlossenes Gerät einen Wert in analoger Form benötigt, um ihn weiterzuverarbeiten. Man denke da speziell an Steuer- und Regelgeräte, die normalerweise einen normierten Spannungseingang besitzen.

Damit digital arbeitende Rechner mit der analogen Außenwelt eine Verbindung aufnehmen können, wurden spezielle Bauteile, sogenannte Digital-Analog-Wandler entwickelt.

Außer in Mikroprozessorsystemen finden sie ein weites Anwendungsgebiet. Es sind die Multiplikation, Division, der Einsatz in programmierbaren Spannungsversorgungen, Funktionsgeneratoren, digital gesteuerte Verstärker usw. Ein neues Einsatzgebiet sind die CD-Laufwerke. Damit die auf einer CD enthaltene digitale Information in Musik umgesetzt werden kann, werden auch hier D/A-Wandler eingesetzt.

4.1 Prinzipien

D/A-Wandler können nach verschiedenen Prinzipien arbeiten. Die wichtigsten sollen nachfolgend vorgestellt werden.

4.1.1 Summierung bewerteter Ströme

Eine einfache Möglichkeit besteht darin, einen ganz normalen Operationsverstärker als invertierenden Addierverstärker zu betreiben. Die Prinzipschaltung des Addierers ist in Abb. 4.1 dargestellt. An seinem Ausgang entsteht eine Spannung, die nach folgender Gleichung gebildet werden kann.

$$U_a = -\left(U_{e1} \cdot \frac{R_g}{R_1} + U_{e2} \cdot \frac{R_g}{R_2} + U_{e3} \cdot \frac{R_g}{R_3} + \ldots + U_{en} \cdot \frac{R_g}{R_n} \right)$$

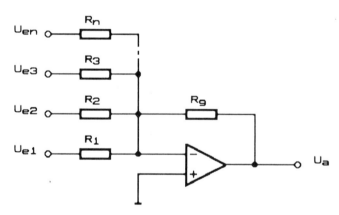

Abb. 4.1: Prinzipschaltung eines Addiervestärkers mit einem OP

Setzt man $U_{e1} = U_{e2} = U_{e3} = U_{en} = U_{Ref}$, kann man sehen, daß die Ausgangsspannung U_a nur noch von den Verhältnissen der jeweiligen Widerstände abhängt. Die umgestellte Gleichung hat jetzt folgendes Aussehen:

$$U_a = -U_{Ref} \cdot \left(\frac{R_g}{R_1} + \frac{R_g}{R_2} + \frac{R_g}{R_3} + \ldots + \frac{R_g}{R_n} \right)$$

Wählt man die Widerstände R_2, R_3 bis R_n jetzt so, daß z.B. R_2 die Hälfte von R_1 beträgt, R_3 ein Viertel, R_4 ein Achtel, R_5 ein Sechzehntel usw., entsteht eine Gewichtung nach Zweierpotenzen. Hat man jetzt noch die Möglichkeit, die Eingänge zuzuschalten oder zu unterbrechen, liegt bereits ein funktionierender D/A-Wandler vor. Das Schalten der Eingänge können die Zustände an den ankommenden Datenleitungen übernehmen. Praktisch können durch die Datenleitungen CMOS-Transistoren als Schalter betätigt werden. Dies ist auch die übliche Verfahrensweise. Abb. 4.2 zeigt das Prinzip einer derart modifizierten Verstärkerschaltung für die Wandlung eines 4-Bit-Signales.

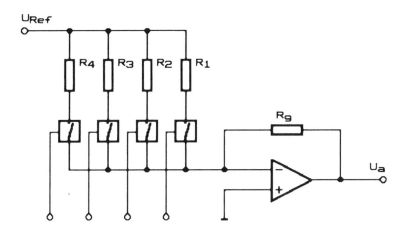

Abb. 4.2: Vereinfachte Schaltung eines Wandlers für 4 Bit

So einfach, wie diese Methode aussieht, ist sie leider in der Praxis nicht. Das Problem, mit dem man hier zu kämpfen hat, sind die Toleranzen, mit denen Widerstände hergestellt werden können. Speziell dann, wenn es darum geht, eine solche Schaltung auf einem Chip zu integrieren.

Das folgende Beispiel verdeutlicht diese Situation. Die Auflösung eines nach diesem Prinzip aufgebauten Wandlers soll z.B. 8 Bit betragen. Setzt man obige Logik fort, müßte dann der Widerstand, der für das höchste Byte, das

MSB, zuständig ist, 1/128 des Widerstandes von R_1 betragen. Man kann diese Rechnung auch anders herum anstellen. R_1 muß genau 128 mal größer sein, als R_8. Ist R_1 z.b. 129 mal so groß, oder nur 127 mal, was bei einer angenommenen Genauigkeit der Widerstände von 1 % durchaus möglich sein kann, geht die Auflösung der letzten Stelle, also des LSB, komplett verloren. Damit dies nicht geschieht, sagt man, der durch den Eingangswiderstand einer höherwertigen Bitleitung fließende Strom darf von seinem Nennwert nur maximal um den halben Betrag des Stromes abweichen, der durch den Widerstand der Bitleitung mit der niedrigsten Wertigkeit fließt. Als Gleichung ergibt sich für den maximal zulässigen Fehler eines Widerstandes:

$$F_{max} = \frac{0,5}{2 \cdot n}$$

Der Wert n gibt dabei die Wertigkeit des entsprechenden Bits an. Im Fall einer Auflösung von 8 Bit entspricht n beim MSB dem Wert 7. Damit ergibt sich für diesen Widerstand ein maximal zulässiger Fehler F_{max} = 0,39 %. Für den Fall eines Wandlers nach diesem Prinzip mit 12 Bit Breite reduziert sich die zulässige Toleranz bereits auf 0,0244 %.

Das Prinzip ist zwar sehr einfach, in der praktischen Ausführung bei größeren Bitzahlen ergeben sich damit jedoch nahezu unlösbare technische Schwierigkeiten.

4.1.2   R-2R-Netzwerk

Um diesem Dilemma in der Praxis zu entkommen, hat man sich für die Eingangswiderstände eine ganz besondere Anordnung einfallen lassen. Es handelt sich dabei um ein sogenanntes R-2R-Netzwerk. Dabei spielt der absolute Wert des einzelnen Widerstandes zunächst eine untergeordnete Rolle. Entscheidend ist auch hier das Verhältnis der Werte zueinander. Hatten wir jedoch bei der vorherigen Lösung bei n Bit Breite auch n Verhältnisse, so ist es jetzt nur ein einziges. Es gibt nur Widerstände mit den Werten R und 2R. Ordnet man diese geschickt an, erhält man ein Netzwerk mit erstaunlichen Eigenschaften. Hierbei ist es allerdings zwingend erforderlich, mit Wechselschaltern die Leitungen entweder auf Masse oder auf dem Summationspunkt der Schaltung zu halten. Der Summationspunkt in einer Verstärkerschaltung besitzt ja ebenfalls Masseeigenschaften. Man spricht auch von der virtuellen Masse.

Ein zusätzlicher Vorteil, der sich aus dieser Methode ergibt, liegt darin, daß von der Referenzspannungsquelle immer der gleiche Strom geliefert werden muß. Damit werden an die Stabilität dieser Spannungsquelle, was das Ausregeln von Lastschwankungen anbelangt, nicht so hohe Anforderungen gestellt. Sie kann praktisch speziell für diesen Strom ausgelegt werden. Weiterhin wird die Wandlung dadurch schneller, weil die Einschwingzeiten für die gesamte Schaltung reduziert werden. In Abb. 4.3 ist ein solches Netzwerk für eine Breite von 4 Bit dargestellt.

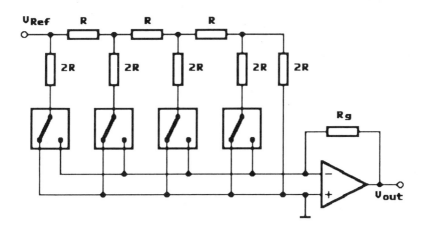

Abb. 4.3: R-2R-Netzwerk für einen 4-Bit-D/A-Wandler

Die erste Eigenschaft dieses Netzwerkes ist die, daß von der Referenzspannungsquelle aus gesehen der Gesamtwiderstand stets gleich R ist. Dieser Wert ändert sich nicht, wenn man zum jeweils nächsten Knotenpunkt weitergeht. Damit bleibt also der Gesamtwiderstand des Netzwerkes unabhängig davon, welche Tiefe es besitzt, immer gleich. Die nächste Eigenschaft, für unseren Anwendungsfall die entscheidende, an jedem Knotenpunkt teilt sich der ankommende Strom im Verhältnis 1:1 auf. Durch den Widerstand für das höchste Bit fließt der halbe Strom. Durch den nächsten ein Viertel, wiederum durch den nächsten ein Achtel usw.

Mit dieser Methode führt man also ebenfalls gewichtete Ströme auf dem Summationspunkt zusammen, nur diesmal unter der Voraussetzung, daß an die Toleranzen der beteiligten Widerstände in den einzelnen Zweigen bei weitem nicht so hohe Anforderungen gestellt werden. Dieser Aufbau wird damit auch für höhere Bitzahlen in der Praxis realisierbar.

4.1.3 Stromquellenschaltung

Ein Schwachpunkt, der in den beiden vorher beschriebenen Prinzipien trotzdem bleibt, sind die Schalter, die die einzelnen Ströme zwischen Summationspunkt und Masse umschalten. Um kleine Einstell- oder Einschwingzeiten des Wandlers zu erreichen, damit die erzielbare Wandlungsrate möglichst hoch wird, kommen für diesen Einsatz nur Halbleiter in Betracht. Durch die wesentlich günstigeren Eigenschaften, was Sperr- und Durchlaßverhalten anbelangt, verwendet man deshalb nur Transistoren in MOS-Technologie, sogenannte FETs. Im Gegensatz zu Transistoren, die konventionell in Bipolartechnik aufgebaut sind, tritt an MOS-Bauelementen keine sogenannte Schwell- oder Restspannung auf. Feldeffekt-Transistoren besitzen im Gegensatz dazu einen bestimmten Durchlaßwiderstand. Die Restspannung, die daran abfällt, wird also nur durch den fließenden Strom bestimmt. Dieser Widerstand kann je nach Typ von wenigen Ohm bis zu mehreren Hundert Ohm betragen. Was aber wesentlich schwerer wiegt, ist die Tatsache, daß er auch noch mit der Temperatur und mit der anliegenden Spannung schwanken kann.

Die Schalter bringen demnach eine unbekannte Größe in die Schaltung. Da sie zu den Widerständen des Netzwerkes in Reihe liegen, erzeugen sie einen zusätzlichen Spannungsabfall, der die Genauigkeit der einzelnen Ströme zum Summationspunkt u.U. stark beeinträchtigen kann.

Abhilfe kann man schaffen, wenn die gewichteten Ströme nicht durch ein Widerstandsnetzwerk, sondern durch Konstantstromquellen erzeugt werden.

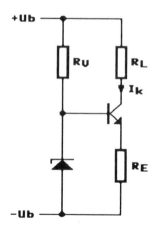

Abb. 4.4:   Prinzipschaltung einer
             Konstantstromquelle

Die Widerstandsverhältnisse in den einzelnen Zweigen sind dann fast ohne Bedeutung. Das Prinzip einer Konstantstromquelle ist in Abb. 4.4 dargestellt. Unabhängig von der Höhe des Widerstandes R_L wird stets der gleiche Strom durch ihn fließen. Dies gilt natürlich nur, solange sich die Schaltung nicht in der Sättigung befindet. Das Produkt aus $I \cdot R_L$ kann niemals größer werden als die zur Verfügung stehende Versorgungsspannung. Der fließende Strom wird in erster Linie durch den Widerstand R_E und die Spannung der Zenerdiode bestimmt.

Da die Ströme nun von parasitären Widerständen und Spannungsabfällen nicht mehr in ihrer Größe verändert werden können, kann man zum Schalten auch Transistoren in Bipolartechnik einsetzen. Damit lassen sich speziell bei Verwendung von Schaltern, die in ECL-Logik aufgebaut sind, extrem kurze Schalt- bzw. Einstellzeiten bis hinunter in den Bereich einiger ns erzielen. Es ist aber ersichtlich, daß dieser Geschwindigkeitszuwachs nur mit einem hohen Schaltungsaufwand erreicht werden kann.

4.2   Leistungsmerkmale von D/A-Wandlern

Leider treten beim Aufbau bzw. bei der Fertigung von Wandlerbausteinen unvermeidliche Toleranzen und Nebeneffekte auf. Diese führen in der Prüf- oder Anwendungsschaltung zu teilweise erheblichen Abweichungen im Verhalten des Bausteins von seinen theoretischen Vorgaben. Da diese Tatsache aber bekannt ist, hat man einen großen Teil dieser Fehler fest definiert. Erst anhand der Angaben zu diesen Definitionen wird es möglich, mehrere Wandler in ihren Leistungsmerkmalen miteinander zu vergleichen.

Daneben existieren noch weitere Merkmale, nach denen D/A-Wandler eingestuft werden können. Diese sind aber nicht unbedingt auf einen Fehler oder auf Fertigungstoleranzen zurückzuführen, sondern vielmehr von der Wirkungsweise oder dem Wandlungsprinzip abhängig. Gegen die Gesetze der Physik ist man machtlos. Die folgenden Abschnitte geben einen kleinen Überblick.

4.2.1 Einschwingzeit

Die Einschwingzeit, in Datenbüchern oft engl. settling time, gibt die Zeit an, die der Wandler benötigt, um nach einer Änderung des Zustandes an seinen digitalen Eingängen auf den analogen Endwert am Ausgang (Strom oder Spannung) einzuschwingen. Dabei muß man natürlich ein Toleranzband angeben, da sonst der Einschwingvorgang ewig dauern würde. In der Regel benutzt man als zulässige Toleranz die Spannung, die von 1/2 LSB erzeugt werden kann. In Prozenten ausgedrückt sind dies bei einem 12-Bit-Wandler ±0,012 %. In den Datenbüchern werden meist zwei Einschwingzeiten angegeben. Die erste kennzeichnet die Dauer für das Einschwingen bei einem Wechsel an den digitalen Eingängen von Null zum Maximalwert (Full Scale Range). Die zweite Einschwingzeit wird lediglich für einen Wechsel des niedrigsten Bits (LSB) angegeben. Allerdings muß dabei gewährleistet sein, daß alle anderen Bits ebenfalls ihren Zustand wechseln. Bei einem 12-Bit-Wandler kann dies z.B. beim Übergang von 7FFh auf 800h geschehen. Die Einschwingzeit für diesen sogenannten 1-LSB-Wechsel ist normalerweise kürzer als die für einen FSR-Wechsel. Man muß sich also für einen Vergleich unbedingt vergewissern, welche der beiden Zeiten angegeben ist.

Typische Werte für einen Wechsel im Fullscalebereich liegen in der Größenordnung von 35 ns bei extrem schnellen Wandlern, bis 100 µs bei langsameren Typen. Bei Wandlern mit Stromausgang ist zu beachten, daß die angegebene Zeit lediglich für eine bestimmte Größe des Lastwiderstandes Gültigkeit hat.

4.2.2 Nichtlinearität

Hier wird allgemein der Zusammenhang zwischen Ein- und Ausgangssignal des Wandlers betrachtet. Abweichungen, die sich ergeben, sind einzig auf Toleranzen in der Herstellung zurückzuführen. Über die Genauigkeitsanforderungen z.B. an das Widerstandsnetzwerk wurde bereits berichtet. Natürlich gehen auch noch andere Komponenten in die Betrachtung mit ein, wie beispielsweise die Umschalter. Für den Anwender ist aber in erster Linie das Resultat am Ausgang für einen bestimmten Eingangswert von Interresse.

4.2.2.1 Statische Nichtlinearität

Unter der statischen Nichtlinearität versteht man die Abweichung am Ausgang des Wandlers von der vorgegebenen Idealkurve. Die Idealkurve wird gebildet, indem man den Wert, der am Ausgang ansteht, wenn alle Eingänge '0' sind, mit dem Wert, wenn alle Eingänge '1' sind, durch eine Gerade verbindet (z.B. 0 V und 10 V). Die maximale Abweichung irgend eines Zwischenwertes von dieser Idealkurve nach oben oder unten legt diese Größe fest. Übliche Werte sind z.B. ±1/2 oder ±1/4 LSB. In Abb. 4.5 ist dies an einem Beispiel für einen 4-Bit-Wandler verdeutlicht. Die Toleranzgrenze ist hier mit ±1/2 LSB festgelegt. Die Ausgangsspannung des Wandlers darf sich damit über den ganzen Bereich innerhalb des gekennzeichneten Toleranzbandes bewegen. Um die dazu gehörige Prozentangabe des zulässigen Fehlers zu erhalten, muß der LSB-Wert durch die durch die Anzahl der Bits größte darstellbare Zahl geteilt werden. Für den Beispielwandler rechnet man also 0,5 / 16 = 0,03125 = 3,125 %.

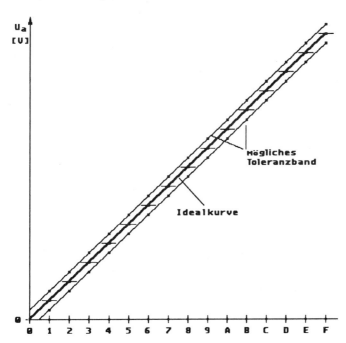

Abb. 4.5: Kennzeichnung der statischen Nichtlinearität bei einem D/A-Wandler

Alle Angaben über Nichtlinearitäten im Datenblatt eines Wandlers müssen grundsätzlich über den gesamten angegebenen Bereich der Betriebstemperatur eingehalten werden.

4.2.2.2 Dynamische Nichtlinearität

Darüber hinaus existiert noch der Begriff der dynamischen Nichtlinearität. Diese sagt aus, in welcher Toleranz eine Änderung am Ausgang auftreten darf, wenn der digitale Eingang um genau eine Stufe wechselt. Auch hier soll eine grafische Darstellung helfen. Abb. 4.6 stellt die Situation dar. Ausgangspunkt der Betrachtung ist die momentan für einen anliegenden digitalen Wert gültige Ausgangsspannung des Wandlers. Sie ist mit dem Wert n bezeichnet. Der Zahlenwert selbst spielt keine wesentliche Rolle, da diese Nichtlinearität für alle darstellbaren Werte eingehalten werden muß. Eine gängige Größe der dynamischen Nichtlinearität bei bestehenden Wandlern ist z.B. auch wieder $\pm 1/2$ LSB. Das bedeutet, der Ausgang des Wandlers darf sich bei einer Änderung am Eingang um den Wert 1 in einem Bereich von $U_{LSB} \pm 1/2\ U_{LSB}$ bewegen. Ändert sich die Ausgangsspannung so, daß der neue Wert innerhalb

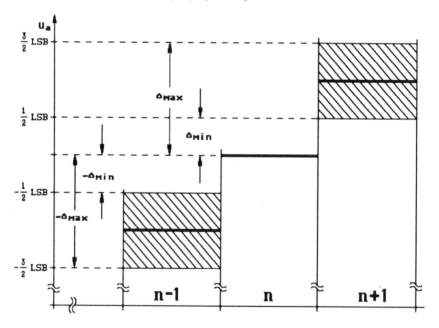

Abb. 4.6: Dynamische Nichtlinearität eines D/A - Wandlers

des in der Darstellung schraffierten Bereichs liegt, wird der Wert der dynamischen Nichtlinearität voll eingehalten. Die statische Nichtlinearität bleibt davon unberührt. Es müssen beide Größen eingehalten werden.

4.2.3 Nullpunktdrift

Durch sogenannte Leckströme in den Schaltelementen wird der Strom zum Summationspunkt des Wandlers auch dann, wenn alle digitalen Eingänge den Wert Null aufweisen, nicht gleich Null sein. Einige nA schleichen sich immer durch. Wie viele das sind, ist in der Regel vom Aufbau der Schalter, aber auch stark von der Temperatur abhängig. In der Praxis bedeutet das, der Strom auf dem Summationspunkt wird sich mit der Temperatur des Wandlers ändern. Dies wird auch dann der Fall sein, wenn alle Eingänge abgeschaltet, also Null sind.

Die Nullpunktdrift gibt Auskunft darüber, in welchem Ausmaß dies geschieht. Die übliche Angabe dieses Wertes geschieht in parts per million (ppm) je K, wobei sie dann immer auf den maximalen Aussteuerungsbereich des Wandlers am Ausgang bezogen ist. Für gute Wandler sind hier Werte von 1 - 3 ppm/K üblich. 1 ppm entspricht 0,0001 % vom Vollausschlag.

4.2.4 Ausgangsdaten

Die Ausgänge von D/A-Wandlern sind recht unterschiedlich gestaltet. Während bei einigen Typen der Summierverstärker bereits auf dem Chip integriert ist, ist bei anderen lediglich der Summationspunkt herausgeführt. Man spricht in diesem Fall von einem Stromausgang. Um hier eine dem anliegenden digitalen Wert entsprechende Spannung zu erzeugen, muß der Summierverstärker zusätzlich extern aufgebaut werden. Je nachdem, ob ein unipolarer (z.B. 0 bis +10 V) oder ein bipolarer Ausgang (z.B. -10 V bis +10 V) gewünscht wird, kann die Schaltung recht aufwendig werden.

Was aber auf jeden Fall geschehen wird, die Gesamtschaltung erhält dadurch schlechtere Kenndaten, als im Datenblatt des Wandlers spezifiziert. Die Einschwingzeit erhöht sich um die des Verstärkers, die Nichtlinearitäten addieren sich ebenfalls. Von Offsetproblemen (Eingang Null! Ausgang Null?) und Temperaturdrift ganz zu schweigen.

Ist man also bei der Auswahl der Verstärker nicht sorgfältig genug, kann das an der Qualität der Wandlung sehr viel verderben.

4.2.5 Betrieb in mehreren Quadranten

Oft liest man, daß ein D/A-Wandler in einem, in zwei oder auch in vier Quadranten betrieben werden kann. Welche Information versteckt sich hinter einer solchen Angabe?

Zuerst soll der Einquadrantenbetrieb erläutert werden. In einem Quadranten arbeitet ein Wandler dann, wenn seine Referenzspannung nur eine Polarität besitzt und der digitale Wertebereich am Eingang nur von 0 bis zur maximal darstellbaren Zahl reicht. D.h., Eingang und Ausgang können nur positive Werte annehmen. Dies ist z.B. bei Wandlern der Fall, die intern mit Stromquellen ausgestattet sind.

Beim Zweiquadrantenbetrieb ist es möglich, durch Wechsel der Polarität der Referenzspannung, für den gleichen Eingangswert zwei verschiedene Ausgangsspannungen zu erzeugen. Einmal eine positive, zum anderen eine negative. Alle Wandler mit Widerstandsnetzwerken können in zwei Quadranten betrieben werden.

Der Vierquadrantenbetrieb wird letztlich dadurch erreicht, daß auch noch zusätzlich der Eingang positive oder negative Werte annehmen kann. Ein negativer Wert einer Dualzahl wird durch das sogenannte Zweierkomplement gebildet. Wandler, die solche Werte verarbeiten können, müssen jedoch vom Aufbau her etwas anders aussehen. Um aber auch mit normal aufgebauten Wandlern einen Vierquadrantenbetrieb zu erreichen, bedient man sich einer anderen Methode. Man subtrahiert durch die äußere Beschaltung von der Ausgangsspannung ein Offset, das dem halben Vollausschlag entspricht. Ein Eingangswert von Null erzeugt damit z.B. den negativen Vollausschlag. Einer von 800h (bei einem 12-Bit-Wandler) ergibt am Ausgang eine Spannung von 0 V, und der Wert FFFh erzeugt den positiven Vollausschlag. In Abb. 4.7 sind diese Zustände in Diagrammen dargestellt.

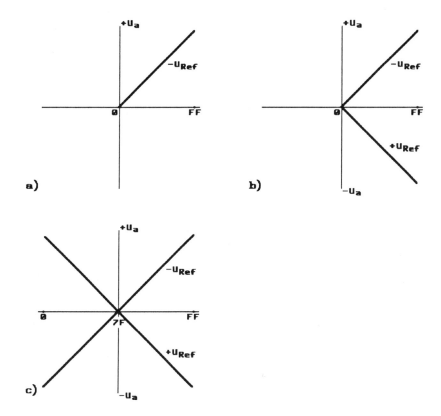

Abb. 4.7: Kennlinien eines D/A-Wandlers im a) Einquadrantenbetrieb,
b) Zweiquadrantenbetrieb, c) Vierquadrantenbetrieb

4.3 Spezielle D/A - Wandler

Bisher wurde stets davon ausgegangen, daß D/A-Wandler an ihren Eingängen
lediglich Imformationen verarbeiten können, die streng nach Potenzen von 2
gestaffelt sind. Es handelt sich dabei um reine Dualzahlen mit n Bit Breite. Im
Prinzip ist es jedoch möglich, jeden anderen digitalen Code als Eingangssignal zu verwenden. Was dabei geändert werden muß, ist das Widerstandsnetzwerk.

4.3.1 Wandler für BCD-Zahlen

Mit dem BCD-Code ist es möglich, natürliche Zahlen direkt dual darzustellen. Dabei verwendet man zur Codierung einer Ziffer 4 Bit, wobei dann die oberen sechs Werte A - F aus der hexadezimalen Darstellung ungenutzt bleiben. Die Darstellung geschieht in Dekaden. D.h., für die Einer, Zehner, Hunderter usw. wird jeweils eine Stelle mit 4 Bit Breite benötigt.

Wir wollen einen Wandler betrachten, der direkt die BCD-Zahlen von 0 bis 999 in einen analogen Wert umsetzen kann. Solch ein Wandler kann z.b. dann zum Einsatz kommen, wenn die digitale Eingangsinformation über Codierschalter geliefert wird. Dies kann bei einem digital einstellbarem Netzteil der Fall sein. Man erspart sich damit einen großen Aufwand an zusätzlicher Hardware zur Umcodierung der BCD-Werte in das duale System.

Als Grundelement wird der Wandler aus Abb. 4.2 benutzt. Dieser ist für die Wandlung von 4-Bit-Werten ausgelegt. 4 Bit entsprechen genau einer Dekade. Da Zahlen im Bereich bis 999 gewandelt werden sollen, werden also drei Stufen benötigt. Das Widerstandsnetzwerk für jede dieser Stufen hat gleiches Aussehen. Der einzige Unterschied besteht in der Höhe der Referenzspannung für jede der Dekaden. Von einer Stufe zur anderen muß diese jeweils um den Faktor 10 abgeschwächt werden. Damit ergibt sich dann eine den Dekaden entsprechende Wertigkeit der Ströme, die auf der Summenleitung gesammelt werden. Eine Möglichkeit ist, jede der Dekaden mit einer separaten Referenzspannung zu versorgen. Damit wächst aber der zusätzliche Aufwand stark an. Bei einem Wandler über vier Dekaden müßte z.B. für die Einerstelle eine Referenz von 10 mV mit der entsprechenden Genauigkeit bereitgestellt werden. Es muß also noch eine andere Möglichkeit geben.

Am elegantesten wäre eine Lösung mit einem Widerstandsnetzwerk, das ähnliche Eigenschaften aufweist, wie das R-2R-Netzwerk. Innerhalb einer Dekade kann ein solches auf jeden Fall verwendet werden. Das Problem, das jetzt auftaucht, sind die Koppelwiderstände, die die Dekaden verbinden. Zunächst werden die Widerstandswerte einer Dekade zu einem Ersatzwiderstand zusammengefaßt. Dieser hat den Wert 1/15 R. Gemäß Definition muß sich an jedem Knotenpunkt der fließende Strom I_{Ref} im Verhältnis 1:9 aufteilen. Damit kommt am nächsten Knoten noch genau 1/10 des Stromes als am vorhergehenden an. Mit diesem Wert kann man auf jeden Fall schon den Abschlußwiderstand R_A bestimmen. Sein Wert muß 9/15 R betragen. Der Abschlußwiderstand und der Ersatzwiderstand der letzten Dekade liegen parallel. Davor liegt der

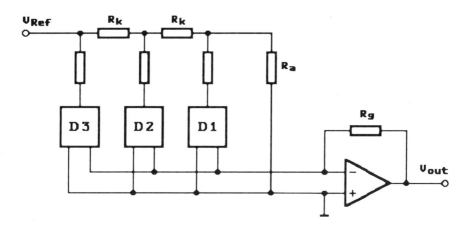

Abb. 4.8: Prinzip eines Wandlers für BCD codierte Dualzahlen

Koppelwiderstand R_K zur nächsten Dekade. Der Ersatzwiderstand, der durch diese Dreiergruppe gebildet wird, muß nun auch wieder 9/15 R betragen. Damit berechnet sich R_K zu 81/150 = 27/50 R. Dieser Wert ist für die Verbindung zwischen allen beteiligten Stufen gültig. In Abb. 4.8 ist das Prinzipschaltbild des Wandlers dargestellt.

Auf ähnliche Weise ist es sicher möglich, Kombinationen zu finden, die sich für die Wandlung anders codierter Zahlenwerte eignen, wenn dies erforderlich oder erwünscht ist.

4.4 Spezielle Anwendungen

4.4.1 Signalmultiplikation

Die Multiplikation zweier Werte ist per Computerprogramm sicher keine Schwierigkeit. Soll z.B. das Produkt der Meßwerte zweier verschiedener Sensoren gebildet und anschließend analog ausgegeben werden, kann man durchaus eine Programmzeile für die Rechnung opfern. Es gibt aber auch eine Möglichkeit, diese Rechenoperation allein von der vorhandenen Hardware ausführen zu lassen. Sollen die Meßwerte z.B. sehr schnell hintereinander aufgenommen und auch ausgegeben werden, kann dieses Verfahren eine Alternative darstellen. In der Meßroutine kann wertvolle Rechenzeit eingespart werden. Die Voraussetzung dazu ist das Vorhandensein von zwei D/A-Wandlern, von denen mindestens einer die Möglichkeit bieten muß, die Referenzspannung extern anzulegen.

Die Multiplikation geschieht auf der Basis, daß ein D/A-Wandler den eingeschriebenen Wert am Ausgangmultipliziert mit seiner Referenzspannung ausgibt. Dabei wird natürlich der ausgegebene Wert immer auf den maximal möglichen Zahlenbereich bezogen. Es ergibt sich also ein Faktor, der immer kleiner ist als 1. Zusätzlich benötigt man einen zweiten Wandler, der in Verbindung mit dem zweiten Faktor die Referenzspannung für den ersten bildet. Die folgenden Gleichungen gelten für den Fall, daß es sich um zwei 12-Bit-Wandler handelt, die je in einem Quadranten arbeiten.

$$U_{a1} = - U_{Ref1} \cdot \frac{x}{4096} \quad , \quad U_{a2} = - U_{Ref2} \cdot \frac{y}{4096}$$

Ersetzt man U_{Refl} durch U_{a2}, was praktisch dadurch erreicht wird, daß der Ausgang von Wandler 2 an den Referenzspannungseingang von Wandler 1 gelegt wird, erhält man:

$$U_{a1} = U_{Ref2} \cdot \frac{x \cdot y}{4096^2}$$

Das Ergebnis U_{a1} entsteht also durch Multiplikation der in die Wandler eingeschriebenen Werte x und y, die in diesem Beispiel natürlich nur ganzzahlige, positive Werte zwischen 0 und 4.095 annehmen dürfen.

Es könnte sich hier beispielsweise um eine Multiplikation von gemessenem Strom und gemessener Spannung handeln. Der Ausgang von Wandler 1 ist dann proportional der Leistung P, die sich aus den Werten x und y ergibt.

Wird z.B. in beide D/A-Wandler der gleiche Wert eingeschrieben, erhält man am Ausgang das Quadrat dieses Wertes. Darüber hinaus ist sicherlich noch eine ganze Reihe anderer Anwendungsfälle denkbar.

4.4.2 Programmierbarer Verstärker

Man kann mit Hilfe eines D/A-Wandlers auch einen programmierbaren Verstärker für Gleich- oder Wechselspannungen aufbauen. Die Bezeichnung Verstärker ist eigentlich nicht ganz richtig. Es muß Abschwächer heißen, denn der Verstärkungsfaktor der Anordnung ist stets kleiner 1.

Das zu beeinflussende Signal ist lediglich an den Referenzeingang des Wandlers zu legen. Je nach dessen Auflösung kann es dann invertiert und um irgendeinen Faktor im Auflösungsbereich abgeschwächt am Ausgang abgenommen werden. Auf diese Weise erhält man einen sehr präzise arbeitenden aktiven Spannungsteiler. Der Grad der Abschwächung kann dabei jederzeit vom Computer aus per Programm beeinflußt werden. Für Wechselspannungen ist diese Methode jedoch nur dann geeignet, wenn der Wandler aufgrund seiner Bauart eine bipolare Referenzspannung zuläßt (Betrieb in zwei Quadranten).

4.4.3 Amplitudenmodulation

Die eben beschriebene Methode, ein Signal am Referenzeingang einfach abzuschwächen, kann man auch zu einem anderen Zweck nutzen. Man hat die Möglichkeit, eine anliegende Wechselspannung durch eine andere Funktion oder einfacher durch bestimmte Werte vom Rechner aus in ihrer Amplitude zu modulieren.

Man muß dazu lediglich ein Wechselsignal genügend hoher Frequenz am Referenzeingang anlegen. Dadurch eröffnen sich völlig andere Wege der Signalübertragung von Computern zu anderen externen Geräten. Die einfachste Art kann eine Puls-Code-Modulation (PCM) sein. Hierbei wird die hochfrequente Trägerschwingung durch die Modulationsfunktion entweder ein- oder ausgeschaltet. Dadurch, daß die Demodulation normalerweise an einem Bandfilter, das auf die Trägerfrequenz abgestimmt ist, geschieht, haben andere Störfrequenzen nur geringen oder gar keinen Einfluß auf die Übertragungssicherheit.

4.4.4 Analog-Digital-Division

Nicht nur Multiplikationsaufgaben können mit einem D/A-Wandler gelöst werden. Mit einer kleinen Änderung der Beschaltung eignet er sich auch hervorragend zur Division zweier Werte. Es kann eine Eingangsspannung durch einen digital anliegenden Wert dividiert werden.

Geeignet dazu sind Wandler, die einen Stromausgang besitzen. Man bezeichnet sie auch als multiplizierende Wandler. Diese beinhalten im Normalfall nur das Widerstandsnetzwerk und die Schaltlogik für die Eingänge.

Um eine dividierende Arbeitsweise zu erhalten, hat man am Wandler lediglich zwei Leitungen zu tauschen. Der Ausgang des nachgeschalteten Verstärkers führt nicht mehr über den Widerstand R_g zurück auf den Summationspunkt, sondern wird mit dem Referenzeingang verbunden. Über den Widerstand R_g wird jetzt die zu dividierende Spannung auf den Summationspunkt gelegt. Praktisch ist damit der Widerstand R_g zum Eingangswiderstand und das Netzwerk zum Gegenkopplungswiderstand geworden. Die digitalen Eingänge verändern nun die Gegenkopplung. Abb. 4.9 zeigt das Prinzip.

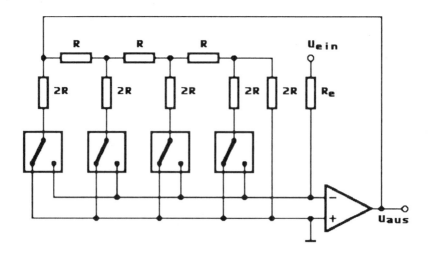

Abb. 4.9:   Prinzipschaltung eines D/A-Wandlers zur Analog-Digital-Division

Um die Wirkung zu untersuchen, werden alle Eingänge auf logisch 0 gesetzt. Damit ist der Gegenkopplungskreis unterbrochen, die Verstärkung wird unendlich hoch. Der Verstärkerausgang geht damit in die Sättigung. Mathematisch ist eine Division durch Null auch nicht möglich. Sind alle Eingänge auf logisch 1, besitzt der Widerstand im Gegenkopplungszweig seinen kleinsten Wert. Die Verstärkung ist somit auf den Minimalwert eingestellt. Das anliegende Signal wird durch die größtmögliche darstellbare Zahl des Wandlers geteilt.

Sicherlich ist das keine typische Anwendung für einen D/A-Wandler, der in einem PC eingebaut ist. Es soll an dieser Stelle auch lediglich auf die Möglichkeiten, die ein solcher Baustein bietet, hingewiesen werden.

4.4.5   Anwendung als Funktionsgenerator

D/A-Wandler lassen sich hervorragend als Funktionsgeneratoren einsetzen. Besonders zur Nachbildung exotischer Funktionen, wo jeder andere Generator zunächst einmal versagt, sind sie bestens geeignet. Das Prinzip eines solchen Funktionsgenerators zeigt Abb. 4.10.

Verwendet wird in der Schaltung ein 8-Bit-Wandler. Der AD7520 ist eigentlich ein 10-Bit-Wandler, die beiden niederwertigsten Eingänge kann man jedoch permanent auf Masse legen. Die digitale Information erhält er aus einem EPROM, in dem die Funktionswerte für die entsprechenden Zeitabschnitte, die durch die Taktrate bestimmt werden, in digitaler Form abgespeichert sind. Eine wesentlich höhere Auflösung kann man erreichen, wenn man zwei EPROMs benutzt. Im einen werden die unteren 8 Bit des Funktionswertes abgelegt, im anderen die höherwertigen. Die Adreßleitungen werden dann parallel geschaltet. In diesem Fall kann man Wandler bis 16 Bit einsetzen. Der Takt wird auf die kaskadierten Zählerbausteine 74LS93 geleitet, die ihrerseits die Adresse für das EPROM bilden. Im Fall eines 4-KByte-EPROMs werden 12 Adressleitungen benötigt. Nachdem der Zähler seinen Maximalwert (in diesem Fall 4.095) erreicht hat, beginnt er wieder von Null an zu zählen. Die im EPROM gespeicherten Informationen über den Funktionswert werden damit periodisch an den Wandler abgegeben. Die Wiederholfrequenz kann durch den Zähltakt bestimmt werden. Für die praktische Ausführung sind auf jeden Fall die Einschwingzeit des Wandlers und die Zugriffszeit des EPROMs zu berücksichtigen. Diese Werte bestimmen wesentlich die maximale Taktfrequenz.

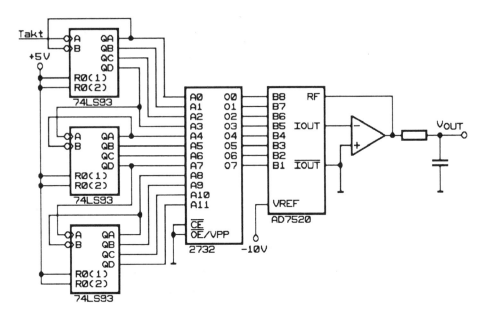

Abb. 4.10: Prinzip eines Funktionsgenerators mit D/A-Wandler

Speziell für solche Anwendungen sollte man aber auf jeden Fall die Ausführungen in Kapitel 8 berücksichtigen. Dort wird die Ausgabe analoger Signale
noch einmal von einem anderen Standpunkt aus betrachtet. Speziell die Funktion des Tiefpaßfilters am Ausgang der Schaltung wird dort näher erläutert.

5 A/D-Wandler

Die wichtigste Verbindung eines Computers zur analogen Außenwelt stellt zweifelsfrei ein Analog-Digital-Wandler her. Durch einen A/D-Wandler können analoge, aber natürlich auch digitale Signale dem Rechner zugänglich gemacht werden.

Während bei digitalen Signalen nur danach unterschieden wird, ob sie einen gewissen Spannungswert unter- oder überschreiten, ist bei analogen Signalen der möglichst genaue Wert der anliegenden Spannung gefragt.

5.1 Prinzipien

A/D-Wandler sind lediglich in der Lage, eine als Spannung am Eingang anliegende Größe in einen für den Rechner nutzbaren digitalen Wert zu konvertieren. Egal, welche analoge Größe erfaßt werden soll, sie muß dem Computer mit seinem Wandler in jedem Fall als Spannungswert zur Verfügung gestellt werden.

Die Verfahren, nach denen die Umwandlung vorgenommen wird, sind recht unterschiedlich. Wichtig zu wissen ist zunächst, daß eine Wandlung unabhängig vom Prinzip nur mit Kompromissen vorgenommen werden kann.

1. Die Wandlung kann nur mit endlicher Auflösung, und deshalb lediglich mit Abstufungen geschehen.

2. Die Wandlung geschieht entweder sehr schnell, oder sehr genau. Meist geht man Kompromisse ein.

3. Jede Wandlung ist mit einem Fehler behaftet.

Während man auf Punkt 2 durch die Wahl des Wandlerbausteins einen gewissen Einfluß ausüben kann, bleiben die Punkte 1 und 3 unberührt. Man ist zwar dabei, die Auflösung zu verfeinern, 14- bis 16-Bit-Wandler gehören fast schon zum Standard. Die Probleme bleiben jedoch nach wie vor. Der Fehler wird damit kleiner, grundsätzlich kann er aber nicht beseitigt werden.

5.2 Quantisierung

Das Prinzip, das allen Wandlungsverfahren zugrunde liegt, ist die Quantisierung des Meßwertes. Quantisierung bedeutet, daß der Meßwert in endlich viele kleine Bruchstücke zerteilt wird.

Die einfachste Form der Quantisierung ist, zu unterscheiden, ob z.b. ein Meßwert größer oder kleiner 5 V ist. In Abhängigkeit davon wird ein bestimmtes Bit gesetzt. Es liegt jetzt bereits die einfachste Art eines A/D-Wandlers vor. Es ist ein Wandler mit 1 Bit Auflösung. Er kann unterscheiden zwischen mehr oder weniger als 5 V. In der Analogtechnik benutzt man solche Verfahren als Vergleicher oder Komparatoren.

Setzt man jetzt einen weiteren Komparator ein, z.b. einen, der zwischen größer und kleiner 2,5 V unterscheiden kann, haben wir bereits eine Auflösung des Meßsignales in drei Stufen erreicht. Durch Einsatz einer dritten Vergleichsstufe (z.b. 7,5 V) kann die Auflösung auf vier Stufen erweitert werden. Man kann schon erkennen, daß eine höhere Auflösung auch einen höheren Aufwand an Hardware erfordert. Um nach diesem Verfahren eine Auflösung von 4.096 Schritten zu erhalten, das entspricht 12 Bit, benötigt man 4.095 Komparatoren. Der Aufwand an Hardware steigt damit in nahezu unendliche Dimensionen.

5.2.1 Das Parallelverfahren

Trotzdem benutzt man diese Vorgehensweise manchmal doch bei praktisch ausgeführten Wandlern. Einfach aus dem Grund, weil ein Wandler, der nach diesem Prinzip arbeitet, an Schnelligkeit, oder besser in der Kürze der Wandlungszeit, einfach nicht zu übertreffen ist. Am Beispiel eines 3-Bit-Wandlers soll das Prinzip schaltungtechnisch verdeutlicht werden. Mit 3 Bit ist es möglich, 8 verschiedene Zustände oder Zahlen zu charakterisieren. So können z.B. die Zahlen von 0 bis 7 im dualen Zahlensystem dargestellt werden.

Es wird nun versucht, einen A/D-Wandler zu konstruieren, der im Bereich von 0 bis 7 V so arbeitet, daß er den gemessenen Spannungswert als digital codierte Zahl ausgeben kann. Den prinzipiellen Aufbau zeigt Abb. 5.1.

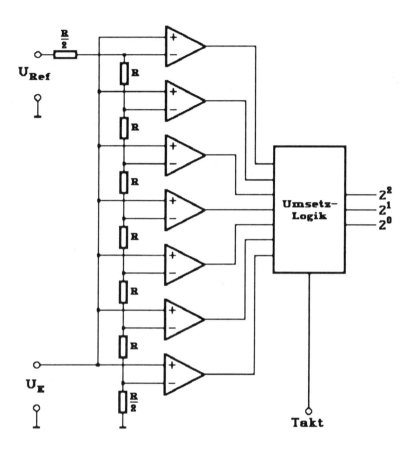

Abb. 5.1: Prinzip eines A/D-Wandlers für 3 Bit nach dem
Parallelverfahren

Es werden sieben Operationsverstärker als Komparatoren verwendet. Sinnvollerweise wählt man als Schaltschwelle immer den Übergang zwischen zwei
Zahlen. Demnach muß der erste Übergang im Bereich von 0 bis 1 V stattfinden. Bei einer Eingangsspannung von > 0,5 V sollte also der erste Komparator
ein Signal erzeugen. Damit wird auch das Prinzip klar, man braucht für eine
Auflösung von n Werten n - 1 Komparatoren. Jeder der im Bild gezeigten
Operationsverstärker erhält über den Spannungsteiler eine eigene Referenzspannung. Diese ist gestaffelt in Schritten von 1 V. Der erste erhält 0,5 V, der
zweite 1,5 V, der dritte 2,5 V usw. Jeweils dann, wenn die Hälfte zum
nächsten vollen Wert überschritten ist, wird der entsprechende Komparator
aktiv. Durch eine spezielle Logik werden die Signale der Operationsverstärker

so aufbereitet, daß ein digital codiertes, dem Eingangswert entsprechendes Signal, der Schaltung entnommen werden kann. Mit z.B. jeder positiven Flanke am Takteingang der Schaltung wird der jeweils aktuelle Wert in die Ausgangsstufen des Wandlers übernommen, von wo aus er vom Computer übernommen werden kann.

Die maximal erreichbare Wandlungsrate wird bei diesem Verfahren lediglich durch die Schaltzeiten der Komparatoren bestimmt. Auf jeden Fall können Abtastfrequenzen bis in den MHz-Bereich hinein realisiert werden.

5.2.2 Das Wägeverfahren

Es muß doch eigentlich möglich sein, die gleiche Aufgabe mit wesentlich weniger schaltungstechnischem Aufwand zu bewerkstelligen. Prinzipiell kann man auf den Einsatz von Komparatoren nicht verzichten. So auch nicht hier. Während beim Parallelverfahren alle Vergleichsstufen zur selben Zeit ihren Ausgangswert bilden, wird beim Wägeverfahren, auch successive Approximation genannt, Bit für Bit nacheinander abgearbeitet. Eine 8-Bit-Umsetzung erfolgt also in 8 Schritten. Analog dazu benötigt eine solche für 12 Bit dann 12 Schritte.

Es soll z.B. eine Eingangsspannung im Bereich von 0 - 10 V digitalisiert werden. Durch eine Steuerlogik im Wandler wird das höchstwertige Bit (MSB) zunächst auf 1 gesetzt. Mit diesem wird nun ein ebenfalls im Wandler enthaltener D/A-Wandler angesteuert. Aufgrund des Meßbereichs erzeugt dieser an seinem Ausgang damit eine Hilfsspannung von 5 V. Hilfsspannung und Eingangsspannung werden durch einen Komparator verglichen. Ist die Eingangsspannung größer als 5 V, bleibt das Bit auf 1. Ist sie kleiner, wird es von der Steuerlogik auf 0 zurückgesetzt. Damit ist die Entscheidung über den Zustand des ersten Bits gefallen.

Im nächsten Schritt wird das nächstniedrigere Bit auf 1 gesetzt. Der D/A-Wandler erzeugt sofort eine entsprechende Hilfsspannung, die ihrerseits wieder auf den Komparator zum Vergleich mit der Eingangsspannung geführt wird. Die Hilfsspannung, die ein Bit erzeugen kann, beträgt jeweils die Hälfte des Wertes, der durch das vorherige Bit erzeugt wurde. Abhängig vom Resultat des Vergleichs bleibt auch dieses Bit entweder gesetzt, oder es wird zurückgenommen. Dieser Vorgang wiederholt sich solange, bis alle Bits abgearbeitet sind. In Abb. 5.2 ist das Prinzip eines solchen Wandlers in Form eines Blockschaltbildes dargestellt.

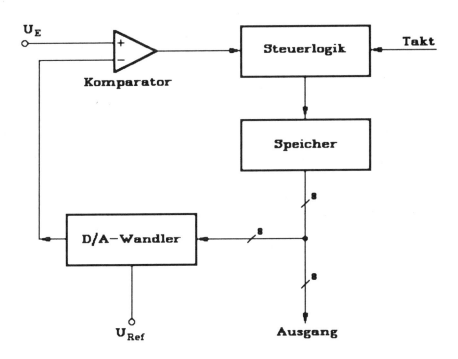

Abb. 5.2: Blockschaltbild eines A/D-Wandlers nach dem Wägeverfahren

Am Beispiel eines 8-Bit-Wandlers soll die Arbeitsweise noch einmal mit einem konkreten Zahlenwert verdeutlicht werden. Es wird angenommen, daß die Eingangsspannung 8 V beträgt. Das MSB, in diesem Fall Bit 7, bleibt nach dem ersten Vergleich also gesetzt. Die Bits 6 und 7 erzeugen zusammen eine Hilfsspannung von 7,5 V. Auch Bit 6 bleibt gesetzt, da die Eingangsspannung größer ist. Die beiden nächsten Bits werden nach den Vergleichen zurückgesetzt. Die Eingangsspannung ist kleiner als 8,75 und kleiner als 8,125 V. Das bisher gelieferte Bitmuster ist 1100.

Der 5. Vergleich mit Bit 3 erzeugt eine Hilfsspannung von 7,8125 V. Bit 3 bleibt gesetzt. Ebenso Bit 2. Hier beträgt die Hilfsspannung 7,96875 V. Die beiden letzten Stellen, Bit 1 und Bit 0, werden zurückgesetzt. Die insgesamt erzeugte Hilsspannung liegt jeweils über 8 V. Das total erreichte Bitmuster für diesen Fall lautet also 11001100. In hexadezimaler Darstellung entspricht das dem Wert 0cch, dezimal 204. Rechnet man diesen Wert zurück, bezogen auf 256 mögliche Ausgangswerte durch die 8-Bit-Wandlung, lautet die Rechnung 204 / 256 · 10 V. Es kommen genau 7,96875 V heraus. Es ist das Ergebnis, das nach dem 6. Vergleich bei der Hilfsspannung vorlag. Das Resultat weicht von der tatsächlich anliegenden Eingangsspannung ab. Die Wandlung beinhaltet demzufolge einen Fehler. In Abschnitt 5.4.2.1 wird noch näher auf dieses Phänomen eingegangen.

Die Zeit, die für eine komplette Umsetzung benötigt wird, hängt, wie oben schon erwähnt, von der Bitbreite des Wandlers ab. Übliche Zeiten sind z.B. 5 - 50 µs für 12-Bit-Wandler. Erhältlich sind aber durchaus auch schnellere Typen. Mit dem derzeitigen Stand der Technik können ohne weiteres Umsetzzeiten im Bereich um eine µs realisiert werden.

5.2.3   Die Zählverfahren

Neben den vorher genannten Verfahren zur Umsetzung eines analogen Wertes in eine digitale Größe existiert noch ein weiteres grundsätzliches Wandlungsprinzip. Es handelt sich um das Zählverfahren. Der digitale Wert wird hierbei immer durch einen Zählerstand gebildet, der allerdings auf unterschiedliche Weise zustande kommen kann. Bei den Zählverfahren unterscheidet man nochmals nach drei verschiedenen Hauptarten.

Grundsätzlich muß zu den Zählverfahren bemerkt werden, daß sie gegenüber den anderen Methoden zwar langsamer arbeiten, die erreichbare Genauigkeit kann jedoch bei verhältnismäßig geringem Aufwand wesentlich größer sein. Ein weiterer Vorteil, den diese Verfahren direkt bieten, der Ausgangscode kann beliebig gewählt werden. Der Impulsgeber kann nicht unterscheiden, ob er an einen Dualzähler oder z.B. an einen BCD-Zähler seine Impulse abgibt.

5.2.3.1   Kompensationsverfahren

Das erste Verfahren, das hier vorgestellt werden soll, ist das Kompensationsverfahren. Wandler, die nach diesem Prinzip arbeiten, liefern, ohne daß sie jeweils erneut angestoßen werden müssen, stets einen der Eingangsspannung entsprechenden digitalen Wert. Dieses Verhalten ist schon von Wandlern bekannt, die nach dem Parallelverfahren arbeiten. Das Prinzip eines Wandler nach dem Kompensationsverfahren zeigt Abb. 5.3.

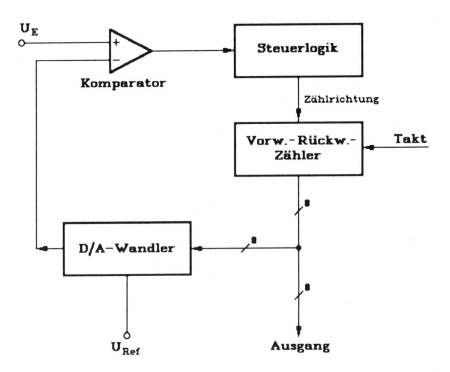

Abb. 5.3: Funktionsprinzip eines A/D-Wandlers nach dem Kompensationsverfahren

Die Eingangsspannung wird über einen Komparator mit einer von einem D/A-Wandler gebildeten Kompensationsspannung verglichen. Dieser D/A-Wandler erhält seine digitale Eingangsinformation aus einer Zählstufe. Die Zählstufe selbst ist als Vorwärts-/ Rückwärtszähler ausgebildet. Ein unabhängiger Taktgenerator dient zur Erzeugung der Zählimpulse. Dieser Taktgenerator ist nicht unbedingt Bestandteil des Wandlers. Er kann natürlich auch extern aufgebaut sein. Der Ausgang des Komparators bestimmt die Zählrichtung für den Zähler. Ist die Eingangsspannung größer als die Kompensationsspannung, wird vorwärts gezählt. Anderenfalls ist die Zählrichtung rückwärts. Damit bei kleinsten Unterschieden, die der Komparator ja feststellen kann, keine laufende Umschaltung der Zählrichtung geschieht, ist dieser als sogenannter Fensterkomparator ausgebildet. Damit erzeugt er ein definiertes Zählrichtungs-

signal nur dann, wenn die Differenz zwischen Eingangs- und Kompensationsspannung einen gewissen Betrag übersteigt. Es handelt sich dabei um die
Spannung, die sich für 1/2 LSB ergeben würde.

Der Meßbereich des Wandlers wird festgelegt durch die Referenzspannung,
die am D/A-Wandler anliegt. Die maximale Umsetzungsgeschwindigkeit wird
im wesentlichen durch den anliegenden Zähltakt bestimmt. Damit der Wandler kontinuierlich arbeiten kann, muß jedoch eine bestimmte Bedingung
erfüllt sein. Die Eingangsspannung darf sich zwischen 2 Zähltakten um nicht
mehr als den Spannungsbetrag ändern, den das LSB, also das niederwertigste
Bit erzeugen kann.

Mit einer Beispielrechnung soll die maximal zu verarbeitende Signalfrequenz
ermittelt werden. Der anliegende Zähltakt beträgt 4 MHz. Der Wandler ist als
8-Bit-Wandler ausgelegt, der Meßbereich beträgt 0 - 10 V. Setzt man eine
Eingangsspannung voraus, die sich sinusförmig ändert, tritt die höchste Wech-
selrate des Signals im Nulldurchgang der Sinusfunktion auf. Da der Wandler
nur positive Eingangsspannungen verarbeiten kann, wird eine Sinusspannung
mit 5 V Amplitude benutzt, die einer Gleichspannung von +5 V überlagert ist.
Der Nulldurchgang der Wechselgröße findet damit bei +5 V statt.

Zunächst muß die Spannung ermittelt werden, die das niedrigste Bit erzeugen
kann:

10 V / 256 = 0,0390625 V.

Bei 4 MHz beträgt der zeitliche Abstand zwischen zwei Impulsen 0,25 µs. Aus
diesen beiden Werten kann jetzt die maximal zulässige Spannungssteilheit
errechnet werden. 0,0390625 V / 0,25 µs = 156250 V/s. Als nächstes muß die
Funktion der Eingangsspannung

$$U = 5V \cdot \sin\left(2\pi \cdot \frac{t}{T}\right)$$

nach t abgeleitet werden, damit die Steigung der Spannung im Nulldurchgang
als mathematische Gleichung beschrieben werden kann.

$$U' = 5V \cdot \cos\left(2\pi \cdot \frac{t}{T}\right) \cdot \frac{2\pi}{T}$$

Für die Steigung im Nulldurchgang, also für t = 0, vereinfacht sich die
Gleichung zu

$$U' = 5V \cdot \frac{2 \cdot \pi}{T}.$$

Der größtmögliche Wert für U' wurde vorher bereits mit 156.250 V/s ermittelt. Dieser wird nun an Stelle von U' in die Gleichung eingesetzt, danach wird nach 1/T entsprechend der Frequenz des Signales umgestellt. Für 1/T oder für f folgt ein Wert von ca. 4.973 Hz.

Die Rechnung zeigt also, daß der Wandler in dieser Konfiguration Eingangsspannungen mit einer maximalen Frequenz von 4.973 Hz gerade eben noch folgen kann. Besitzt das Eingangssignal eine höhere Frequenz, kann es nicht mehr der Signalform entsprechend richtig umgesetzt werden. D.h., für höhere Frequenzen ist der Wandler unbrauchbar. Für andere Taktraten und Auflösungen ergeben sich andere Werte.

5.2.3.2 Sägezahnverfahren

Das Sägezahnverfahren, auch Single-Slope-Verfahren genannt, benutzt ein anderes Prinzip, um den Zähler zu steuern. Nachdem zu Anfang der Messung der Zähler auf Null gesetzt wurde, beginnt dieser nun von diesem Wert an vorwärts zu zählen, während eine Sägezahnschwingung mit einer bestimmten Steigung aufwärts läuft. Eingangsspannung und Sägezahnspannung werden durch einen Komparator verglichen. Übersteigt die Spannung des Sägezahns die Eingangsspannung, wird der bis dahin mitlaufende Zähler angehalten. Der Zählerstand wird nun in ein Register übertragen, von wo er durch den Rechner ausgelesen werden kann. In Abb. 5.4 ist die Prinzipschaltung eines solchen Wandlers dargestellt.

Läßt man die Sägezahnspannung z.B. von -10 bis +10 V laufen, kann zusätzlich zum Meßwert die Polarität des Eingangssignales erkannt werden. Dazu benötigt man allerdings zwei Komparatoren, die die Signale auswerten. Einen zum Vergleich der Sägezahnspannung mit der Eingangsspannung, den anderen zur Überprüfung, wann die Sägezahnspannung ihren Nulldurchgang hat. Je nachdem, welcher der beiden zuerst schaltet, läßt sich die Polarität der Eingangsspannung bestimmen.

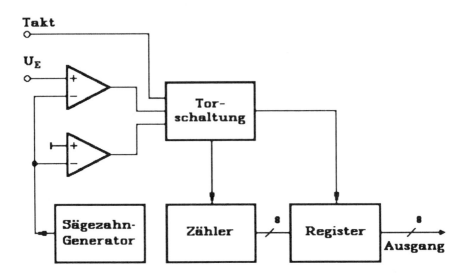

Abb. 5.4:   Prinzipschaltung eines A/D-Wandlers nach dem Sägezahnverfahren

Bevor ein neuer Wert gewandelt werden kann, muß der Sägezahngenerator
abgelaufen sein. Die Wandlungsrate wird also in erster Linie durch die Säge-
zahnfrequenz bestimmt. Läuft der Sägezahn von -10 nach +10 V, also wenn
die Vorzeichenerkennung mit eingeschlossen sein soll, wird die doppelte Zeit
zur Wandlung benötigt. A/D-Wandler nach diesem Prinzip lassen sich sehr
einfach und mit relativ wenig Hardwareaufwand realisieren. Genau wie beim
Wandler nach dem Kompensationsverfahren, läuft auch hier die Messung
kontinuierlich durch, ohne daß der Wandlungsvorgang durch ein externes
Signal jeweils neu gestartet werden muß.

Wenn sich auch durch entsprechend hohe Frequenzen für den Zähltakt und
den Sägezahn, beide Frequenzen müssen aufeinander abgestimmt sein, relativ
kurze Wandlungszeiten erreichen lassen, so ist doch die erzielbare Genauigkeit nicht besonders hoch. Das größte Problem stellt die Linearität der Sägezahnschwingung auf der steigenden Flanke dar. Ein anderes Problem ist die
zeitliche Zuordnung des Meßwertes. Durch das Verfahren kann der Meßwert
nur für den Moment gebildet werden, wenn Eingangsspannung und Sägezahnspannung gleich sind. Bei Signalen, denen eine Wechselgröße überlagert ist,
wird dadurch die Probe in stets anderen Zeitabständen entnommen. Das macht
eine spätere Rekonstruktion des Eingangssignales nahezu unmöglich. Genau
genommen eignet sich dieser Wandler dadurch nur für Signale, die sich nicht

oder nur sehr langsam ändern. Abb. 5.5 zeigt das Prinzip an einem Impulsdiagramm.

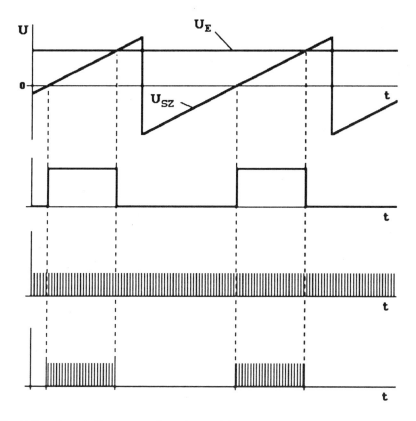

Abb. 5.5: Impulsdiagramm für einen A/D-Wandler nach dem Sägezahnverfahren.

5.2.3.3 Integrationsverfahren

Bei dieser Methode, auch als Dual-Slope-Verfahren bekannt, wird der Wand-
lungsprozeß in zwei Schritten vorgenommen. Zuerst wird in einem festen
Zeitintervall die am Wandlereingang anliegende Meßspannung integriert. Um
dieses Zeitintervall zu erhalten, benutzt man eine bestimmte Anzahl von
Impulsen des Taktgenerators. Dadurch ergibt sich am Integrierglied des
Wandlers nach Ablauf dieser Zeit eine Spannung, die in einem festen Verhält-

nis zur Eingangsspannung steht. Nennen wir sie eine Vergleichsspannung. Im zweiten Teil der Wandlung wird nun diese Vergleichsspannung wieder deintegriert. Diesmal allerdings nicht in einem festen Zeitintervall, sondern mit dem Spannungswert der am Wandler anliegenden Referenzspannung. Die Polarität der Referenzspannung wird dabei wandlerintern so an das Integrierglied angelegt, daß sie der der Vergleichsspannung entgegengerichtet ist. Dadurch ergibt sich für die Deintegration eine feste Steigung. Während dieses Vorganges läuft nun ein Zähler solange mit, bis die Vergleichsspannung durch Null gelaufen ist. Der Zählerstand zu diesem Augenblick entspricht dem Wandlungsergebnis für die anliegende Eingangsspannung. Den Verlauf der Vergleichsspannung am Integrationsglied für verschieden hohe Eingangsspannungen kann man Abb. 5.6 entnehmen. Dieses Verfahren arbeitet sehr genau. So hat z.B. die Linearität des Integrators auf das Ergebnis der Messung keinen Einfluß, da er sowohl für die anfängliche Integration, als auch für die anschließende Deintegration benutzt wird. Auch die Höhe der Taktfrequenz übt keinen Einfluß auf das Meßergebnis aus, da für beide Phasen der Wandlung auch der gleiche Takt benutzt wird. Lediglich auf die Meßdauer wirkt die Taktfrequenz bestimmend. Für die Genauigkeit der Messung ist einzig die Referenzspannung verantwortlich. An sie werden in Höhe und Stabilität hierbei besondere Anforderungen gestellt.

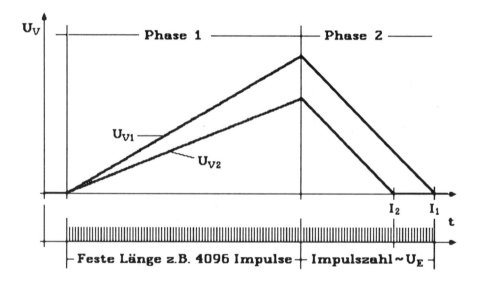

Abb. 5.6:   Vergleichsspannung am Integrationsglied eines Dual-Slope-Wandlers

Nachfolgend soll betrachtet werden, wie die Dauer der Integrationsphase mit der Höhe der Referenzspannung zusammenhängt. Gehen wir davon aus, daß es sich um einen Wandler mit 12 Bit Auflösung handelt, muß die zweite Phase, also die Deintegration, nach spätestens 4.096 Takten abgeschlossen sein. Soll der Meßbereich genau dem der Referenzspannung entsprechen, muß auch die Integrationsphase eine Dauer von 4.096 Takten besitzen. Entspricht die Eingangsspannung genau der Referenzspannung, sind damit die Steigungen der Vergleichsspannung in beiden Phasen betragsmäßig gleich. Das hat zur Folge, daß auch die Anzahl der Takte gleich ist. Durch einen kleinen Trick kann man nun die Wandlungszeit drastisch verkürzen. Die Referenzspannung wird in der Höhe so gewählt, daß sie genau dem Wert des halben Meßbereichs entspricht. Dadurch wird erreicht, daß die Integrationsphase bereits nach der halben Anzahl von Taktimpulsen abgeschlossen werden kann. Man spart so gegenüber vorher 25 % der Zeit ein.

Durch das Verfahren bedingt wird nicht ein Momentanwert aus der Eingangsspannung abgetastet, sondern es wird der Mittelwert der Eingangsspannung über die Integrationszeit gebildet. Durch geeignete Wahl der Taktfrequenz kann man jetzt zusätzlich das Signal filtern. So ist es z.B. möglich, eine 50-Hz-Brummspannung vollkommen aus dem Meßsignal auszublenden. Man muß dazu die Taktfrequenz so bemessen, daß in die Zeit der Integration, also die eigentliche Meßzeit, eine oder mehrere Vollwellen der 50-Hz-Schwingung genau hineinpassen. In den Datenblättern der Wandler wird dafür meist eine spezielle Frequenz empfohlen.

Speziell das Dual-Slope-Verfahren läßt mit einer Schaltungserweiterung vor Beginn jeder Messung einen automatischen Nullpunktabgleich zu. Dadurch können einige Fehlerquellen wie z.B. die Offsetfehler der beteiligten Verstärkerschaltungen kompensiert werden. Die Messung wird dadurch insgesamt genauer, leider aber auch länger. Normalerweise lassen sich mit Wandlern dieses Typs kaum mehr als 30 Messungen je Sekunde durchführen.

5.3 Sample & Hold-Glied

Eine wichtige Forderung für die Wandlung nach einigen Verfahren ist, daß das Eingangssignal für die Dauer der Messung absolut konstant ist. Hier kann sich speziell beim Wägeverfahren bei schnell wechselnden Signalen ein großes Problem für die Wandlung aufwerfen. Die Meßspannung am Wandlereingang wird alles andere, als über die Meßdauer konstant sein. Da dieses Verfahren aber nur richtig funktioniert, wenn alle Vergleiche mit ein und derselben Meßspannung durchgeführt werden, ist es erforderlich, daß man vor dem Wandler eine Schaltung installiert, die den gerade abgetasteten Momentanwert für die Dauer der Messung am Wandlereingang konstant hält. Es handelt sich hier um das sogenannte Abtast- und Halteglied (engl. sample and hold). Wie dieses schematisch aussieht und wie es wirkt, zeigt Abb. 5.7.

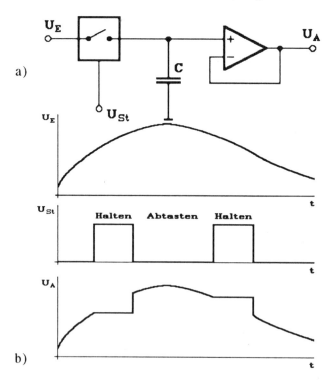

Abb. 5.7: Prinzip eines Abtast- und Haltegliedes a) Schaltung, b) Wirkungsweise

Hauptbestandteil der Schaltung ist der Kondensator. Wird nicht gemessen, ist er über den CMOS-Schalter mit dem Eingangskreis verbunden. Seine Spannung entspricht damit zu jeder Zeit der Eingangsspannung. Soll die Messung beginnen, wird er durch den Schalter vom Eingangskreis abgetrennt. Damit kann sich seine Spannung nicht mehr ändern. Für die Meßdauer bleibt sie also konstant.

5.3.1 Praktische Ausführung

So einfach dieses Prinzip klingt, die Praxis beschert eine Reihe von Effekten, die den Aufbau eines solchen Gliedes wesentlich komplizierter machen.

Da ist zunächst der CMOS-Schalter. Dadurch, daß er auch im geschlossenen Zustand einen durchaus meßbaren Widerstand besitzt, bildet er zusammen mit dem Kondensator einen Tiefpaß. Außerdem muß man sich diesen Schalter in Reihe liegend zum Ausgangswiderstand der Stufe vorstellen, deren Spannung gemessen werden soll. Das so entstandene RC-Glied erhält dadurch eine nicht unbeträchtliche Zeitkonstante, die einen starken Einfluß auf die Einstellzeit ausübt.

Während man den Ausgangswiderstand der Signalquelle durch einen geeigneten Verstärker kompensieren kann, bleibt der Durchlaßwiderstand des Schalters erhalten. Der einzige Weg, die Einstellzeit zu verkürzen, ist also die Kapazität des Kondensators zu verkleinern. Bedauerlicherweise führt dies zu einem anderen unangenehmen Effekt. Während der Haltephase muß der Kondensator die Eingangsspannung für die nachgeschaltete Verstärkerstufe liefern. Selbst bei einem FET-Eingang am Operationsverstärker fließt immer noch ein Eingangsstrom. Zudem kommt der Leckstrom des Kondensators selbst. Über die Zeit betrachtet, wird die Kondensatorspannung also sinken. Um so schneller, je kleiner die Kapazität ist. Dieser Vorgang bestimmt die sogenannte Haltedrift. Man muß demnach bei der Auslegung eines solchen Gliedes einen Kompromiß zwischen Einstellzeit und Haltedrift erzielen. Für die Einstellzeit wird normalerweise ein zulässiges Toleranzband definiert, innerhalb dessen die Ausgangsspannung des Gliedes noch schwanken darf. In Datenbüchern wird oft der Wert für 0,01 % des maximalen Spannungsbereichs angegeben.

Für Sample & Hold - Glieder existieren darüber hinaus noch zwei weitere kennzeichnende Größen. Es sind dies der Spannungsfehler und die Aperture

Time. Der Spannungsfehler resultiert aus den Verstärkungs- und Offsetfehlern
der beteiligten Verstärkerschaltungen. Auf ihn soll nicht weiter eingegangen
werden.

Eine wesentlich unberechenbarere Größe stellt der Fehler dar, der durch die
Aperture Time verursacht wird. Die Aperture Time charakterisiert die Signal-
laufzeit im Schaltelement. Damit ist die Zeit vom Geben des Signals zum
Halten der Spannung, bis zu dem Moment, wo der Kondensator vom Eingangskreis abgetrennt ist, gemeint. Das erste, allerdings nicht so schwerwiegende,
Problem ist, diese Zeit ist nicht unter allen Umständen gleich. Was allerdings
für das Resultat der Wandlung eine wesentlich größere Unsicherheit darstellt,
man kann nicht wissen, in welcher Weise sich die Eingangsspannung während
der Aperturzeit verändert. Die Spannungsänderung innerhalb dieser Zeit wird
noch mit auf den Kondensator übertragen und demzufolge auch mitgemessen.
Der dabei entstehende Fehler für die Wandlung wird auch Apertur-Jitter
genannt. In Abb. 5.8 sind anhand eines Diagramms die Einstellzeit, die Haltedrift und der Fehler durch die Aperture Time anschaulich gemacht.

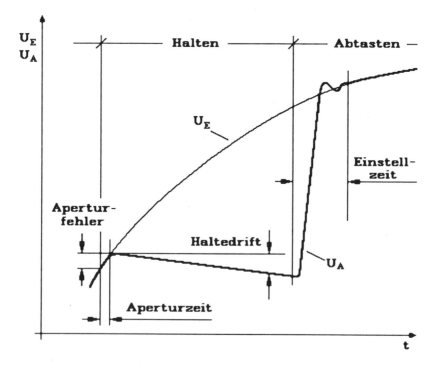

Abb. 5.8:   Einstellzeit, Haltedrift und Aperture-Fehler bei einem Sample &
Hold-Glied

5.4   Genauigkeitsbetrachtungen

Nachfolgend sollen für die Wandlung eines analogen Wertes Betrachtungen
zur Genauigkeit angestellt werden.

Ähnlich wie beim Aufbau von D/A-Wandlern kommt es bei A/D-Wandlern
ebenfalls zu fertigungsbedingten Fehlern. Nicht zuletzt deswegen, weil einige
Wandlertypen einen D/A-Wandler integriert haben, da das Wandlungsprinzip
dieses erfordert. Die Fehler, die durch eine praktische D/A-Wandlung entstehen können, sind schon hinreichend behandelt worden. Wandlungsprinzipien,
die ohne einen D/A-Wandler auskommen, besitzen diese daraus resultierenden Fehler nicht.

5.4.1 Fehler des Eingangsverstärkers

Der Eingangsverstärker ist ein Baustein, der benötigt wird, um Signale, die
sich nicht im normalen Auflösungsbereich des Wandlers befinden, daraufhin
anzupassen. Bei einem Wandler, der einen Eingangsbereich von 0 bis +10 V
besitzt, muß ein Signal eines Gebers, der als maximale Spannung nur 1 V
abgeben kann, mit dem Faktor 10 verstärkt werden, damit die volle Auflösung erreicht werden kann.

Die Verstärkung des Signals übernimmt in der Regel ein Operationsverstärker. Der Wandler selbst kann nur die von diesem gelieferte Spannung umsetzen. Sie ist bereits behaftet mit einem Verstärkungs-, einem Offset- und einem
Linearitätsfehler des OPs. Handelt es sich darüber hinaus um ein relativ
hochfrequentes Eingangssignal, zeigt ein Operationsverstärker zusätzlich
noch ein Tiefpaßverhalten. Alle diese Faktoren können nicht direkt quantita-
tiv erfaßt werden, da sie stark von den Bauelementen abhängig sind, die beim
Aufbau der Schaltung verwendet wurden.

Sollte aus irgendeinem Grund einmal der Selbstbau einer solchen Verstärkerstufe erforderlich sein, so ist unbedingt darauf zu achten, daß nur hochwerti-
ge Bauteile verwendet werden. Notwendig kann so etwas werden, wenn z.B.
eine Verstärkung für ein Eingangssignal benötigt wird, die sich auf der Wandlerkarte standardmäßig nicht einstellen läßt. Auch beim Abgleich ist mit der
erforderlichen Sorgfalt vorzugehen.

5.4.2 Fehlerquellen bei A/D-Wandlern

Je nach Prinzip der Wandlung können Fehler mehr oder weniger häufig auf-treten. Fehlerträchtig sind dabei die schnellen Verfahren, weil hier die Ein-schwingzeiten der beteiligten analogen Baugruppen eine wesentliche Rolle spielen. Bei den Wandlern, die nach Zählverfahren arbeiten, treten solche Er-scheinungen eher in den Hintergrund. Meist sind es die zusätzlichen Baustei-ne, die ein Wandler benötigt, die die Fehler verursachen. Die alleinige Be-trachtung des Wandlers gibt in der Regel wenig Aufschluß über die Qualität der Gesamtschaltung. Z.B. kann durch ein schlechtes Abtast- und Halteglied in der Kette die Funktion des gesamten Wandlungsablaufes zunichte gemacht werden.

5.4.2.1 Quantisierungsfehler

Der Quantisierungsfehler ist ein systematischer Fehler eines A/D-Wandlers. Das bedeutet, man kann ihn zwar durch höhere Auflösung verkleinern, aber nicht beseitigen.

Verursacht wird dieser Fehler durch die Tatsache, daß der analoge Eingangs-wert nur in endlich vielen Stufen entsprechend der Auflösung des Wandlers umgesetzt werden kann. Er beträgt grundsätzlich $\pm$ 0,5 U_{LSB}. Praktisch bedeu-tet das, im Wandlungsergebnis ist immer eine Unsicherheit in dieser Größen-ordnung vorhanden.

In Abschnitt 5.2.2 wurde eine Beispielrechnung für die Wandlung eines 8-V-Signales gebracht. Nach Rückrechnung ergab der digitale Wert nicht mehr genau den Betrag der Eingangsspannung. Es blieb innerhalb der Wandlung ein Fehler von 0,03125 V, der sich bisher nicht erklären ließ. Rechnet man das Beispiel mit einer Eingangsspannung von 8 - 0,03124 V = 7,96876 V erneut durch, wird man feststellen, daß sich am Ausgangswert des Wandlers nichts ändert. Er wird auch dann genau wieder das gleiche Ergebnis von 7,96875 V liefern. Dieses Verhalten zeigt er über einen Bereich der Eingangsspannung von den eben erwähnten 7,96875 V bis zum nächsten Übergang, der bei 8,0078125 V liegt.

Bei einem Wandler mit 8 Bit Auflösung und einem eingestellten Meßbereich

von 0 - 10 V besitzt der Quantisierungsfehler per Definition einen Spannungswert von genau ±0,01953125 V. Die Abweichung, die in dem Beispiel mit 8
Volt aufgetreten ist, besitzt jedoch einen wesentlich größeren Wert. Irgendwo
sitzt also noch ein Haken. Das Problem soll an einem Diagramm in Abb. 5.9
veranschaulicht werden.

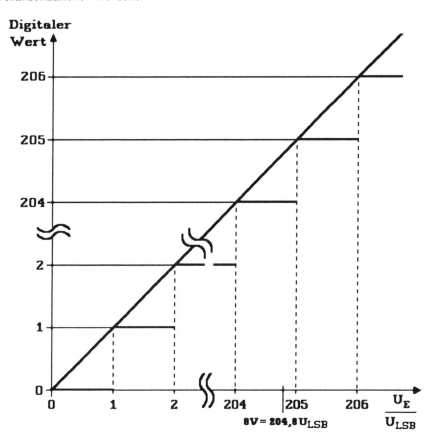

Abb. 5.9: Gegenüberstellung der Ein- und Ausgangswerte eines A/D-
           Wandlers

Der interessante Bereich um 8 Volt ist dabei vergrößert dargestellt. Wichtig
ist auch der Anfangsbereich um Null. Die Gerade, die durch den Nullpunkt
führt, repräsentiert die Eingangsspannung. Bei einem Wandler mit unendlich
hoher Auflösung wäre sie auch die Idealkurve für die Ausgangswerte. Die
Treppenfunktion würde verschwinden. Betrachten wir zunächst den unteren
Bereich. Der erste Wechsel des Ausgangswertes vollzieht sich, wenn die

Eingangsspannung U_{LSB} überschreitet. Dies ist nicht bei allen Wandlertypen der Fall. Wandler, die nach dem Parallelverfahren arbeiten, haben den ersten Übergang bei 0,5 U_{LSB}. Am Ausgang erhält man eine 1. Dieser Zustand bleibt so lange erhalten bis die Eingangsspannung 2 U_{LSB} überschreitet. Damit erscheint eine 2. Wenn der Wert 1 am Ausgang ansteht, beträgt die dadurch angezeigte Eingangsspannung U_{LSB}. In Wirklichkeit kann sie aber fast 2 U_{LSB} betragen, ohne daß dies am Ausgang angezeigt werden kann. Das Gleiche gilt auch in den höheren Bereichen bei 204 und 205 U_{LSB}. Um die Eingangsspannung anzugeben, muß man nun sagen, sie liegt im Bereich x + 1 U_{LSB}. Damit man aber der Definition des Quantisierungsfehlers gerecht wird, ist auf den am Ausgang angezeigten Wert stets 0,5 U_{LSB} zu addieren. Dadurch wird das Wandlungsergebnis in die Mitte zwischen zwei Schaltschwellen verschoben. Der gewandelte Wert liegt nun auch innerhalb der Toleranzgrenze, die durch den Quantisierungsfehler vorgegeben ist. Im Beispiel der 8 Volt lautet die Angabe damit: U_e = 204,5 ± 0,5 U_{LSB}. Als Zahlenwert ergibt sich 7,9882.. V. Er liegt damit innerhalb der Toleranz.

Die Addition von 0,5 U_{LSB} kommt einer Verschiebung der Treppenkurve im Diagramm um genau diesen Betrag nach links gleich. Diese korrigierte Darstellung findet man meistens in der entsprechenden Literatur bzw. in den Datenbüchern. Sie entspricht den Zuständen bei Wandlern nach dem Parallelverfahren direkt.

5.4.2.2 Linearitätsfehler

Während Offset- und Verstärkungsfehler durch entsprechende Maßnahmen auf Null reduzierbar sind, können Fehler in der Linearität der Übertragung nicht beseitigt werden.

Bei einem Wandler ohne Linearitätsfehler ändert sich der digitale Wert am Ausgang mit festen, stets gleichen Schritten der Eingangsspannung. D.h., wenn sich die Eingangsspannung von z.B. genau 6 auf 7 U_{LSB} ändert, muß sich auch der Ausgangswert von 6 auf 7 ändern.

Ein Linearitätsfehler wirkt sich so aus, daß für eine Änderung des digitalen Wertes am Ausgang nicht immer der gleiche Betrag einer Änderung der Eingangsspannung vorliegen muß. Wenn ein Fehler von ± 0,5 LSB angegeben ist, bedeutet das, daß eine Änderung der Eingangsspannung im Bereich von 0,5 bis 1,5 U_{LSB} einen Wechsel des Wertes am Ausgang erzeugen kann. Abb. 5.10 zeigt die Situation ebenfalls in einem Diagramm.

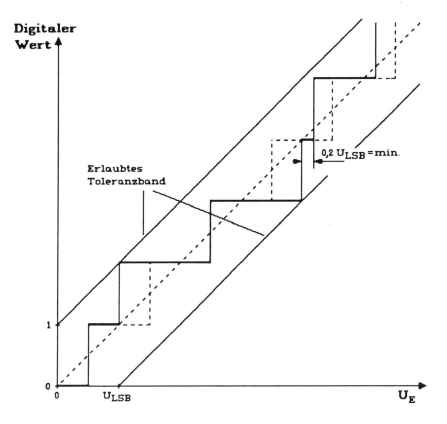

Abb. 5.10: Linearitätsfehler eines A/D-Wandlers

Der kleinste Schritt am Eingang, der eine Änderung hervorrufen kann, muß auf jeden Fall größer als 0,2 U_{LSB} sein. Ansonsten spricht man von einem fehlenden Code.

5.5 Mehrkanaliger Betrieb mit Multiplexern

Oft sind Analog-Digital-Wandler mit mehreren Kanälen zur Messung ausgestattet. Üblicherweise handelt es sich dabei um 8 oder 16 herausgeführte
Analogeingänge. Damit man nicht für jeden Kanal einen entsprechenden
Wandler installieren muß, werden diese Eingänge gemultiplext. Dabei wird
von den vorhandenen Kanälen jeweils nur einer zum Wandler durchgeschaltet. Soll z.B. die Spannung an zwei Eingängen gemessen werden, geht das auf
diese Weise also nur nacheinander. Der Multiplexer muß zwischenzeitlich
immer umgeschaltet werden.

Einem Wandler, der nur einen Eingangskanal besitzt, kann man sehr leicht
einen Multiplexer vorschalten. Geeignete IC-Typen sind der CD4051 für 8
bzw. der CD4067 für 16 Kanäle. Abb. 5.11 zeigt eine Schaltung, unter Verwendung eines 4051 als 8-Kanal-Multiplexer. Damit ist es möglich, Eingangsspannungen im Bereich von 0 bis +10 V umzuschalten. Besonders günstig ist
dabei, daß kein Eingriff in die Schaltung des Wandlers vorgenommen werden
muß. Der Ausgang des Multiplexers ist lediglich mit dem Meßeingang der
Wandlerkarte zu verbinden. Die Treiber 7407 dienen zur Pegelwandlung von

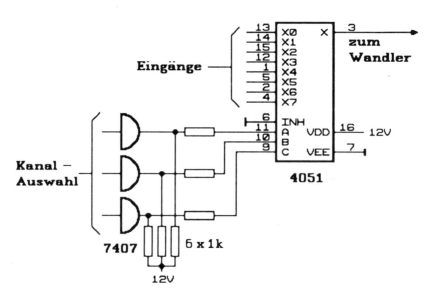

Abb. 5.11: Eingangsmultiplexer für einen A/D-Wandler

TTL- auf CMOS-Pegel (hier 12 V). An diese muß zur Kanalselektion von einem verfügbaren Portbaustein die Adreßinformation mit einer Breite von 3 Bit angelegt werden.

Nach diesem System läßt sich auch ein Wandler, der bereits über mehrere Eingänge verfügt, nochmals in der Eingangszahl erweitern. Schaltet man jedem Kanal eines Wandlers mit 16 Eingängen einen weiteren 16-Kanal-Multiplexer vor, erhält man folgerichtig 256 analoge Eingänge.

Nach dem Aufbau und dem Anschluß einer solchen Schaltung darf man nicht vergessen, den Eingangsbereich neu zu überprüfen. Es können geringfügige Abweichungen von den vorher erzielten Ergebnissen auftreten. Besonders wichtig ist die Tatsache, daß der Kanalumschalter selbst auch eine gewisse Zeit beansprucht, um die Eingänge umzuschalten. Die Größenordnung liegt bei ca. 10 ns. Diese Umschaltzeit addiert sich zur Gesamtwandlungszeit und reduziert damit die Anzahl der möglichen Wandlungsvorgänge je Zeiteinheit.

Für Wandler mit Differenzeingängen ist es notwendig, die Schaltung in doppelter Ausführung aufzubauen. Es müssen in diesem Fall beide Signaleingänge umgeschaltet werden.

6 Erfassen analoger Größen

Durch den Einsatz eines A/D-Wandlers im PC kann man mit der analogen Außenwelt in Verbindung treten. Bevor jedoch verwertbare Meßergebnisse erzielt werden können, gibt es noch viel zu tun.

6.1 Überprüfung des Wandlers

Normalerweise sind A/D-Wandler, die man auf fertigen Einsteckkarten für den Einsatz in einem PC kaufen kann, vorabgeglichen. Sie erlauben damit scheinbar den unmittelbaren Einsatz. Die Praxis belehrt uns jedoch oft eines Besseren. Der Wandler und die umgebenden Komponenten wie Eingangsverstärker usw. wurden zwar eingestellt, die Umgebungsbedingungen, in denen die Karte jetzt eingesetzt wird, unterscheiden sich aber gravierend von den Testbedingungen beim Hersteller.

Da ist zunächst die Spannungsversorgung. Je nach dem, wie der PC mit Zusatzkarten bestückt ist, kann sich hier eine mehr oder weniger große Differenz zu den Werten der Testumgebung ergeben. Möglicherweise beträgt die Spannung im verwendeten PC für die analogen Komponenten nicht ±12 V, sondern nur 11,8 V. Teilweise reagieren analoge Bauelemente sehr empfindlich auf solche Änderungen. Viel schlimmer wird es, wenn die Spannungsversorgung unsymetrisch wird, z.B. +11,9 V, -12,1 V.

Was damit gesagt werden soll ist, vor dem Einsatz einer neu erworbenen Karte im PC, oder auch beim Wechsel von einem Rechner zum anderen, sollte unbedingt eine Überprüfung der Werte erfolgen. Nur so kann man sicher gehen, daß die später gemessenen Größen auch tatsächlich der Realität entsprechen.

Das gleiche gilt, wenn man z.B. den Meßbereich des Wandlers ändern will. Mit jeder Umstellung, die durch Schalter oder Jumper geschieht, werden sich die Werte wie Nullpunkt, Endlage usw. geringfügig verändern. Ein Nachstellen ist meist unumgänglich.

Aus den Unterlagen, die der Karte beim Kauf beiliegen, sollte man entnehmen können, in welcher Reihenfolge eine solche Prüfung und ggf. eine Nachstellung vorzunehmen ist. Wegen der vorhandenen Typenvielfalt ist es unmöglich, eine allgemeine Beschreibung zu geben.

6.2 Messung einfacher Spannungssignale

Ganz einfache Aufgaben sind die Messungen von Spannungen, die über den Meßzeitraum nahezu konstant bleiben. Dazu zählen z.b. Signale, deren Zustand vor der Messung stabilisiert wurde und der dann nur noch erfaßt werden muß.

6.2.1 Meßbereich

Ganz wichtig ist der verwendete Meßbereich. Grundsätzlich sollte man, wenn die Möglichkeit besteht, den Meßbereich des Wandlers an das vorhandene Eingangssignal anpassen. Man verschenkt beispielsweise 10 % Meßgenauigkeit und Auflösung, wenn ein Signal, von dem man weiß, daß es nur maximal 1 V annehmen kann, im Meßbereich von 10 V gemessen wird. Die meisten Wandlerkarten bieten die Möglichkeit, neben dem Standard von 10 V, den Meßbereich z.B. auf 5, 2,5, 1 oder sogar auf 0,5 V einzustellen. Der Meßbereich sollte immer für die maximal mögliche Auflösung des Signals eingestellt sein. Der systematische Fehler bei der Digitalisierung beträgt grundsätzlich ±1 Bit. Bei einem 8-Bit-Wandler ergibt sich damit bei einem Eingangsbereich von 10 V ein absoluter Meßfehler von ±39 mV. Bei einem Meßbereich von 1 V reduziert sich dieser bereits auf ±3,9 mV. Die Auflösung ist damit um den Faktor 10 besser geworden.

Die Umstellung des Meßbereichs birgt jedoch eine Unsicherheit. Wie eingangs schon erwähnt, ist es unumgänglich, den Meßbereich nach der Umschaltung erneut zu überprüfen. Die Umschaltung wird im Regelfall über Widerstände vorgenommen, die im Gegenkopplungszweig des Eingangsverstärkers liegen. Bei einer angesetzten Toleranz von 1 % dieser Widerstände kann sich rein theoretisch ein Verstärkungsfehler nach der Umschaltung von fast 2 % ergeben. Nimmt man den Fall eines 12-Bit-Wandlers an, resultiert daraus eine Unsicherheit von ca. 8 LSB. Es ist also zwingend erforderlich, nach einer

Umstellung des Meßbereichs, den Wandler neu zu überprüfen und ggf. nach-
zustellen.

6.2.2 Potentialprobleme

Die häufigsten Fehler, die bei der Messung mit A/D-Wandlern gemacht werden, sind Fehler in der Masseverbindung. Diese Fehler treten umso stärker ins
Gewicht, je kleiner die zu messende Spannung ist. Was bei allen Spannungs-
messungen gilt, sollte auch bei der Messung mit A/D-Wandlern nicht vergessen werden. Auf den Meßleitungen darf kein Strom fließen!

6.2.2.1 Masseverbindungen

Beim Anschluß der Meßspannung ist peinlichst genau auf die Führung der
Masseverbindungen zu achten. Man unterscheidet hauptsächlich nach zwei
Arten von Signalquellen, an denen eine Spannung gemessen werden kann.

Die erste Art ist die sogenannte schwimmende Quelle. Sie zeichnet sich
dadurch aus, daß sie keinerlei Verbindung zu irgendeinem Bezugspotential
besitzt. Man sagt deshalb, sie schwimmt. Solche Signalquellen werden in der
Regel durch Meßgeräte gebildet, die mit Batterie oder Akku betrieben werden.
Auch eine Vielzahl der netzbetriebenen Meßgeräte kann unter dieser Katego-
rie eingeordnet werden.

Der Vorteil, den diese Signalquellen bieten, besteht darin, daß sie theoretisch
auf jedes beliebige Bezugspotential gelegt werden können. Dieser Umstand
vereinfacht die Messung mit einem A/D-Wandler erheblich. Das Bezugspotential, das sie für die Messung erhalten, ist die Computer-Masse. Abb. 6.1
zeigt schematisch, wie ein solcher Anschluß aussieht.

Schwieriger wird es bei Signalquellen, die von vornherein ein festes Bezugspotential besitzen. Werden solche nach der Art von schwimmenden Quellen
angeschlossen, sind Meßfehler nicht nur nicht ausgeschlossen, sondern sogar
garantiert.

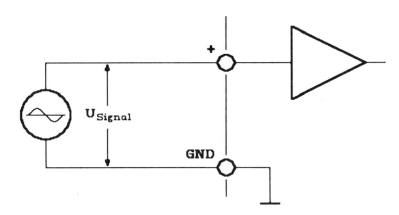

Abb. 6.1: Prinzipielle Schaltung für die Messung an einer schwimmenden
Signalquelle

Als einfaches Beispiel soll ein potentiometrisch arbeitender Geber betrachtet
werden. Diese Art von 'Meßgerät' arbeitet passiv. D.h., er muß mit einer
Fremdspannung, z.B. 12 V= versorgt werden. Irgendwo im Aufbau befindet
sich die entsprechende Spannungsversorgung. Möglicherweise werden aus
dieser noch andere Geräte gespeist, die ebenfalls mit dem Computer in
Verbindung stehen. Damit keine undefinierten Zustände auftreten, ist die
Spannungsversorgung selbst über irgend eine Stelle mit der Masse des Computers verbunden.

In der Analogtechnik werden stets Masseverbindungen benutzt, die sternför-
mig an einem Punkt zusammenlaufen. Damit wird gewährleistet, daß nur der
Stromanteil der entsprechenden Schaltung über die Masseleitung fließt.
Rausch- oder Brummeinkopplungen über die Masseleitung von anderen Schaltungsteilen sind auf diese Weise so gut wie ausgeschlossen. Bei dem Anschluß
eines A/D-Wandlers sollte es eigentlich genauso sein. Normalerweise ist es
auch so. Jedoch zu Zwecken der Steuerung oder Regelung wird man meist
nicht nur ein Signal messen, sondern es werden zusätzlich noch irgendwelche
anderen Signale entweder eingelesen oder ausgegeben. Auch für diese Signale fließt der Strom über die gemeinsame Masseleitung. Dadurch, daß diese
Leitung einen Widerstand besitzt, der immer größer Null ist, entsteht auch ein
Spannungsabfall. Im Fall, daß digitale Signale übertragen werden, kann man
hier mehr von einem Rauschen sprechen. Zum rein ohmschen Widerstand
kommt ja auch noch die Induktivität der Verbindungsleitung, deren Auswirkung bei der Übertragung digitaler Signale nicht vergessen werden darf.

Wenn also an Spannungs- oder Signalquellen gemessen werden soll, die bereits irgendeine Verbindung zum Bezugspotential der Anordnung besitzen, ist es besser, einen Wandler oder Vorverstärker mit Differenzeingang zu benutzen. Der negative Eingang darf in diesem Fall nicht mit der Systemmasse verbunden werden. Abb. 6.2 zeigt ein entsprechendes Anschlußschema.

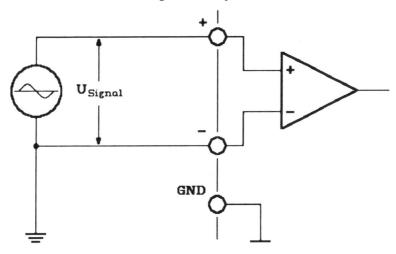

Abb. 6.2:   Anschluß einer Spannungsquelle an den Wandler, die mit dem Bezugspotential verbunden ist

6.2.2.2 Trennverstärker

In manchen Fällen ist der Einsatz von sogenannten Trennverstärkern unerläßlich. Trennverstärker bieten den Vorteil, daß man Spannungs- oder Strommessungen an Schaltungsteilen durchführen kann, die auf einem anderen Bezugspotential liegen. Selbstverständlich eignen sie sich auch für die Übertragung eines Spannungswertes vom Computer aus, der durch einen D/A-Wandler erzeugt wird. Dieses andere Bezugspotential muß nicht unbedingt auf einem anderen Spannungsniveau liegen. Es genügt z.B. allein die Tatsache, daß von der Energiehauptverteilung aus separate Versorgungsleitungen zu den durch die Meßleitungen verbundenen Systemen führen, um einen ungewollten Ausgleichsstrom auf der Meß- bzw. auf der Masseleitung fließen zu lassen. Man spricht hier auch von sogenannten Erdschleifenspannungen.

Trennverstärker bieten noch weitere Vorteile. Nicht nur Störungen in der Signalübertragung können durch sie nahezu vollständig unterbunden werden, sie bieten auch einen hinreichenden Schutz des PCs, oder des Meß- und Steuersystems allgemein, vor den Auswirkungen von Überspannungen. Eine Überspannung kann z.B. dann auftreten, wenn die Meßleitung durch einen Fehler Kontakt zu einer Leitung erhält, die Netzspannung führt. Ohne Trennverstärker wäre das zweifelsfrei das Ende der A/D-Wandlerkarte, wenn nicht sogar das des PCs.

Durch den Trennverstärker werden die beiden beteiligten Stromkreise vollkommen galvanisch voneinander getrennt. Die Übertragung des Signals geschieht dabei intern meist durch optische Systeme. Trotzdem findet eine relativ genaue und vor allem lineare Übertragung statt. Die Linearität der Signalübertragung liegt bei handelsüblichen Geräten heute in der Größenordnung von 0,02 bis 0,05 %.

Abb. 6.3 zeigt das Schema einer Signalübertragung mittels eines Trennverstärkers. Zu beachten ist beim Aufbau, daß die Trennstelle möglichst nahe am PC plaziert ist. Auf diese Weise wirkt der Schutz gegen Überspannungen auch für die Länge der Übertragungsleitung.

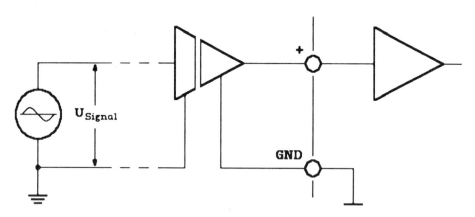

Abb. 6.3: Meßwertübertragung durch Trennverstärker

Je nach Ausführung gibt es Verstärker, die entweder Stromsignale im Bereich von 0 - 20 mA übertragen oder auch Spannungssignale im Bereich 0 - 10 V. Auch kombinierte Geräte sind erhältlich. Der Eingang 0 - 20 mA, der Ausgang 0 - 10 V oder umgekehrt. Für lange Übertragungswege ist auf jeden Fall das Stromsignal vorzuziehen.

6.2.3   Impedanzanpassung

Normalerweise sind die Eingangswiderstände von Schaltungen mit Operationsverstärkern relativ hoch. Es gibt aber auch Fälle, in denen der Ausgangswiderstand der treibenden Schaltung ebenfalls einen verhältnismäßig hohen Wert annehmen kann. Man denke dabei z.B. an potentiometrische Geber. Diese stellen zusammen mit dem Eingangswiderstand der Wandlerschaltung immer einen belasteten Spannungsteiler dar. Beim belasteten Spannungsteiler stimmen nur noch die Endpunkte, also Vollausschlag und Nullpunkt mit den Werten des unbelasteten Spannungsteilers überein. Dazwischen wird der Spannungsverlauf unlinear. Ein Beispiel für ein solches Verhalten zeigt Abb. 6.4. Hier ist die Ausgangsspannung eines sogenannten Linearwegaufnehmers unter Berücksichtigung des Eingangswiderstandes der Folgeschaltung aufgetragen.

Dieser Wegaufnehmer mit einem Meßweg von 100 mm wird an einer Spannung von 10 V betrieben. Er stellt eigentlich ein Potentiometer dar, dessen Widerstandsverhältnisse sich in Abhängigkeit von der Schleiferstellung proportional verändern. Der Schleifer ist dabei mit dem beweglichen Teil, das auch die Wegänderung mitmacht, fest verbunden. Der Sensor besitzt einen Gesamtwiderstand von 20 kΩ, was für solche Geber einen durchaus üblichen Wert darstellt. Der Eingangswiderstand am A/D-Wandler soll durch den Verstärker bedingt ebenfalls 20 kΩ betragen.

Das Diagramm zeigt, daß eine deutliche Abweichung von der theoretischen Kurve besteht. Das Maximum der Abweichung befindet sich hier bei einem Weg von ca. 69 mm. Die meßbare Spannung beträgt dabei 5,675 V im Gegensatz zur theoretischen Sollspannung von 6,90 V. Würde man die gemessene Spannung ohne Vorbehalte interpretieren, ergäbe sich bei der Wegmessung damit ein Fehler von etwa 12,5 mm. Das entspricht bei dem eingesetzten Typ 12,5 %.

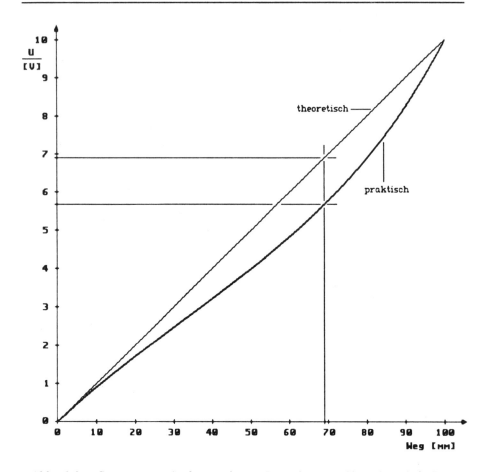

Abb. 6.4:　Spannungsverlauf an einem Potentiometer-Weggeber bei Be-
　　　　rücksichtigung des Eingangswiderstandes der Folgeschaltung

Um diesem Übel abzuhelfen, kann man eine Schaltung nach Abb. 6.5 als
Impedanzwandler benutzen. Es handelt sich dabei um die Grundschaltung
eines OPs als Spannungsfolger. Der Eingangswiderstand des unbeschalteten
Operationsverstärkers ist sehr hoch (Bereich um einige MΩ). Der Ausgangswiderstand ist jedoch relativ gering.

Abb. 6.5:　Operationsverstärker
　　　　als　Impedanzwandler

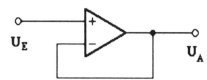

6.3 Normierte Stromsignale

Neben Spannungssignalen werden Meßwerte auch durch Stromsignale übertragen. Dabei handelt es sich meist um einen Prozeßstrom, also einen Strom
im Bereich 0 - 20 mA. Auch der Strombereich 4 - 20 mA ist durchaus üblich.
Damit auch solche Signale mit einem A/D-Wandler richtig erfaßt werden
können, bedarf es einiger Kleinigkeiten, die dabei beachtet werden müssen.

Zunächst sei aber erst das Prinzip der Umsetzung erläutert. Damit die Übertragung eines Stromsignales sicher funktionieren kann, darf der Stromkreis des
treibenden Gerätes an keiner Stelle unterbrochen werden. Eine Unterbrechung
in diesem Sinne liegt bereits dann vor, wenn durch die Summe der Eingangswiderstände aller im Kreis angeschlossenen Geräte die zulässige Bürde überschritten wird. Die Bürde gibt an, durch welchen maximalen Widerstand der
Meßstrom getrieben werden kann, ohne daß eine Verfälschung des Meßwertes
eintritt. Das Problem dabei ist die zur Verfügung stehende Versorgungsspannung.

Sind also mehrere Geräte an einen solchen Stromkreis angeschlossen, was ja
auch der Vorteil eines solchen Systems ist, muß der Gesamtwiderstand aller
in Reihe geschalteten Empfangsgeräte stets kleiner, maximal gleich der
zulässigen Bürde sein. Übliche Werte für diese Größe liegen im Bereich um
500 Ω.

6.3.1 Wandlung in ein Spannungssignal

Da ein A/D-Wandler aufgrund seines Prinzips nur Spannungswerte verarbeiten kann, muß der Prozeßstrom zur Messung mit einem Computer vorher in
ein Spannungssignal überführt werden. Am einfachsten gelingt das, wenn
man durch den Strom an einem bekannten Widerstand einen Spannungsabfall
erzeugt. Der Widerstand muß dazu parallel zum Eingang des Wandlers geschaltet sein. In diesem Fall spricht man von einem Shunt-Widerstand. Die
resultierende Spannung kann durch Anwendung des Ohmschen Gesetzes ermittelt werden.

    U = I · R

Leider birgt diese Methode einige Nachteile. Der erste ist, man muß einen hinreichend genauen Widerstand finden, der die Spannung entsprechend dem Meßbereich des Wandlers umsetzt, damit die maximale Auflösung des Signals erreicht werden kann. Ein Widerstand von genau 500 Ω erzeugt bei 20 mA eine Spannung von 10 V. Widerstände von 500 Ω mit einer Toleranz von unter 1 % sind speziell für diese Zwecke erhältlich.

Grundsätzlich kann auch jeder andere Widerstand verwendet werden. In diesem Fall ist eine Eichmessung allerdings unerläßlich. Einen Widerstand von z.B. 470 Ω kann man in jeder Bastelkiste finden. Bei der Wahl eines Widerstandes muß aber stets darauf geachtet werden, daß die zulässige Bürde nicht überschritten wird. Möglicherweise befindet sich im Stromkreis bereits ein anderes Gerät.

Bei der praktischen Gestaltung ist darauf zu achten, daß der Stromkreis ordnungsgemäß geschlossen wird. Man darf ihn nicht bei der Computermasse enden lassen, sondern die Rückleitung muß zur speisenden Quelle zurückführen. Benutzt man die Masse des Rechners, können Ausgleichsströme die Messung beeinträchtigen. Wie sich schon vermuten läßt, kann eine solche Messung also auch nur bei Benutzung eines Wandlers mit einem Differenzeingang richtig durchgeführt werden. Den Aufbau zur Strommessung mit einem A/D-Wandler zeigt Abb. 6.6.

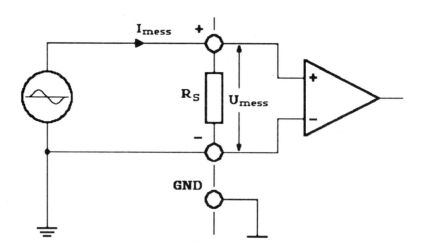

Abb. 6.6:   Umwandlung eines Stromsignals in eine Spannung mittels Shuntwiderstand

6.4 Messungen im Millivoltbereich

Will man Messungen durchführen, bei denen der normale Pegel im Millivoltbereich liegt, wie es z.b. bei Thermoelementen der Fall ist, ist man gezwungen, zusätzlichen Aufwand zu treiben. Rein theoretisch ist es möglich, den Eingangsverstärker des Wandlers in seiner Verstärkung soweit zu verändern, daß bei z.b. 50 mV am Eingang der Wandler bereits seinen Endwert annimmt. Auf manchen PC-Karten, bei denen die Verstärkung und damit der Eingangsbereich über Schalter oder Steckbrücken festgelegt wird, besteht zusätzlich die Möglichkeit, durch Einsetzen eines zusätzlichen Widerstandes einen User-Verstärkungsfaktor zu wählen. Damit der Eingangswiderstand der Schaltung unverändert bleibt, geschieht die Umschaltung in der Regel im Gegenkopplungszweig des Verstärkers. Im Normalfall ist die Verstärkung auf den Wert 1 gesetzt. Dies ergibt bei 10 V am Eingang den vollen Endwert des Wandlers. Für einen Eingangsbereich der Spannung von 1 V muß die Verstärkung demnach auf den Wert 10 gesetzt werden. In diesen Bereichen funktionieren die Eingangsverstärker ohne daß sie Probleme mit Nullpunkt, Offset usw. bekommen. Für einen Eingangsspannungsbereich von 50 mV jedoch wird eine Verstärkung von 200 vorausgesetzt. Eigentlich für einen OP keine Schwierigkeit. Vorausgesetzt, man hat die Möglichkeit, für diesen Bereich die Offsetspannung neu einzujustieren.

Dabei allerdings krankt das System. Auf diesen Einsteller hat man meist keinen Zugriff. Zumindest wird in der Beschreibung der Wandlerkarte meist nichts darüber erwähnt. Wenn doch, wird man später beim Zurückschalten nie mehr die alten, für die normal üblichen Eingangsbereiche gültigen Werte treffen. Man kann auf diese Weise also eine A/D-Karte erheblich dejustieren und für spätere Anwendungen nahezu unbrauchbar machen. Desweiteren werden hinsichtlich der Temperaturstabilität und der Toleranz wesentlich höhere Ansprüche an den eingesetzten Widerstand gestellt, als es bei den bereits vorhandenen Bauteilen der Fall ist.

6.4.1 Instrumentation Amplifier

Eine praktische Alternative bilden Verstärker, die von Hause aus dazu konzipiert sind, kleine und kleinste Spannungen zu verstärken. Es handelt sich

dabei um sogenannte Instrumentation Amplifier. In der deutschen Literatur
werden sie auch oft als Instrumentenverstärker bezeichnet.

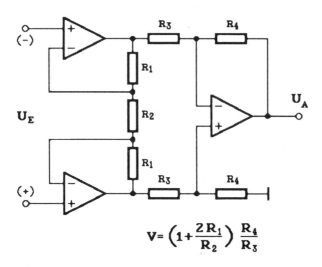

$$V = \left(1 + \frac{2R_1}{R_2}\right) \frac{R_4}{R_3}$$

Abb. 6.7: Prinzipieller Aufbau eines Instrumentation-Amplifier

Den prinzipiellen Aufbau eines solchen Verstärkers zeigt Abb 6.7. Er besteht
in der Grundform aus drei Operationsverstärkern, die in der gezeigten Weise
zusammengeschaltet sind. Der Widerstand R_2 dient zur Einstellung der Verstärkung. Bei integrierten Verstärkerschaltungen ist dieser meist extern zu
beschalten. Er wird dabei oft als R_g bezeichnet. Sicher kann man eine solche
Schaltung auch aus drei einzelnen Verstärkern nebst den zugehörigen Widerständen diskret aufbauen. Der große Clou besteht jedoch darin, daß alle
beteiligten Bauteile der gleichen Temperaturdrift unterworfen sein sollen.
Dadurch werden Änderungen der elektrischen Eigenschaften durch Tempera-
tureinfluß direkt kompensiert. Sie können nicht auf das Meßsignal durch-
schlagen. Gerade bei Anwendungen im mV-Bereich kann die Änderung der
Offsetspannung, bedingt durch Temperaturschwankungen, bereits die Größe
des Eingangssignales ausmachen. Ein Meßfehler in der Größenordnung um
100 % wäre die unmittelbare Folge. Gleiches Temperaturverhalten erreicht
man praktisch nur dadurch, daß alle Verstärker auf einem Chip integriert
werden. Letztlich besitzen dann auch alle darauf enthaltenen Bauteile annähernd die gleiche Temperatur.

Ein solcher Verstärker verstärkt lediglich die Spannungsdifferenz, die an seinen beiden Eingängen anliegt, mit dem durch die Widerstandsverhältnisse eingestellten Faktor. Die absolute Höhe der beiden Eingangsspannungen spielt dabei zunächst eine untergeordnete Rolle. Bis zu den Grenzen der Betriebsspannung kann hier jeder Verstärker arbeiten. Darüber hinaus gibt es Typen, die z.b. 1 mV Spannungsdifferenz am Eingang bei einer absoluten Spannungshöhe von 100 V am Eingang noch sicher verstärken können. Die zulässige absolute Spannungshöhe, bei der der Verstärer noch ohne Probleme arbeiten kann, wird auch als Common-Mode-Spannung (U_{CM}) bezeichnet.

Manche Hersteller bieten Bausteine an, deren Verstärkung nicht über einen externen Widerstand einzustellen ist, sondern die über digitale Eingänge programmiert werden kann. Solche sind für den Einsatz in Verbindung mit Computern geradezu ideal.

6.4.2 Thermoelemente am PC

Unter der Voraussetzung, daß ein Instrumentation Verstärker im Eingangskreis des Wandlers eingesetzt wird, ist es z.b. möglich, Thermoelemente zur Temperaturmessung direkt mit einem PC zu verbinden. Thermoelemente geben eine Spannung ab, die der Temperaturdifferenz zwischen Meßpunkt, also dem Punkt, an dem die Meßspitze angebracht ist, und Anschlußpunkt, dem Punkt, an dem die Ausgleichsleitung des Thermoelememtes angeschlossen ist, entspricht. Um die wirkliche Temperatur des Meßpunktes zu erhalten, muß man also noch die Temperatur des Anschlußpunktes addieren. Früher verwendete man sogenannte Kompensationsdosen zum Anschluß der Thermoleitungen. Diese Kompensationsdosen sind Anschlußstellen, die auf einer bestimmten konstanten Temperatur gehalten werden. Man spricht auch von einer Vergleichsstelle. Die Temperatur konnte dann, da sie bekannt war, in die Messung einbezogen werden.

Thermoelemente werden in verschiedenen Ausführungen geliefert. Einmal ist das eigentliche Element vom umgebenden Mantel elektrisch isoliert, ein anderes Mal ist es elektrisch leitend mit ihm verbunden. Durch diese Maßnahme kann man die thermische Zeitkonstante des Elementes erheblich mindern. Der Mantel des Elementes liegt schon allein durch die mechanische Befestigung fast immer elektrisch auf dem Bezugspotential der Anlage. Damit dann noch eine Messung funktionieren kann, muß ein Thermoelement stets an einen Wandler mit einem Differenzeingang angeschlossen werden. Nur dadurch

kann gewährleistet werden, daß die Thermospannung mit ihrer richtigen
Größe am Wandler anliegt. Durch Vorschalten eines Instrumentation-Amplifier ist diese Bedingung stets erfüllt. Abb. 6.8 zeigt das Anschlußschema für
einen solchen Fall.

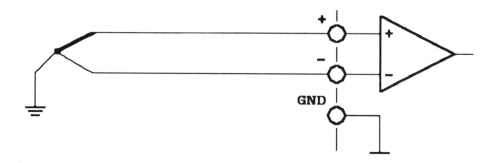

Abb. 6.8: Thermoelement mit geerdetem Meßpunkt am A/D-Wandler

6.4.2.1 Temperatur des Anschlußpunktes

Durch Fortschreiten der Technik ist es heute möglich, die Temperatur der
Anschlußstelle mit anderen Verfahren elektrisch zu messen. Die Korrektur
auf den richtigen Meßwert kann dadurch automatisch erfolgen. Zur Messung
dieser Temperatur hätte man früher ebenfalls ein Thermoelement mit dem
schon erwähnten Problem einsetzen müssen.

Im Bereich der Raumtemperatur läßt sich eine Temperaturmessung auch elegant mit Halbleitern vornehmen. Die Schwellspannung solcher Bauelemente ist stark temperaturabhängig. Diese sonst unangenehme Eigenschaft kann in
Verbindung mit einer geeigneten Verstärkerschaltung bestens für Meßzwecke
ausgenutzt werden. Benutzt man einen Transistor als Fühler, kann die in Abb.
6.9 dargestellte Schaltung benutzt werden.

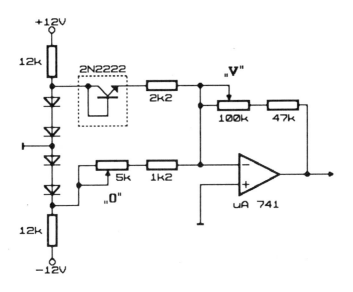

Abb 6.9: Temperaturmessung mit Transistor als Fühler

Zum Nullpunktabgleich wird das Transistorgehäuse in Eiswasser getaucht. Sinnvollerweise ist dieser über längere Drähte mit der Schaltung verbunden. Mit P1 wird nun die Ausgangsspannung der Schaltung auf 0 V abgeglichen. Danach kann mit P2 die Einstellung auf Raumtemperatur erfolgen. Dazu wird der Transistor vollständig getrocknet und in unmittelbarer Nähe eines Thermometers plaziert, mit dem die gerade herrschende Raumtemperatur gemessen wird. Sinnvollerweise wählt man den Verstärkungsfaktor so, daß sich z.B. 100 mV/K ergeben. Damit zeigt die Schaltung am Ausgang für eine Temperatur von 20 °C eine Spannung von 2 V. Um ganz sicher zu gehen, wird der Abgleich nach dieser Prozedur mehrmals wiederholt, bis sich keine nennenswerten Abweichungen mehr ergeben. Der Transistor kann danach an seiner endgültigen Stelle eingesetzt werden, ohne daß eine Veränderung der eingestellten Werte stattfindet. Dies sollte dort sein, wo die Ausgleichsleitungen der Thermoelemente enden. Nach jedem Wechsel irgend eines Bauteils in der Schaltung ist allerdings der Abgleich zu wiederholen.

Diese Schaltung läßt sich übrigens auch hervorragend zur Messung einer Raumtemperatur einsetzen, falls dieses Problem einmal anstehen sollte.

6.4.2.2 Ermittlung der Temperatur

Um die Temperatur des Meßpunktes mit einem PC zu ermitteln, benötigt man also zwei Größen. Die eine ist die um einen gewissen Faktor verstärkte Spannung, die vom Thermoelement geliefert wird, die andere ist die Spannung, die von der Schaltung zur Messung der Anschlußstellentemperatur bereitgestellt wird. Beide Spannungen, die an getrennten Kanälen des Wandlers gelesen werden, müssen in eine Temperatur umgerechnet und anschliessend addiert werden.

Thermoelemente besitzen aber leider die Eigenschaft, daß die Spannung, die sie abgeben, nicht proportional zur Temperatur ist. Das bedeutet für die Messung, daß man den gemessenen Spannungswert nicht einfach mit einem Faktor multiplizieren kann, und dann die genaue Temperatur erhält. Es muß vorher eine Linearisierung auf rechnerischem Wege stattfinden. Durch die Vielzahl der existierenden Thermoelementtypen ist es nahezu unmöglich, auf alle einzugehen. Stellvertretend soll hier die Linearisierung für Elemente vom Typ K erläutert werden. Mit Typ K sind NiCr-Ni-Thermoelemente definiert. Auch Chromel-Alumel-Thermoelemente sind vom Typ K.

Die einfachste Methode, eine nichtlineare Kennlinie zu linearisieren, ist die Anwendung eines sogenannten Ausgleichspolynoms. Im Fall von Thermoelementen vom Typ K muß dieses Polynom bereits 8. Grades sein, damit eine einigermaßen genaue Aussage getroffen werden kann. D.h., der vom Wandler gelieferte Wert muß in alle Potenzen von der ersten bis zur 8. erhoben und jeweils mit einem entsprechenden Faktor multipliziert werden. Die Temperatur ist dann die Summe der jeweiligen Ergebnisse. In allgemeiner Form kann das Polynom für die Umrechnung der Spannungen U, die Elemente vom Typ K liefern, wie folgt dargestellt werden.

$$T = a_1 \cdot U + a_2 \cdot U^2 + a_3 \cdot U^3 + a_4 \cdot U^4 + a_5 \cdot U^5 + a_6 \cdot U^6 + a_7 \cdot U^7 + a_8 \cdot U^8$$

Von großem Interesse sind dabei natürlich die Koeffizienten a_n. Rechnet man über Verstärkung und Auflösung des Wandlers auf die Thermospannung zurück, können die nachfolgend aufgeführten Werte angesetzt werden:

a_1 = $2.415210900 \cdot 10^4$
a_2 = $6.723342480 \cdot 10^4$
a_3 = $2.210340682 \cdot 10^6$

a_4 = -8.609639149·10^8
a_5 = 4.835060000·10^{10}
a_6 = -1.184520000·10^{12}
a_7 = 1.386900000·10^{13}
a_8 = -6.337100000·10^{13}

Setzt man diese Zahlen als Werte in ein Programm ein, kann die Temperatur aus der gemessenen Thermospannung auf ca. ±0,3 °C genau berechnet werden. Diese scheinbar erreichbare Genauigkeit trügt allerdings. Die anliegende Thermospannung kann bei einem Wandler mit 12 Bit Auflösung und einem Meßbereich von 0 bis 10 V nach der Umrechnung lediglich in Abstufungen von ca. 0,0244 mV bestimmt werden. Der Verstärkungsfaktor von 100 ist dabei schon berücksichtigt. Setzt man einen Mittelwert für die Thermospannung von etwa 0,0413 mV/°C an, wird durch die Digitalisierung bereits ein Fehler von ca. ±0,6 °C erzeugt. Dabei ist noch nicht berücksichtigt, daß der Fehler der Digitalisierung selbst in dieser Größenordnung liegt. Durch Alterung der Thermoelemente entsteht ein neuer Fehler. Die abgegebene Spannung wird geringer. Dieser Fehler kann in der Anzeige bis zu 3 °C ausmachen. Unter Betrachtung dieser Umstände ist also eine maximal erzielbare Genauigkeit in der Temperaturmessung von etwa ±3 °C zu erreichen, wenn man den Alterungsfehler von vornherein schon berücksichtigt.

Da die Programmiersprache Pascal nicht direkt andere Potenzen als 2 verarbeiten kann, muß im Programm ein kleiner Umweg bestritten werden, um dieses Polynom auszurechnen. In den folgenden Programmzeilen wird eine einfache Möglichkeit dargestellt, eine beliebige positive Basis in eine ebenfalls beliebige Potenz zu erheben. Es handelt sich um die Function POT().

```
function pot(ba: real;ex :integer): real;

var exponent:real;

begin
   exponent := ex;
   pot := exp(exponent*ln(ba));
end;
```

Um mit Hilfe dieser Funktion das vorgenannte Polynom auszurechnen, kann folgende Programmschleife dienen. Die Koeffizienten a_1..a_8 sind dabei in einem Array a[1..8] verfügbar.

```
t := a[1] * u_t;
for j := 2 to 8 do
begin
  t := t+a[j]*pot(u_t,j);
end;
```

Die Variable U_T stellt die errechnete Thermospannung in V dar. In T wird die
entsprechende Temperatur abgespeichert.

6.4.2.3 Linearisierung im Betriebspunkt

Obwohl die Kennlinie eines Thermoelementes vom Typ K annähernd durch
ein Polynom 8. Grades ausgedrückt werden kann, ist es für bestimmte Bereiche durchaus möglich, mit einer linearen Funktion zu rechnen, ohne dabei
einen allzu großen Fehler zu machen. Es handelt sich dabei um den Temperaturbereich, der um den Betriebs- oder Arbeitspunkt der Anlage mit ca. ±50 K
herum liegt. Soll z.B. ein Ofen ständig im Bereich um 500 °C betrieben
werden, genügt es, den Spannungs-Temperaturverlauf des Thermoelementes
um diesen Wert herum, also von etwa 450 - 550 °C durch eine Gerade zu
ersetzen. Die Steigung dieser Geraden wird so angesetzt, daß sie der des
tatsächlichen Verlaufs im Punkt von 500 °C entspricht. Der Fehler, den man
dabei macht, liegt meist unter der Auflösungsgrenze des verwendeten Wandlers.

6.4.2.4 Benutzung eines Arrays

Um trotzdem bei hoher Verarbeitungsgeschwindigkeit an die genauen Werte
zu gelangen, gibt es die Möglichkeit, ein Temperaturarray anzulegen. Dieses
wird zu Beginn des Programmes einmal gerechnet und steht anschließend
permanent zur Verfügung. Für die vom Wandler bereitgestellten Integerwerte werden dazu in einer Schleife die zugehörigen Temperaturen nach dem für
das Thermoelement gültigen Algorithmus berechnet und gespeichert. Die
spätere Indizierung des Arrays kann dann unmittelbar mit dem vom Wandler
gelieferten Wert erfolgen. Die nachstehend aufgeführten Programmzeilen
benutzen dazu die Function AD(), die bereits in Kapitel 5 vorgestellt wurde.

```
wandlerwert := ad(0);
temperatur := temp[wandlerwert];
```

Diese Methode erfordert bei Verwendung eins A/D-Wandlers mit 12 Bit Auflösung ein Array mit 4.096 Speicherplätzen. Im Datensegment werden dadurch immerhin über 20 KByte beansprucht, da dieses Array vom Typ REAL
ist. Bei Einsatz eines Coprozessors mit den erweiterten Typen DOUBLE oder
EXTENDED entsprechend mehr. Unter einer Einschränkung läßt sich dieser
Wert jedoch drastisch reduzieren. Ein Thermoelement vom Typ K gibt bei
1.000 °C eine Spannung von ca. 41 mV ab. Bei einer gewählten Verstärkung
von z.b. 100 entsteht dadurch eine Spannung von etwa 4,1 V. Benutzt man
einen Eingangsspannungsbereich am A/D-Wandler von 10 V, entsteht, wenn
die Temperatur von 1.000 °C im System nicht überschritten wird, ein maximal
vom Wandler gelieferter Wert von ca. 1.700. Alle Werte oberhalb sind damit
uninteressant. In diesem Fall genügt es also, das Array lediglich bis 1.700 zu
deklarieren. Allerdings ist folgende Zeile im Programm notwendig bevor das
Array angesprochen wird, um möglicherweise einen Laufzeitfehler abzufan-
gen bzw. erst gar nicht auftreten zu lassen.

```
if wandlerwert > 1700 then wandlerwert = 1700;
```

Wird für die Indizierung der Wert 1.701 benutzt, verwendet das Programm die
Speicheradressen im Datensegment, die auf die Deklaration des Arrays folgen. Der ausgelesene Wert ist in jedem Falle falsch.

6.4.2.5 Bruchüberwachung

Eine wichtige Maßnahme, die bei der Verwendung von Thermoelementen
getroffen werden muß, ist die Bruchüberwachung. Ein Bruch bedeutet, daß die
Verbindung zum Thermoelement an irgendeiner Stelle unterbrochen ist. Der
A/D-Wandler erhält dann am Eingang eine Spannung von 0 V, da ja kein
Eingangssignal mehr anliegt. Bei einer reinen Temperaturmessung ist dieser
Umstand nicht weiter störend. Mann kann die Messung mit reparierter Leitung
oder einem neuen Thermoelement wiederholen. Bei einer Regelung allerdings
führt ein solcher Fall zur Katastrophe. Durch die angezeigte Temperatur von
nahezu 0 °C plus dem Wert der Vergleichsstelle wird der Regler automatisch
den Stellwert erhöhen. Dies geschieht bis zum Maximalwert der Stellgröße, da
auch nachfolgend keine Temperaturerhöhung festgestellt werden kann. Das
Heizelement selbst kann zu dieser Zeit aber schon eine unzulässig hohe
Temperatur erreicht haben, die ggf. zur Zerstörung führt oder sogar auch
andere Komponenten in Mitleidenschaft zieht.

Ein solcher Fehler muß also unbedingt abgefangen werden. Dazu gibt es mehrere Möglichkeiten. Eine ist, die Temperatur auf das Unterschreiten eines bestimmten Minimalwertes hin zu überwachen. In einem Ofen herrscht, wenn geheizt wird, ganz sicher eine höhere Temperatur, als die der Vergleichsstelle. Sind mehrere Temperaturmeßstellen angebracht, können diese in den Vergleich mit einbezogen werden. Allerdings birgt dieses Vefahren einen Nachteil. Ein defektes Heizelement kann zumindest während der Aufheizphase die gleiche Auswirkung auf die Anzeige der Temperatur hervorrufen. Es ist also zunächst sehr schwierig, die Fehlerquelle zu lokalisieren. Abhilfe kann eine Hardwarelösung schaffen. Sie ist in Abb. 6.10 dargestellt.

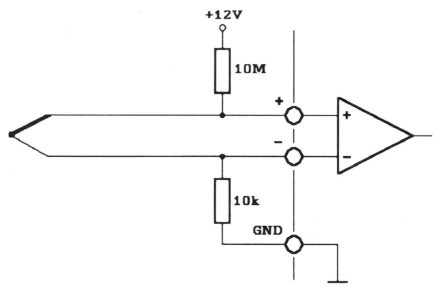

Abb. 6.10: Zusatzschaltung zur Brucherkennung bei der Messung mit Thermoelementen

Der Pluseingang der Meßschaltung wird über einen sehr hochohmigen Widerstand von z.B. 10 MΩ mit der positiven Betriebsspannung von +12 V oder auch +5 V verbunden. Damit das Potential dieser Spannung eindeutig zugeordnet werden kann, erhält der Minuseingang ebenfalls einen Widerstand. Dieser führt nach Masse. Sein Wert sollte wesentlich geringer sein, z.B. 10 kΩ. Tritt jetzt eine Unterbrechung im Meßkreis auf, wird der Eingang auf den Wert der Betriebsspannung gezogen, was dazu führt, daß der Wandler seinen Maximalwert ausgibt. Die dadurch angezeigte Temperatur ist in jedem Falle größer als die tatsächlich herrschende. Der Regler kann sofort ohne umständ-

liche und langwierige Überprüfungen reagieren und die Leistung vom Heizelement wegnehmen, wie er es auch normal machen würde, wenn die Temperatur zu hoch wird. Wird mit dieser Schaltung eine zu niedrige Temperatur
angezeigt, läßt das nun eindeutig auf einen Fehler im Heizkreis schließen.

6.4.3 Signale von Brückenschaltungen

Sogenannte Brückenschaltungen werden in der Meßtechnik oft verwendet,
um Widerstandsverhältnisse oder auch Widerstandsänderungen meßtechnisch
auszuwerten.

6.4.3.1 Prinzip der Wheatstonschen Brücke

Im allgemeinen bedient man sich dazu der Wheatstonschen Brückenschaltung. Das Prinzip ist in Abb. 6.11 dargestellt.

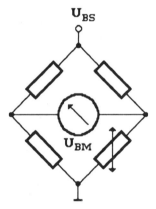

Abb. 6.11: Prinzip der Wheatstonschen
Brücke

Solange die Verhältnisse der Widerstände im linken und im rechten Brückenzweig gleich sind, ist an den beiden Ausgängen der Brücke keine Spannungsdifferenz zu messen. Durch Einbringen eines veränderlichen Widerstandes in
die Brücke kann die Änderung dieses Widerstandes in eine direkt meßbare
Spannungsänderung umgesetzt werden. In Abb. 6.11 ist dieser Widerstand im

rechten unteren Brückenzweig eingesetzt. Wird der Widerstand größer, z.B. infolge einer Temperatur, vergrößert sich ebenfalls die Differenzspannung im Diagonalzweig der Brücke. Die Spannungsänderung steht im unmittelbaren Zusammenhang mit der Änderung des Widerstandes. Signale von Brücken- schaltungen lassen sich, wie man aus der Anordnung entnehmen kann, nur mit einem A/D-Wandler messen, der einen Differenzeingang besitzt. Für den Fall, daß die Widerstandsverhältnisse $R_1 = R_{20} = R$ und $R_3 = R_4$ eingehalten sind, kann die Widerstandsänderung von R_2 nach folgender Gleichung bestimmt werden.

$$\Delta R \;=\; \frac{4\,\Delta U \cdot R}{U_{BS} - 2\,\Delta U}$$

Man spricht hierbei auch von einer Viertelbrücke. Eine Viertelbrücke liegt dann vor, wenn sich nur in einem Brückenzweig, in diesem Fall im rechten, ein aktiver Widerstand befindet.

In der Gleichung zur Bestimmung der Widerstandsänderung ΔR steht die Brückenspeisespannung U_{BS}. Es gibt praktisch zwei Verfahren, wie man diese in die Messung miteinbeziehen kann. Die erste Möglichkeit ist, man hält sie auf einem gewissen Wert konstant. Damit kann ihre Größe als Konstante in die Rechnung eingesetzt werden. Die zweite Möglickeit ist die, daß die Brücken- speisespannung über einen weiteren Kanal des Wandlers gemessen wird. Damit entfällt der Aufwand der Konstanthaltung. In diesem Fall fließt sie als Meßwert in die Rechnung mit ein.

6.4.3.2 Temperaturmessung mit Widerstandsthermometern

Außer der Temperaturmessung mit Thermoelementen gibt es bei industriellen Anwendungen ein weiteres wichtiges elektrisches Verfahren. Es handelt sich dabei um die Temperaturmessung mit Widerstandsthermometern.

Hierbei wird die Temperaturabhängigkeit des Widerstandes eines elektri- schen Leiters direkt für den Meßzweck genutzt. Genormte Widerstandsther- mometer sind z.B. Thermometer vom Typ PT 100. Es handelt sich dabei um einen Platin-Meßwiderstand, der bei 0 °C einen Widerstandswert von genau 100 Ω besitzt. Die Änderung des Widerstandswertes mit der Temperatur besitzt ebenfalls einen genau definierten Zusammenhang.

Setzt man einen solchen Meßfühler anstelle von R2 in die Schaltung aus
Abb. 6.11 ein, läßt sich auf elegante Weise die Temperatur des Widerstandes
bestimmen. Für einen Fühler vom Typ PT 100 kann die Temperatur durch
folgende Gleichung ermittelt werden.

$$T = \frac{a}{2 \cdot b} - \frac{1}{10\,b} \cdot \sqrt{25\,a^2 - \Delta R \cdot b}$$

ΔR ist dabei die Widerstandsänderung bezogen auf 100 Ω. Für einen absoluten Widerstand von 164,76 Ω des Thermometers beträgt ΔR dann 64,76 Ω.
Dieser Widerstand entspricht einer Temperatur von 170 °C. Die Rechnung
kann z.B. mit diesem Wert überprüft werden. Für die Konstanten a und b sind
folgende Werte einzusetzen:

$$a = 3,908020 \cdot 10^{-3}$$
$$b = 0,580195 \cdot 10^{-6}$$

Für den praktischen Einsatz von Widerstandsthermometern in Brückenschaltungen sind allerdings einige Kleinigkeiten zu beachten. Der durch den Meßwiderstand fließende Strom sollte keinesfalls einen Wert von 10 mA überstei-
gen. Durch höhere Ströme entsteht am Meßwiderstand eine zu große Verlust-
leistung, die zu einer mehr oder weniger starken Eigenerwärmung führt.
Diese beeinträchtigt ihrerseits die Empfindlichkeit des Fühlers bzw. macht
eine genaue Messung im unteren Temperaturbereich völlig unmöglich. Mit

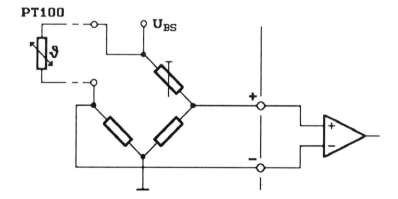

Abb. 6.12: Meßschaltung zur Temperaturmessung mit einem Widerstandsthermometer in einer Brücke

dem Wert von etwa 10 mA kann man nun die maximal zulässige Brückenspannung bestimmen. Sie ergibt sich zu 2 V. Weiterhin ist zu beachten, daß im Gegenzweig der Brücke ein Abgleichwiderstand vorgesehen wird. Dieser dient dazu, den Widerstand einer längeren Zuleitung zum Meßfühler zu kompensieren. Eine für die Praxis taugliche Meßanordnung zeigt Abb. 6.12.

Speziell für Widerstandsthermometer läßt sich auch eine andere Schaltung zur Messung in Verbindung mit einem A/D-Wandler benutzen. Diese Schaltung bietet den Vorteil, daß nicht erst über eine relativ komplizierte Gleichung die Widerstandsänderung ermittelt werden muß. Die dabei gemessene Spannung ist dem Widerstand des Fühlers direkt proportional. Abb. 6.13 zeigt die Meßanordnung für diese Variante. Kernstück der Schaltung ist eine Konstantstromquelle. Sie ist in der Abbildung lediglich durch das Schaltsymbol dargestellt. Durch diese Stromquelle ist sichergestellt, daß zu jeder Zeit ein konstanter Strom von z.B. 10 mA durch den Meßwiderstand fließt. Die erzeugte Spannung ist damit stets dem Widerstand des Fühlers proportional.

$$U = I \cdot R$$

Man verwendet dabei die sogenannte Vierleitertechnik. Die Spannung am Meßwiderstand wird durch separate Leitungen zum Meßgerät, in diesem Fall

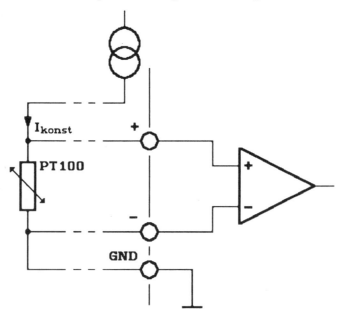

Abb. 6.13: Meßschaltung für Widerstandstermometer mit Konstantstromquelle

zum A/D-Wandler gefürt. Dadurch wird ausgeschlossen, daß der Spannungsabfall auf den möglicherweise längeren Zuleitungen zum Meßort, das Meßergebnis beeinflussen kann. Auch diese Meßmethode setzt einen Wandler mit
Differenzeingängen voraus.

Die Temperatur selbst läßt sich nach der gleichen Formel berechnen, wie beim
Einsatz des Fühlers in einer Brückenschaltung. Um ΔR zu erhalten, müssen
lediglich vom Meßergebnis 100 Ω subtraiert werden. Bei Verwendung eines
Stromes von genau 10 mA entspricht dies einer Spannung von genau einem
Volt, die vor der Berechnung der Temperatur abgezogen werden muß.

6.4.3.3 Dehnmeßstreifen

Ein weiteres wichtiges Anwendungsgebiet für Brückenschaltungen ist die
meßtechnische Erfassung von Dehnungen über Dehnmeßstreifen (DMS).

Dehnmeßstreifen sind auf einem dünnen Trägermaterial aufgebrachte Widerstände, die auf das zu untersuchende Bauteil aufgeklebt werden. Damit machen sie alle Längenänderungen dieses mit. Wird der Meßwiderstand selbst
gedehnt, verändert sich nicht nur seine Länge, sondern auch der Querschnitt
wird geringer. Beide Tatsachen führen zu einer Erhöung des Widerstandswertes. Das Verhältnis, in dem diese Veränderung zu einer bestimmten Dehnung
steht, nennt man den k-Faktor. Längen und Widerstandsänderung sind wie
folgt verknüpft.

$$\frac{\Delta R}{R} = k \cdot \frac{\Delta l}{l}$$

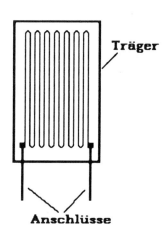

Abb. 6.14: Prinzipieller Aufbau eines
            DMS

Übliche Werte für k liegen in der Größenordnung von 2. Für den Grundwiderstandswert haben sich in der Praxis 120, 350 und 600 Ω durchgesetzt.

Abb. 6.14 zeigt den schematischen Aufbau eines Dehnmeßstreifens. Der eigentliche Meßwiderstand ist zur Vergrößerung der aktiven Länge mäanderförmig aufgebaut. Damit kann man ein größeres Verhältnis von $\Delta R / \Delta l$, also einen größeren k-Faktor, erreichen. Halbleiter-DMS erreichen k-Faktoren von über 250. Allerkleinste Dehnungen können damit schon hinreichend genau bestimmt werden.

In eine Brückenschaltung werden Dehnmeßstreifen immer paarweise eingesetzt. Der Grund ist, diese Widerstände besitzen auch eine relativ hohe Empfindlichkeit gegenüber Temperaturschwankungen. Werden diese nicht kompensiert, geht die relativ kleine Änderung des Widerstandes infolge einer Längenänderung durch die Veränderung mit der Temperatur verloren. Vor allem kann man nicht eindeutig zuordnen, was nun wirklich den Widerstand verändert hat. Der zweite DMS ist oft passiv ausgebildet, d.h., er macht die Längenänderung nicht mit. Zur Temperaturkompensation muß er allerdings in der Nähe des aktiven DMS angebracht sein.

Eine weitere Variante ist die Nutzung von zwei aktiven Widerständen. Diese Methode wird oft bei der Bestimmung von Biegungen angewendet. Dabei wird einer der Streifen gedehnt, der andere im gleichen Verhältnis gestaucht. Abb. 6.15 zeigt das Prinzip der mechanischen Anordnung. Bei zwei aktiven Widerständen in einer Brückenschaltung spricht man auch von einer Halbbrücke.

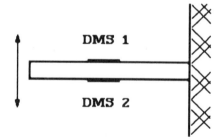

Abb. 6.15: Mechanische Anordnung
von DMS zur Bestimmung
von Biegungen

Schaltungstechnisch sind hier beide DMS z.B. im rechten Brückenzweig angeordnet. Dadurch, daß die Änderung des Widerstandes durch die mechanische Anordnung bei beiden Sensoren entgegengesetzt verläuft, ergibt sich an der Brücke die doppelte Spannungsänderung, als es bei nur einem aktiven Wider-

stand der Fall wäre. Abb. 6.16 zeigt die Schaltung. Läßt man das zu untersuchende Bauteil schwingen, entsteht am Ausgang der Brückenschaltung eine
sinusförmige Wechselspannung mit der Frequenz der mechanischen Schwingung. Mit geeigneter Software läßt sich so nicht nur die Dehnung oder
Durchbiegung bestimmen, sondern auch die Resonanzfrequenz einer Anordnung.

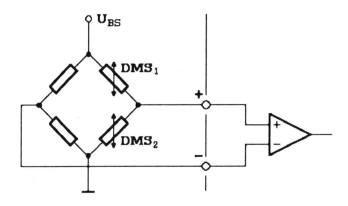

Abb. 6.16: Schaltung der Meßbrücke für zwei aktive DMS

Oft werden Meßbrücken speziell für solche Anwendungen nicht mit einer
Gleichspannung gespeist, sondern mit einer Wechselspannung mit einer Frequenz von z.B. 225 Hz oder 5 kHz. In diesem Fall spricht man von Trägerfre-
quenzschaltungen. Durch diese Methode ist es möglich, störende Thermo-
spannungen, die immer dann entstehen, wenn zwei verschiedene Metalle
Kontakt zueinander haben, zu unterdrücken. Relativ zum Nutzsignal können
diese bei DMS schon eine beträchtliche Größe annehmen. Leider können
Änderungen bei einer Wechselspannung mit 5 kHz mit einem PC nicht mehr
auf so einfachem Wege registriert werden. Die Auswertung gestaltet sich also
ungleich schwieriger. Günstiger ist da die Verwendung einer niedrigeren Frequenz. Für eigene Anwendungen müssen nicht 225 Hz gewält werden. Auch
eine Speisespannung mit einer Frequenz von z.B. 100 Hz ist in der Lage, die
erwähnten Störeinflüsse zu unterdrücken.

Signaländerungen, die einer Frequenz dieser Größenordnung überlagert sind,
können durchaus vom PC erfaßt werden. Der Vorteil gegenüber der Verwendung einer Frequenz im kHz-Bereich liegt auch darin, daß die Brücke nicht
speziell durch zusätzliche Kapazitäten abgestimmt werden muß.

7 Messung von Signalverläufen

Meist ist man nicht nur an der Höhe einer Spannung zu einem gewissen Zeitpunkt interessiert, sondern es soll vielmehr der Verlauf eines Signals über einen vorher bestimmten Zeitabschnitt festgehalten werden. Früher hatte man nur die Möglichkeit, das Signal auf ein Registriergerät zu geben und es dort z.B. auf einem Papierstreifen aufzuzeichnen. Bei höherfrequenten Signalen war man gezwungen, z.B. auf ein Speicheroszilloskop auszuweichen.

Aber gerade das Sammeln oder Registrieren von Daten ist eine der Stärken eines PC. Da man mittels eines A/D-Wandlers aus dem Signalverlauf nur Stichproben zu gewissen Zeiten entnehmen kann, müssen einige kleine Bedingungen eingehalten werden, damit der Verlauf des Signals anschließend auch wieder einwandfrei rekonstruiert werden kann.

7.1 Abtastung in zeitgleichen Abständen

Um den einzelnen Meßwerten später im Signalverlauf ihre zeitliche Position eindeutig zuordnen zu können, ist die erste Forderung die, daß das Signal in konstanten (äquidistanten) Zeitabständen abgetastet wird. Dadurch ergibt sich eine bestimmte Abtastfrequenz $f_a = 1 / t_a$.

Es gibt mehrere praktisch anwendbare Verfahrensweisen, um diese Bedingung zu erfüllen. Eine wichtige Voraussetzung ist jedoch der Einsatz eines A/D-Wandlers, dessen Umwandlungszeit nicht von der Größe der angelegten Meßspannung abhängt. Wandler, die nach dem Sägezahn- oder Integrationsverfahren arbeiten, sind demnach für diesen Zweck nur bedingt geeignet. Erst wenn die Wandlungszeit gegenüber der Abtastzeit verschwindend gering wird, lassen sich hier brauchbare Ergebnisse erzielen. Dieser Umstand beschränkt den Einsatz dieser Wandler auf relativ kleine Abtastfrequenzen.

7.1.1 Polling

Die einfachste Möglichkeit, eine annähernd konstante Abtastzeit zu erreichen, ist die, die Wandlung und die darauf folgende Weiterverarbeitung der Meßwerte in einer Programmschleife vorzunehmen. Eine solche Schleife wird dann z.B. bei Erreichen der vorher bestimmten Anzahl von Meßwerten abgebrochen. Selbstverständlich können auch andere Abbruchkriterien gesetzt werden. Ein typisches Beispiel zeigt Listing 7.1. Die Funktion AD() liefert hier direkt den gewandelten Spannungswert in V.

Register	Bytes								
Datenregister									
ba	D7	D6	D5	D4	D3	D2	D1	D0	nur lesen
	B3	B2	B1	B0	A3	A2	A1	A0	
				LSB		Kanal			
ba+1	D7	D6	D5	D4	D3	D2	D1	D0	nur lesen
	B11	B10	B9	B8	B7	B6	B5	B4	
	MSB								
Kanaladresse									
ba+2	D7	D6	D5	D4	D3	D2	D1	D0	nur schreiben
	X	X	X	X	A3	A2	A1	A0	
					Kanal				
Statusregister									
ba+3	D7	D6	D5	D4	D3	D2	D1	D0	nur lesen
	EOC	X	X	X	X	X	X	X	
	andere Funktionen								

Abb. 7.1: Funktion der Register der im Beispiel verwendeten A/D-Wandlerkarte

An dieser Stelle ist es angebracht, eine kurze Erklärung zu den vom Wandler verwendeten Portadressen und deren Funktion zu geben.

Die Basisadresse ba ist in diesem Beispiel auf 300h eingestellt. Auf dieser Adresse kann das Wandlungsergebnis vom Rechner ausgelesen werden. Es handelt sich dabei un die unteren 4 Bit. Sie liegen in der Reihenfolge ihrer Wertigkeit an den Datenleitungen D7 bis D4 an. Die Datenleitungen D3 bis D0 beinhalten die Information, von welchem Eingangskanal die Daten stammen (0 bis 15). Diese wird z.B. benötigt, wenn mehrere Kanäle nacheinander abgefragt werden. Die Zuordnung der Ergebnisse wird dadurch erleichtert. Die oberen 8 Bit des Wandlungsergebnisses können von der Adresse ba+1 gelesen werden. Aus beiden Registern können nur Daten gelesen werden. Daß trotzdem ein Schreibzugriff auf die Basisadresse ba durchgeführt wird, hat die Bewandnis, daß dadurch der Wandlungsvorgang ausgelöst wird. In das Register unter der Adresse ba+2 wird der Kanal gespeichert, von dem die Werte gelesen werden sollen. Das Register an Adresse ba+3 schließlich ist das Statusregister. Solange das Bit auf D7 ein 1-Signal führt, wird damit angezeigt, daß der Wandlungsvorgang noch nicht abgeschlossen ist. In Abb. 7.1 sind die Funktionen der Register noch einmal symbolisch dargestellt.

```
const ba = $300;

var i,kanal: integer;
    wert: array[0..3000] of real;

function ad(kanal: integer); real;

var hilf: integer;

begin
  port[ba+2] := kanal;
  port[ba] := kanal;
  repeat until (port[ba+3] and 128) = 0;
  hilf := (port[ba+1] shl 4) + (port[ba] shr 4);
  ad := (hilf+0.5) / 409.6;
end;

begin
  kanal := 0;
  i := 0;
  repeat until keypressed;
  repeat
    wert[i]:=ad(kanal);
    i := i + 1;
  until i >= 3000;
  writeln('fertig');
end.
```

Listing 7.1:   Beispielprogramm zur Meßwerterfassung nach dem Pollingverfahren

Man kann davon ausgehen, daß der Prozesseor für einen kompletten Schleifendurchlauf immer annähernd die gleiche Zeitspanne benötigen wird. Um das
Kriterium einer vorher festgelegten Abtastzeit zu erfüllen, muß man zunächst
die Laufzeit für diese Schleife ermitteln. Mittels einer Stopuhr läßt sich die
Gesamtlaufzeit des Programms von der Auslösung einer Startbedingung bis
zum Erreichen einer Fertigmeldung relativ einfach bestimmen. Die erreichbare Genauigkeit kann dabei in der Größenordnung von ±0,1 s liegen. Wer es
etwas genauer haben will, kann vor und nach der Schleife die rechnerinterne
Uhr abfragen und sich die Differenz am Bildschirm ausgeben lassen. Dadurch
entfallen die Reaktionszeiten für die Zeitnahme per Hand. Die gemessene Zeit
muß dann durch die Anzahl der Schleifendurchläufe geteilt werden. Mit dieser
Methode erhält man schon einen relativ genauen Wert für die Abtastzeit t_a. Die
Genauigkeit wird umso größer, je höher die Anzahl der Schleifendurchläufe
angesetzt wird.

Für Abtastraten, die niedriger liegen sollen, muß die Laufzeit der Schleife
durch zusätzliche Programmanweisungen verlängert werden. Danach wird
wieder gemessen und ggf. erneut korrigiert. Mit etwas Geduld kann man sich
so nach vielen Versuchen relativ genau an die Vorgabe herantasten.

Diese Methode ist für den vorgesehenen Zweck jedoch leider nur beschränkt
tauglich. Die so ermittelte Abtastzeit gilt nur für genau diese Schleife. Wird
auch nur eine Programmzeile verändert, oder werden Befehle hinzugefügt,
kann sich dieser Wert drastisch verändern. Normalerweise sind auf diese Art
unter Verwendung einer Hochsprache wie Pascal nicht mehr als 3.000 bis 4.000
Abtastungen je Sekunde zu erreichen. Wird nun in der Vorgabe eine höhere
Abtastrate gefordert, kann die Messung in dieser Weise nicht mehr durchgeführt werden. Eine mögliche Alternative bietet die Programmierung in Assembler. Turbo-Pascal bietet mit der INLINE-Anweisung die Möglichkeit,
kleine Sequenzen direkt in Maschinensprache zu programmieren. Dadurch
kann man je nach Umfang und Einsatz an der richtigen Stelle fast die doppelte
Rate erreichen.

Ein weiterer Nachteil tritt auf, wenn dieses Programm auf einem Rechner mit
anderer CPU und/oder ander Taktfrequenz verwendet werden soll. Die für den
Schleifendurchlauf ermittelten Zeiten verändern sich. Man ist gezwungen das
ganze Spiel von vorne zu beginnen.

7.1.1.1 Zeitverzögerung

Für kleine Abtastraten kann man die Versuchsphase abkürzen. Turbo-Pascal bietet über die DELAY(N)-Procedure eine einfache Möglichkeit, Zeitverzögerungen zu programmieren. N stellt in diesem Fall einen beliebigen Wert im Integerbereich bis 2^{15}, ab Version 4.0 einen Wert vom Typ WORD (2^{16}), dar. Der angegebene Wert soll eine Programmunterbrechung für N ms bewirken.

In der Version 3 von Turbo-Pascal wird DELAY(N) softwaremäßig verzögert. Die tatsächlich bewirkte Verzögerungszeit ist also prozessortaktabhängig und stimmt nur bei einem PC/XT mit 4.77 MHz Systemtakt in etwa mit der Vorgabe N in Millisekunden überein. Bei den späteren Versionen (4.0, 5.0, 5.5 und 6.x) wird die DELAY(N)-Procedure durch einen Hardwaretimer gesteuert. Hier entspricht die Verzögerungszeit unabhängig vom verwendeten System (PC/XT/AT) bzw. vom Systemtakt immer nahezu genau der verlangten Zeit.

Wird innerhalb der REPEAT-Schleife in Listing 7.1 eine solche DELAY-Zeile eingefügt, verzögert sich die Durchlaufzeit erheblich. Man kann damit je nach vorgegebener Verzögerungszeit, bzw. nach der Anzahl der Schleifendurchläufe, in Größenordnungen kommen, die sicher und zuverlässig mit einfachen Mitteln, wie z.B. dem Sekundenzeiger einer Armbanduhr, zu messen sind. Auch der Nachteil, daß sich auf einem anderen Rechner die Zeit verändern könnte, fällt nicht mehr so stark ins Gewicht, da der Hauptanteil der Durchlaufzeit in der DELAY-Procedure steckt. Für einfache Anwendungen kann diese Methode durchaus ausreichend sein. Die zu erreichende Abtastzeit beträgt in jedem Falle mehr als 1 ms, da die DELAY-Procedure als kleinsten verzögerbaren Wert eine Eins verlangt. Durch Einsetzen einer Zwei wird dann schon die maximal erreichbare Abtastfrequenz von ca. 1 kHz auf etwa 500 Hz halbiert.

7.1.2 Interruptgesteuerte Meßverfahren

Sind an die Einhaltung des Abtastintervalls höhere Anforderungen gestellt, ist man gezwungen, einen anderen Weg zu beschreiten. Die Messung muß durch einen Timer gesteuert werden. Im Prinzip kann durch entsprechende Beschaltung eine Steuerung durch einen Timer auch im Polling-Verfahren realisiert werden. Dazu ist es jedoch notwendig, über die Zugriffe zum Wandler in irgendeiner Weise Protokoll zu führen. Es muß für die Software erkennbar sein, ob ein neuer, aktueller Wert zur Abholung bereitsteht. Nur dann darf das Programm diesen auch abholen.

Um diesen Schwierigkeiten von vorn herein aus dem Weg zu gehen, ist es sinnvoller, die Messung durch einen Interrupt steuern zu lassen.

7.1.2.1 Grundlagen

Wie arbeiten solche Verfahren? Grundsätzlich ändert sich an der Arbeitsweise des Wandlers selbst nichts. Der Unterschied zum normalen Meßverfahren besteht lediglich darin, daß die Funktionen, die vorher durch das Programm bedient wurden, also Start des Wandlungsvorganges und Abfrage der Fertigmeldung EOC (End Of Conversation), jetzt von der umgebenden Hardware übernommen werden. Der Ausgang eines Timers wird direkt mit dem Triggereingang des Wandlers verbunden. So wird beispielsweise mit jeder positiven oder negativen Flanke des Signals vom Taktgenerator der Wandlungsvorgang erneut gestartet. Dadurch ist auf jeden Fall gewährleistet, daß die Wandlungen immer in den gleichen Zeitabständen erfolgen. Jetzt muß lediglich noch dem Prozessor signalisiert werden, daß die Wandlung abgeschlossen ist und der gewandelte Wert zur weiteren Verarbeitung übernommen werden kann. Dies geschieht nun in der Weise, daß der Wandler über eine Logik mit dem Signal EOC die Interruptleitung am Bus z.B. auf logisch '0' setzt. Der weitere Ablauf ist ganz einfach. Der Interruptcontroller registriert die Flanke dieses Signals und unterbricht die CPU in ihrem laufenden Programm. Dabei wird es sich in der Regel nur um eine Warteschleife handeln. Nun wird zu einem vorher festgelegten Programmteil, der sogenannten Interrupt-Serviceroutine, verzweigt, die den gewandelten Wert aus dem Register des A/D-Wandlers ausliest und weiterverarbeitet. Bei hohen Abtastraten wird die Weiterverarbeitung meist nur aus dem Abspeichern des Wertes bestehen.

Ein PC kann auf 256 verschiedene Interruptaufrufe reagieren. Tatsächlich genutzt wird lediglich knapp die Hälfte. Hier handelt es sich in der Hauptsache um DOS- oder BIOS-Aufrufe. Der Rest kann vom Benutzer verwendet werden, bzw. ist für spätere Erweiterungen des Betriebssystems vorgesehen. Der Großteil der Unterbrechungsmöglichkeiten ist für sogenannte Softwareinterrupts reserviert. Interrupts, die von irgendeinem externen Gerät, dazu gehören Tastatur, Harddisk, serielle Schnittstelle usw., ausgelöst werden können, belegen nur ein kleines Fenster in der Reihe der möglichen Unterbrechungen.

Waren bei den 256 Möglichen beim PC-XT nur 8 Auslösequellen für Hardwareunterbrechungen vorgesehen, sind es bei einem AT 16. Die Kontrolle über die Auslösung von externen Programmunterbrechungen übernimmt auf den PC-Boards der Baustein 8259. Bei älteren AT-Versionen wurden zwei dieser Bausteine eingesetzt, die dann kaskadiert betrieben wurden. Später wurden die Interruptcontroller in den AT-Chipsatz integriert. Wichtig ist jedoch, daß volle Softwarekompatibilität erhalten geblieben ist. Abb. 7.2 zeigt eine Aufstellung der möglichen Hardwareinterrupts in einem PC- bzw. AT-System.

Interrupt-level	Funktion
IRQ0	Systemzeitgeber
IRQ1	Tastatur
IRQ2	Kaskadierungseingang (8259-2 bei AT)
	(bei XT frei)
IRQ3	2. serielle Schnittstelle (COM2)
IRQ4	1. serielle Schnittstelle (COM1)
IRQ5	Festplatte bei XT (manchmal auch LPT2)
IRQ6	Disklaufwerk (oft auch XT Festplatte)
IRQ7	Drucker (LPT1)
	(AT Erweiterungen)
IRQ8	Echtzeituhr (RTC)
IRQ9	frei
IRQ10	frei
IRQ11	frei
IRQ12	frei
IRQ13	80287 / 80387
IRQ14	Festplatte
IRQ15	frei

Abb. 7.2: Aufstellung der möglichen Hardwareunterbrechungen durch den Interruptcontroller 8259

Um universell zu bleiben, sollen uns hier nur die Möglichkeiten des PC-XT näher beschäftigen. Die meisten der zusätzlichen Unterbrechungsmöglichkeiten eines AT sind 16-Bit-Unterbrechungen, d.h., daß bei einer entsprechenden Anforderung Daten mit 16 Bit Breite zur Verfügung gestellt werden müssen. Diese sind damit für die Zwecke der A/D-Wandlung nur mit Einschränkungen geeignet. Die Einsteckkarte muß dazu über einen 16-Bit-Busanschluß verfügen. Dieser Umstand beschränkt die Anwendung auf einen Rechner vom Typ AT.

Man kann aus Abb. 7.2 entnehmen, daß von den 8 möglichen Hardwareunterbrechungen im ungünstigsten Fall lediglich 5 vom System genutzt werden. Die
restlichen stehen dem Anwender zur Verfügung.

7.1.2.2 Voraussetzungen der Hardware

Die erste Voraussetzung für den Interruptbetrieb ist die, daß die verwendete
Einsteckkarte, auf der der A/D-Wandler plaziert ist, eine Interruptleitung am
PC-Bus bedienen kann. In Frage kommen hier z.b. IRQ2 (nur bei XT), IRQ3
oder IRQ5. Diese Interruptleitungen werden bei vielen Rechnern nicht durch
die vorhandene Hardware genutzt. Wie Abb. 7.2 zeigt, sind diese für eine
zweite serielle Schnittstelle bzw. einen zweiten Druckeranschluß vorgesehen.
Bei Rechnern vom Typ XT sollte immer IRQ2 benutzt werden.

Eine weitere Voraussetzung ist das Vorhandensein eines Timerbausteins (z.B.
ein 8253), der als programmierbarer Taktgenerator eingesetzt werden kann. Ist
die verwendete Karte vom Hersteller aus bereits auf Interruptbetrieb ausgelegt,
ist ein solcher schon auf ihr enthalten. Andernfalls kann auch ein Timerbaustein auf einer separaten Einsteckkarte, meist auf sogenannten Multi-I/O-
Karten, benutzt werden. In diesem Fall muß der A/D-Wandler jedoch zusätzlich die Möglichkeit bieten, durch ein externes Signal getriggert werden zu
können.

7.1.2.3 Taktfrequenz

Ein wichtiger Parameter für die Bestimmung der Werte zur Programmierung
des Timerbausteins ist die Taktfrequenz, mit der dieser an einem seiner Eingänge versorgt wird. Im anschließenden Programmbeispiel trägt dieser den
Namen TAKT. Sinnvollerweise werden zwei Zählerstufen in Reihe geschaltet.
Der Ausgang der ersten Stufe wird mit dem Eingang der zweiten verbunden.
Auf diese Weise lassen sich bei Bedarf auch sehr große Abtastzeiten von z.B.
30 Minuten und mehr exakt einstellen.

Wird eine A/D-Einsteckkarte verwendet, auf der ein 8253 bereits mit integriert
ist, gibt es eigentlich nur zwei Möglichkeiten, wie dieser versorgt wird. Bei
älteren Karten findet man noch oft, daß der Bustakt zur Steuerung verwendet
wird. Dieser wird in der Regel durch 4 geteilt und dann dem Timerbaustein

zugeführt. Bei einem PC-XT mit 4,77 MHz ergibt sich damit ein Takt von 1,1925 MHz. Diese Methode weist jedoch den Nachteil auf, daß bei Verwendung der Karte in einem Rechner mit anderem Bustakt sich dieser Wert verändert. Bei der heute bestehenden Typenvielfalt sind Rechner mit 4,77 MHz Taktfrequenz eher die Ausnahme. Meist werden höhere Taktfrequenzen am Bus verwendet. Bei einigen AT-Modellen bis zu 12 MHz. Abgesehen davon, daß man die Busfrequenz bei dem jeweils verwendeten Rechner erst ausfindig machen muß, kann sie je nach eingesetztem 8253-Typ auch zu hoch sein. Der Standardbaustein 8253-5 kann nur Eingangsfrequenzen bis 2 MHz verarbeiten. Bei Verwendung eines 8253-2 können Eingangsfrequenzen bis zu 5 MHz angelegt werden. Die Bezeichnug -2/-5 resultiert nicht aus einem Druckfehler, was sich bei Betrachtung der möglichen Eingangsfrequenzen leicht vermuten läßt.

Besser ist die Verwendung eines separaten Taktes von z.B. 1, 2 oder sogar 4 MHz (nur mit 8253-2), wie es bei verschiedenen Karten neueren Datums bereits durch den Einsatz eines Quartzoszillators gehandhabt wird. Das Handbuch der A/D-Karte gibt darüber Auskunft. Bei Verwendung eines Timers auf einer anderen Karte bleibt meist nur die Möglichkeit, einen Taktgenerator nachzurüsten. Dies ist übrigens auch bei Karten zu empfehlen, die ihren Takt noch vom PC-Bus beziehen. Die Leiterbahn zum Eingang des 8253 ist einfach aufzutrennen und anschließend mit dem Ausgang des separat aufgebauten Taktgenerators zu verbinden. Wer den Eingriff mit dem Messer auf die Leiterbahnen der Platine scheut, z.B. aus Gründen der Garantie, kann auch den Oszillator zusammen mit dem 8253 auf einer kleinen Leiterplatte unterbringen, die ihrerseits dann in den Sockel für den Timerbaustein eingesteckt wird.

7.1.2.4 Programmbeispiel

Das Aktivieren von Hardwareinterrupts bedeutet immer einen Eingriff in den Systemablauf. Bei manchem Anwender erzeugt dieser Umstand ein leichtes Kribbeln in der Magengegend. Wenn man sich dabei aber an bestimmte Regeln hält, ist der Umgang mit Interrupts genauso einfach wie z.B. eine Textausgabe auf dem Bildschirm.

Nachfolgend soll anhand eines Beispiels versucht werden, die Vorgehensweise darzulegen. Listing 7.2 zeigt Proceduren, die als Grundlage dienen sollen, den Interruptbetrieb zu ermöglichen. Da es keinen Standard für A/D-Wandlerkarten gibt, sind einige Teile des Programms hardwareabhängig. Die entspre-

chenden Zeilen sind mit der Bemerkung (* H *) gekennzeichnet. Hier müssen
für den jeweils verwendeten Wandler die entsprechenden Daten, Adressen usw.
eingesetzt werden. In der Regel kann man diese dem zugehörigen Handbuch
entnehmen. Der in diesem Beispiel eingesetzte Wandler liefert die Daten auf
Port 300h und 301h entsprechend Abb. 7.1 zurück. Zu vielen auf dem Markt
erhältlichen Karten kann man eine Zusatzsoftware vom Hersteller beziehen,
die den Interruptbetrieb schon ermöglicht. Liegt eine solche vor, kann das
Beispiel zumindest im Vergleich das Verständnis für den Ablauf schaffen.

```pascal
var
   ba,int_lev,n1,n2,kanal,anzahl: integer;
   abtastrate: real;
   daten: array[1..10000] of integer;

type
   ad_rec = record
               i_vector,
               datoff_a,
               datseg_a,
               datoff,
               datseg,
               zaehler,
               anzahl : integer;
               ir_mess: boolean;
            end;


var ad_var: ad_rec;

procedure ir5; interrupt;

begin
  with ad_var do
  begin
    memw[datseg:datoff] := (port[ba+1] shl 4)+(port[ba] shr 4);
    datoff := datoff + 2;
    zaehler := zaehler + 1;
    if zaehler = anzahl then
    begin
      ir_mess := false;
      memw[0:i_vector] := datoff_a;
      memw[0:i_vector+2] := datseg_a;
      port[$21] := port[$21] or (1 shl int_lev);
      port[$21] := port[$21] and $0fe;
    end;
    port[$20] := $20;
  end;
end;
```

```
procedure timerwerte(var rate:real;var n1,n2:word);

const   takt = 2e6;     (*H*)
        grenze = 65535;

var  hilf,nh: real;

begin
  hilf := takt / rate;
  n1 := 1;
  repeat
    n1 := n1 + 1;
    nh := hilf / n1;
  until nh < grenze;
  n2 := round(nh);
  rate := takt / n1 / n2;
end;


procedure setze_8253(n1,n2: word);

var   timer: integer;

begin
  timer := $304;                          (*H*)
  port[timer+3] := $b4;                   (* Timer 1 & 2 *)
  port[timer+2] := lo(n2);                (* im Modus 2  *)
  port[timer+2] := hi(n2);
  port[timer+3] := $74;
  port[timer+1] := lo(n1);
  port[timer+1] := hi(n1);
end;


procedure ir_messung(kanal,anzahl: integer;
                     var a_rate: real;
                     var d_array: integer);


procedure prep_int;

var maske: byte;

begin
  with  ad_var do
  begin
    port[ba+2] := kanal and $0f;  (*Gate  8253  =  0*)(*H*)
    datoff := ofs(d_array);
    datseg := seg(d_array);
    i_vector := (int_lev + 8) shl 2;
    datoff_a := memw[0:i_vector];
```

```
      datseg_a := memw[0:i_vector+2];
      memw[0:i_vector] := ofs(ir5);
      memw[0:i_vector+2] := cseg;
      port[$21] := (port[$21] or 1);    (*Uhr ausschalten*)
      maske := not(1 shl int_lev);
      inline($fa);                       (*   CLI *)
      port[$21] := port[$21] and maske;(*IR5 aktivieren*)
      zaehler := 0;
      ir_mess := true;
      setze_8253(n1,n2);
      port[ba+2] := kanal or $8f;       (*Gate  8253  =  1*)(*H*)
      inline($fb);                       (* STI *)
   end;
end;


begin
   timerwerte(a_rate,n1,n2);
   prep_int;
end;


begin
   ba := $300;                          (*H*)
   port[ba+2] := 0;                     (*H*)
   int_lev := 5;
   kanal := 0;
   anzahl := 1000;
   abtastrate := 1000;
   ir_messung(kanal,anzahl,abtastrate,daten[1]);
   repeat until not(ad_var.ir_mess);
   (* Daten Weiterverarbeiten *)
   -
   -
   -
end.
```

Listing 7.2: Proceduren zur interruptgesteuerten Meßwertaufnahme

Bevor ein Betrieb über Interrupt überhaupt stattfinden kann, muß zunächst eine Routine bereitstehen, die im Falle einer Unterbrechung angesprungen und abgearbeitet werden kann. Man spricht in diesem Fall von einer Interruptserviceroutine. Es ist der Programmteil, der den gerade gewandelten Messwert vom A/D-Wandler abholt und im Hauptspeicher des Rechners ablegt. In unserem Fall handelt es sich um die Procedure IR5. Weiterhin muß sich diese Routine auch darum kümmern, ob die vorgegebene Anzahl von Messungen bereits erreicht oder überschritten ist, um dann ggf. den Abbruch zu bewerkstelligen. Damit die Procedure interruptfähig wird, ist abhängig von der verwendeten Turbo-Pascal Version (3, 4 oder größer) eine entsprechende Deklaration zu treffen. Die in Listing 7.2 enthaltenen Proceduren sind für die Version 4, bzw. 5.x vorgesehen. Auf spezielle Anweisungen, die diese Versionen zur Vorbereitung und Behandlung von Interrupts bieten, wurde jedoch vezichtet. Damit fällt es leichter, die Proceduren z.B. an Version 3 anzupassen, oder gar in eine völlig andere Programmiersprache zu übersetzen. Wird Version 3 von Turbo-Pascal benutzt, sind am Anfang und am Ende der Procedure IR5 folgende Zeilen nach dem gezeigten Muster einzusetzen.

```
begin
   inline($50/$53/$51/$52/$57/$56/$06/$1e/$2e/$a1/
          segment/$8e/$d8);
   (*Anweisungen*)
   -
   -
   inline($1f/$07/$5e/$5f/$5a/$59/$5b/$58/$8b/$e5/
          $5d/$fb/$cf);
end;
```

Die Deklaration INTERRUPT hinter dem Procedurenamen darf nicht verwendet werden. Zusätzlich ist im Deklarationsteil die Anweisung

```
const segment: integer = 0;
```

aufzunehmen. Eine typisierte Konstante wird bei Version 3 nicht im Datensegment, sondern im Codesegment geführt. Dadurch kann diese als Übermittler des Datensegments für die Interruptprocedure dienen, weil sie unmittelbar durch den Maschinencode angesprochen werden kann. Einer der ersten Befehle im Hauptprogramm muß dann lauten:

```
segment := dseg;
```

Im Beispiel gehen wir davon aus, daß der Eingang 5 des 8259 für unsere Zwecke genutzt werden kann. Dies setzt voraus, daß die verwendete Einsteckkarte einen entsprechenden Anschluß zum PC-Bus (IRQ5) zur Verfügung stellt. Möglich wäre auch die Nutzung von IRQ3 oder IRQ2. Dies muß dann jedoch bei der Programmierung berücksichtigt werden.

Weiterhin muß die Interruptroutine dem System mitgeteilt werden. D.h., ihre Startadresse muß in die Interruptvektortabelle eingetragen werden. Die Interruptvektortabelle besteht aus dem ersten KByte RAM im Systemhauptspeicher. Alle Startadressen von Interruptroutinen sind dort abgelegt. Jede Adresse umfaßt 32 Bit, das entspricht 4 Bytes. In unserem Fall mit Interrupt-Nr. 13 (0Dh), wird der Eintrag ab Speicheradresse 13 * 4 = 52 bis 13 * 4 + 3 = 55, abgelegt. In der Adreßdarstellung des PC entspricht das den Werten 0:0034h-0:0037h. Dazu dient die Procedure PREP_INT. Außerdem werden hier die Zählerstufen des 8253 so programmiert, daß sie mit der vorgegebenen Abtast-frequenz den Wandlungsvorgang auslösen können. Die Werte dazu werden vor-her in der Procedure TIMERWERTE errechnet.

In unserem Programmbeispiel beträgt die Taktfrequenz 2,0 MHz. Da der Timerbaustein die Eingangsfrequenz nur durch ganzzahlige Werte teilen kann, muß für die Einhaltung der geforderten Abtastfrequenz ein Abstrich gemacht werden. Aus diesem Grund wird die Frequenz auch als VAR-Parameter über-geben. Der tatsächlich vorliegende Wert kann dadurch im aufrufenden Pro-gramm für die spätere Auswertung berücksichtigt werden.

Nachdem also die Werte für den Timerbaustein festgelegt sind, kann das Programm über die Procedure PREP_INT den Betrieb vorbereiten. Zunächst wird der Systemzeitinterrupt gesperrt. Dieser besitzt von allen Hardwareun-terbrechungen die höchste Priorität und ist damit in der Lage, die Routine für die Meßwerterfassung zu blockieren. Das führt dazu, daß zum festge-setzten Zeitpunkt kein Meßwert aufgenommen wird. Die Unterbrechungs-anforderung wird einfach ignoriert. Da der Zähler aber erst in der Interruptpro-cedure IR5 selbst erhöht wird, wird die ausgefallene Messung hinten angestellt. Bei einer vorgewählten Rate von 1.000 Hz mit 1.000 Messungen kann im ungünstigsten Fall die Dauer der Messung 1,018 s betragen, da die Zeitunter-brechung ca. 18,2 mal je Sekunde auftritt. Die Folge sind zeitliche Sprünge in den aufgenommenen Daten, die eine spätere Auswertung wesentlich er-schweren können. Insbesondere kann man nicht mehr nachvollziehen, zwi-schen welchen Meßwerten die Lücken liegen, da der Zusammenhang zwischen Zeitgeberinterrupt und Wandlerinterrupt rein zufällig ist. Bei kleinen Abta-straten und relativ niederfrequenten Signalen wirkt sich dieser Effekt aller-dings nicht so stark aus. Bei hochfrequenten Signalen jedoch, die ja auch mit höheren Abtastfrequenzen gemessen werden, kann schon eine erhebliche Be-einträchtigung durch die Abarbeitungszeit der Interrupts 08h und 1Ch auftre-ten.

Das Abschalten von Interrupt 0 am 8259 geschieht in der Weise, daß das Bit 0 auf der Portadresse 21h auf 1 gesetzt wird. Diese Portadresse wird auch als Interruptmaskenregister (IMR) bezeichnet. Es handelt sich dabei um ein Re-gister des 8259. Die Bitreihenfolge hier entspricht dem sogenannten Interrupt-level. Die sonst noch unserer Anwendung vorgeschalteten Unterbrechungen, wie Tastatur oder Harddisk, müssen nicht unbedingt abgeschaltet werden, da davon ausgegangen wird, daß während der Meßzeit keine Taste gedrückt wird und auch kein Zugriff auf die Festplatte erfolgt.

Als nächstes werden mit der Anweisung INLINE($FA); alle möglicherweise auftretenden Interruptanforderungen zunächst gesperrt. Der Grund für diese Maßnahme ist, in der nachfolgenden Programmzeile wird der neue Vektor für den Hardwareinterrupt 5 gesetzt. Tritt genau zu dieser Zeit eine Unterbrechungsanforderung für den entsprechenden Kanal auf, was durchaus passieren kann, weil der Timerbaustein bei der Initialisierung oder durch einen vorherigen Programmlauf auf irgendeinen Wert gesetzt wurde, der genau zu diesem Zeitpunkt abgezählt sein könnte, führt das sicher zu einem 'Absturz' des Betriebssystems. Die Wahrscheinlichkeit für einen solchen Fall ist sicherlich kleiner als 1:1.000.000. Trotzdem sollte diese Vorsichtsmaßname betrieben werden. Wird der Interruptvektor über den MS-DOS-Aufruf 35h gesetzt, wird die zwischenzeitliche Abschaltung automatisch vom Betriebssystem übernommen.

Danach wird der Interrupt 5 am 8259 für den A/D-Wandler ermöglicht. Bit 5 auf Port 21h wird auf '0' gesetzt, unabhängig von der vorherigen Einstellung. Bevor die Routine verlassen wird, darf nicht vergessen werden, das IR-Flag des Prozessors wieder zurückzusetzen. Dies geschieht durch die Anweisung INLINE($FB);. Ab jetzt werden bei auftretenden Interrupts durch den A/D-Wandler die Anweisungen ausgeführt, die in der Routine IR5 zusammengefaßt sind. Nach Erreichen der vorgegebenen Anzahl von Messungen wird noch innerhalb der Interruptroutine der Zustand für das System auf den Stand gebracht, der vorher aktuell war.

Besondere Aufmerksamkeit verdient die Anweisung PORT[$20] := $20;. Hiermit wird dem Interruptcontroller mitgeteilt, daß die Abarbeitung der Routine für die entsprechende Anforderung beendet ist. Jetzt können Hardwareinterrupts mit niedrigerer Priorität, bzw. höherem Level wieder angenommen werden. Würde man diese Anweisung bei der Programmierung einer Routine für den Systemzeitgeber unterschlagen, wären nach dem ersten Aufruf keine Tastatureingaben und Disketten- oder Harddiskzugriffe mehr möglich. Das System würde stehen.

7.1.2.5 Anzahl der Messungen

Von großem Interesse für den Anwender ist natürlich die maximale Abtastfrequenz, die mit dieser Methode erreichbar ist. Auch hier soll mit Hilfe eines Beispiels erläutert werden, wie man diesen Grenzwert herausfinden kann.

Gegeben sei ein A/D-Wandler mit einer Wandlungszeit von ca. 20 Mikrosekunden. Der Wandler wäre demnach in der Lage, je Sekunde 50.000 Wandlungen durchzuführen. Man kann jedoch nicht von dieser Rate für eine praktische Messung ausgehen, da alleine durch das Wandeln der analogen Größe noch kein Wert zur Verarbeitung bereitsteht. Die gewonnenen Daten müssen noch nach Beendigung des Wandlungsvorganges von der CPU aus dem Pufferregister des A/D-Wandlers ausgelesen und anschließend in den Hauptspeicher des Rechners übertragen werden. Genau dieser Vorgang ist es, der die Meßfrequenz nach oben hin abgrenzt.

Mit einem relativ kleinen Programm (Listing 7.3) wird es möglich, sich an die Systemgrenze heranzutasten. Vorausgesetzt werden die auf die vorhandene Hardware abgestimmten Proceduren zur interruptgesteuerten Meßwertaufnahme bzw. -übertragung nach Listing 7.2.

```
var
ba,int_lev,n1,n2,kanal,anzahl: integer;
abtastrate: real;
daten: array[1..1000] of integer;

begin
  ba := $300;
  port[ba+2] := 0;
  int_lev := 5;
  kanal := 0;
  anzahl := 80;
  abtastrate := 4000;
  ir_messung(kanal,anzahl,abtastrate,daten[1]);
  repeat
    i := i + 1;
  until  not(ad_var.ir_mess);
  assign(datei,'geschw.dat');
  rewrite(datei);
  writeln(datei,i);
  for i := 1 to anzahl do
  begin
```

```
    writeln(datei,daten[i]);
    end;
    close(datei);
end.
```

Listing 7.3: Programm zum Testen der Systemgrenze

Zunächst benötigt man ein Signal, dessen Frequenz bekannt ist. Ein Sinusgenerator ist normalerweise in jedem Labor vorhanden. Falls nicht, kann man sich auch mit einem Kleinspannungstransformator die Netzfrequenz, die ja bekannterweise 50 Hz aufweist, als Referenz hernehmen.

Was nun getan werden muß, ist festzustellen, wieviele Meßwerte sich in einer vollen Periode des Referenzsignales unterbringen lassen. Bleiben wir bei einer Signalquelle mit 50 Hz. Hier beträgt die Periodendauer genau 0,02 s. Setzt man zunächst eine Abtastfrequenz von 4.000 Hz an, was eigentlich jedes System noch problemlos bewältigen sollte, und eine Meßdauer von 20 ms, ergibt sich eine Gesamtanzahl der Messungen von 80. Davon müssen bei einwandfreier Funktion genau 40 zwischen zwei Nulldurchgängen des Signals liegen. Man kann diese Messung auch im 'unipolaren' Betrieb des Wandlers durchführen. In diesem Fall müssen für die negative Halbwelle des Signals 40 Werte gleich Null sein. Nach Beendigung der Meßreihe werden alle Werte sinnvollerweise in eine Textdatei auf Diskette oder Festplatte übertragen. Auf diese Weise kann man mittels eines Texteditors die gespeicherten Daten einfach auf die vorgegebene Bedingung hin überprüfen. Die wesentlich elegantere Methode der grafischen Auswertung bleibt selbstversändlich unbenommen.

Der Variablen I in der REPEAT-Schleife kommt eine besondere Bedeutung zu. Ist das Programm nicht durch das Abarbeiten der Interruptroutine beschäftigt, soll diese Variable während der Gesamtlaufzeit immer incrementiert werden. Das Resultat nach 20 ms wird an das Ende der Datei geschrieben. Für einen reibungslosen Ablauf muß nicht nur der Wert von hier 40 Messungen je Halbwelle stimmen, sondern I sollte zwischenzeitlich eine Größe von über 15 erreicht haben. Damit wird zwischen den Zeiten der Interruptaufrufe noch etwas Reserve geschaffen. Die Messung liegt damit auf der sicheren Seite.

Da im Programm keine Realgrößen verwendet werden, ist die ermittelte Meßanzahl unabhängig vom Einsatz eines Arithmetikprozessors. Nur CPU-Typ und Taktfrequenz gehen in die Bestimmung ein.

War der Test erfolgreich, startet man eine neue Meßreihe mit einer etwas höheren Abtastrate. Die Schrittweite, mit der man dabei vorgeht, bleibt dem

Anwender selbst überlassen. Der Wert von I kann dabei die Entscheidung erleichtern. Wichtig ist, daß die Anzahl der Messungen jeweils so angepaßt wird, daß die Meßdauer für das Beispiel von 50 Hz wieder genau 0,02 s beträgt.

Im praktischen Test mit dem in Listing 7.3 vorgestellten Programm wurde für einen Rechner vom Typ XT (CPU-Takt 4,77 MHz) eine maximal mögliche Abtastfrequenz von etwa 4.600 Hz ermittelt. Für einen mit 12 MHz getakteten 286-AT eine von ca. 18.000. Dies sind nur zwei Beispiele aus der Vielzahl der derzeit möglichen Kombinationen von CPU und Taktfrequenz. Für jeden Rechner, der in einen solchen Einsatz geht, sollte man in Verbindung mit dem verwendeten Wandler diesen Wert gesondert testen.

7.1.2.6 Beschleunigung

Unter gewissen Voraussetzungen können die Werte durchaus noch gesteigert werden. Wie man aus Listing 7.2 entnehmen kann, wird vor dem Abspeichern des Wandlungsergebnisses noch eine Umrechnung vorgenommen. Diese ist notwendig, weil verschiedene Wandler, auch der im Test verwendete, die Daten nicht in einem solchen Format liefern, das der Rechner direkt verarbeiten kann. Werden diese Umrechnungen erst nach Abschluß der Meßreihe an den gespeicherten Daten durchgeführt, lassen sich Steigerungen in der Abtastrate von bis zu ca. 10 % erreichen. Für die eben erwähnten beiden Rechner können in diesem Fall ca. 5.100 bzw. 20.000 Hz erreicht werden.

7.1.2.7 BIOS-Aufrufe während der Messung

Sollen während der Messung noch andere Aufgaben vom Rechner erledigt werden, was ja beim Interruptbetrieb möglich ist, ohne daß der zeitliche Ablauf der Messung gestört wird, ist bei der Benutzung von BIOS- bzw. DOS-Funktionen äußerste Vorsicht geboten. Der Grund ist, das BIOS des PC ist nicht reentrant. D.h., wenn ein Programm durch einen Hardwareinterrupt innerhalb des BIOS unterbrochen wird, darf die unterbrechende Routine nicht erneut eine BIOS-Funktion aufrufen. Tritt dieser Fall ein, gerät das System gründlich durcheinander.

Nun sind BIOS-Aufrufe auf den ersten Blick nicht immer als solche zu erkennen. Sie sind meist versteckt in den Proceduren und Funktionen, die z.B. von

Turbo-Pascal, aber auch von anderen Programmen standardmäßig für Ein- bzw. Ausgabezwecke benutzt werden. Dabei ist es unerheblich, ob es sich um Bildschirmausgaben, Tastatureingaben oder um Diskettenzugriffe handelt.

Bei relativ kleinen Abtastraten, also wenn dem Prozessor außer der reinen Behandlung des A/D-Wandlers noch für andere Aufgaben genügend Luft bleibt, kann man sich vorstellen, daß das Meßergebnis direkt auf dem Schirm als Grafik dargestellt werden soll. Nach jeder Messung müßte dann z.B. die Procedure PUTPIXEL() aufgerufen werden, damit der Wert am Schirm als Punkt erscheint. Diese Procedure benutzt aber das Video-BIOS. Es gibt nun zwei Möglichkeiten, wie man den Aufruf handhaben kann.

1. Das Hauptprogramm stellt fest, ob ein neuer Meßwert vorliegt. Ist dies der Fall, wird die Darstellung am Bildschirm veranlaßt. Keinesfalls dürfen jetzt BIOS-Routinen in der Interruptserviceroutine verwendet werden.

2. Die Bildschirmausgabe wird in der Interruptserviceroutine direkt nach dem Abholen des Meßwertes getätigt. Jetzt darf auf keinen Fall vom Hauptprogramm aus das BIOS aktiv sein.

Die zweite Methode birgt den Vorteil, daß die Überprüfung, ob ein neuer Wert vorliegt, entfallen kann. Der Meßpunkt wird automatisch gesetzt. Trotzdem ist es aber möglich, aus dem Hauptprogramm heraus z.B. zusätzliche Bildschirmzugriffe durchzuführen. Man darf dazu nur nicht die Standardproceduren verwenden, die ja alle über das BIOS laufen, sondern ist gezwungen, die Adressen im Bildwiederholspeicher und die Register der verwendeten Grafikkarte direkt anzusprechen. Wie dies im Textmodus funktioniert, wurde bereits in Kapitel 2 angesprochen. Bei Grafikanwendungen ist die Sache etwas komplizierter, aber nicht unlösbar. Für nahezu alle existierenden Grafikkarten wurden in der einschlägigen Literatur schon entsprechende Routinen vorgestellt.

7.1.3 Meßwertübertragung per DMA

Wie sich im letzten Abschnitt unschwer erkennen ließ, kann durch den Einsatz von Interrupts keine wesentliche Steigerung in der Abtastrate bei Beibehaltung der Hardware erzielt werden. Der Hauptvorteil dieser Methode liegt aber darin, daß sich absolut konstante Abtastintervalle erreichen lassen.

Sollen aber trotzdem höhere Abtastraten erzielt werden, bleibt als vorläufig letzte Möglichkeit nur eine Meßwertübertragung per DMA. DMA steht für Direct Memory Access (direkter Speicherzugriff). Durch dieses Verfahren lassen sich Abtastzeiten realisieren, die nur noch durch die Wandlungszeit des verwendeten A/D-Wandlers begrenzt werden. Und das nahezu unabhängig vom benutzten Rechnersystem.

7.1.3.1 Grundlagen

Der Grund für die hohe zu erreichende Abtastrate ist der, daß die Übertragung der aufgenommenen Werte nicht mehr von der CPU vorgenommen wird, sondern von einem eigens für solche Anwendungen ausgelegten DMA-Baustein. Beim PC handelt es sich um den 8237. Dieser Chip ist in der Lage, 4 DMA-Kanäle zu verwalten. Die Kanalnummern (0 bis 3), oder auch der Level, entsprechen ähnlich wie beim Interruptcontroller der Priorität. Kanal 0 hat die höchste, Kanal 3 die niedrigste. Level 0 ist bei jedem IBM-kompatiblen Rechner vom System reserviert. Er wird zum Refresh der dynamischen Speicherbausteine verwendet. Aus diesem Grund sind die entsprechenden Steuerleitungen für diesen Kanal erst gar nicht am I/O-Bus verfügbar. Über Kanal 2 geschieht der Datentransfer vom und zu den Diskettenlaufwerken. Für andere Anwendungen, wie z.B. hier für den A/D-Wandler, stehen die Kanäle 1 und 3 zur Verfügung. Vorsicht ist geboten bei Verwendung von Kanal 3 auf Rechnern vom Typ XT, die eine Festplatte besitzen. Hier kann abhängig vom Controller der Kanal 3 bereits belegt sein. Um allen Schwierigkeiten aus dem Weg zu gehen, sollte man bei XT-Rechnern nur Kanal 1 verwenden.

DMA Kanal/ Level	Funktion
0	Speicher Refresh
1	frei
2	Diskettenlaufwerk
3	frei
	(AT Erweiterungen)
4	Kaskade für Controller 1
5	16-Bit-Transfer
6	"
7	"

Abb. 7.3: Aufteilung der DMA-Kanäle bei Rechnern vom Typ PC/XT/AT

Abb. 7.3 zeigt eine Übersicht über die Belegung der DMA-Kanäle bei IBM-kompatiblen Rechnern.

Ähnlich wie schon beim Interruptcontroller besitzt auch hier der AT eine Erweiterung. So ist z.b. der Datentransfer von und zur Festplatte bzw. zu den Diskettenlaufwerken, auf einen 16-Bit-DMA-Kanal verlegt. Diese Besonderheiten sollen uns aber im Zusammenhang mit der Meßwertaufnahme nicht weiter beschäftigen.

7.1.3.2 Arbeitsweise der DMA

Die CPU hat bei diesem Verfahren lediglich den Vorgang zu initialisieren. D.h., sie muß dem DMA-Baustein die Zieladresse für die Daten und die Anzahl der zu übertragenden Bytes mitteilen. Nach dem Start des Vorganges hat sie dann mit der Übertragung nichts mehr zu tun. Der Wandlungsvorgang wird, wie auch schon beim Interruptverfahren, durch einen Timer ausgelöst. Das Verfahren zur Ermittlung der Teilerwerte und für die Programmierung des Zählers ist dabei das selbe. Da während eines DMA-Zugriffs nur 8 Bit übertragen werden können, generiert die Logik auf der Wandlerkarte nach Abschluß der Wandlung zwei aufeinanderfolgende DMA-Zyklen, damit LOW- und HIGH-Byte korrekt übertragen werden können.

Die Daten werden im Hauptspeicher des Rechners fortlaufend nacheinander abgelegt, von wo sie dann später weiterverarbeitet werden können. Die dazu notwendigen Speicheradressen erzeugt der DMA-Controller selbständig aus der vorher geladenen Startadresse für den Speicher und der Anzahl der zu übertragenden Bytes. Für die DMA-Übertragung muß daher aus dem aufrufenden Programm heraus eine absolute Speicheradresse für den Beginn des Datenblocks angegeben weden. Bei einigen Wandler- oder besser Kartentypen ist nach dem Auslesen des Wertes noch eine Korrektur notwendig, um die Daten als Zahlenwert lesbar zu machen. Während diese Korrektur, meist nur eine Verschiebeoperation, bei der interruptgesteuerten Meßwertaufnahme schon in der Interruptserviceroutine vorgenommen werden kann (vgl. Listing 7.2), kann diese beim DMA-Verfahren erst nach Abschluß der Meßreihe durchgeführt werden.

Die Steuerung des gesamten Ablaufs geschieht über die Leitungen DRQ und DACK, die dazu auf dem Erweiterungsbus herausgeführt sind. Der Abschluß der Übertragung wird vom DMA-Baustein über die Leitung TC (Terminal

Count) angezeigt. Es wird jetzt z.B. über die A/D-Karte ein Interrupt ausgelöst, der dem Prozessor mitteilt, daß der komplette Vorgang abgeschlossen ist.

Wichtig für den Anwender ist, daß auf diese Weise nur maximal 64 KByte Daten oder 32 KWerte auf einmal übertragen werden können. Der Grund liegt darin, daß der 8237 nur über die Adressen A0 bis A15 direkt zugreifen kann. Die Adreßleitungen A16 bis A19 zur Bildung der vollständigen Speicheradresse im Rechner werden während der DMA-Aktivität über ein sogenanntes Page-Register separat verwaltet. Sollen mehr als 32 KWerte aufgenommen werden, bleibt als einzige Möglichkeit, den Vorgang nach Abschluß der ersten Gruppe für den verbleibenden Rest neu zu initialisieren. Bei einer späteren Auswertung der Daten ist dann auf jeden Fall zu berücksichtigen, daß an dieser Stelle im Signalverlauf eine undefinierbare Lücke entstehen kann. Nur bei einem Rechner vom Typ AT kann mit Unterstützung entsprechender Hardware auf der Wandlerkarte dieses Manko umgangen werden. Dazu werden zwei der zusätzlichen DMA-Level des AT wechselweise genutzt. So ist ein quasi unterbrechungsfreier DMA-Transfer bis zur maximal verfügbaren Größe des Hauptspeichers möglich.

7.1.3.3 DMA in der Praxis

Wie sich schon leicht vermuten läßt, sind für solche Anwendungen also nur Einsteckkarten geeignet, die diese Leitungen auch entsprechend bedienen können. Mit anderen Worten, die Karte muß bereits vom Hersteller für den Betrieb per DMA konzipiert sein. Wegen des sehr unterschiedlichen Aufbaues solcher Karten, ist auch der Programmablauf, mit dem die Karte selbst auf den DMA-Betrieb vorbereitet werden muß, von Fall zu Fall sehr unterschiedlich. Es muß daher auf ein Programmbeispiel verzichtet werden. Treiberprogramme für den Betrieb mit DMA können für die meisten solcher A/D-Wandler, wenn sie nicht schon beim Kauf mitgeliefert wurden, vom jeweiligen Hersteller bezogen werden.

Auch hier kann man nach der gleichen Weise wie schon bei der interruptgesteuerten Übertragung, die höchste erreichbare Abtastfrequenz ermitteln. Wie bereits erwähnt, kann man hier durchaus an die Zeitgrenze des verwendeten Wandlers stoßen. Um dann noch eine Steigerung zu erreichen, bleibt nur die Verwendung eines schnelleren Typs.

Theoretisch lassen sich mit einem Rechner vom Typ PC/XT Übertragungsraten von bis zu 250 kByte/s erreichen. Mit einem AT kann man schon auf ca.

300 bis 400 kByte/s kommen. Dies setzt jedoch voraus, daß auch eine speziell auf den AT abgestimmte Wandlerkarte mit 16 Bit Datenbus verwendet wird. Benutzt man eine XT-Karte mit 8 Bit Datenbreite, liegt die maximal erreichbare Übertragungsrate sogar niedriger, als bei einem XT. Dies ist in der doch etwas unterschiedlichen Arbeitsweise der DMA bei beiden Rechnertypen begründet.

7.1.3.4 Transientenrecorder

Eine Alternative zum DMA-Betrieb stellen Wandlerkarten dar, die einen eigenen Speicher von beispielsweise 512 KByte oder 1 oder 2 MByte RAM direkt an Bord haben. In diesem werden die gewandelten Daten zwischengespeichert, ohne die CPU oder überhaupt den Systembus zu belasten. Nach Abschluß der Messung können die Daten dann von hier aus in den Systemspeicher des Rechners oder auch direkt auf Diskette oder Festplatte übertragen werden. Man spricht bei solchen Systemen auch von einem Transientenrecorder. In Verbindung mit einem entsprechenden Wandler sind damit bei einer Auflösung von 12 Bit bereits Abtastraten von weit über 1 MHz zu erreichen. Wird die Auflösung auf 10 oder 8 Bit reduziert, kann man heute schon Abtastfrequenzen realisieren, die weit oberhalb der 10 MHz-Grenze liegen.

7.2 Das Abtasttheorem

Die nächste, für die Rekonstruktion eines Signalverlaufs zu erfüllende Bedingung ist das sogenannte Abtasttheorem. Hierbei handelt es sich vereinfacht gesagt um die Tatsache, daß ein Wechselsignal in seinem Verlauf einwandfrei rekonstruiert werden kann, wenn es während einer vollen Periode mindestens zweimal abgetastet worden ist. Einschränkend muß aber angemerkt werden, daß die Rekonstruktion sich zunächst nur auf einen sinusförmigen Signalverlauf bezieht.

7.2.1 Problematik

Zur Verdeutlichung dient Abb. 7.4. Hier ist eine Sinusschwingung aufgetragen, die nacheinander in unterschiedlichen Zeitabständen abgetastet wird. Die jeweiligen Abtastzeitpunkte und die hier aus dem Signal entnommenen Werte sind durch senkrechte Striche markiert. Verbindet man gedanklich die Endpunkte der Meßergebnisse, läßt sich zunächst die Frequenz des gemessenen Signals wieder rekonstruieren. Vergleicht man jetzt das Resultat mit dem Verlauf des Originalsignals, wird man feststellen, daß dies nur bei den Kurven a und b richtig ist. Bei Kurve c ergibt sich eine Frequenz, die deutlich geringer ist, als die des Eingangssignals. Bei Kurve d ist das Wechselsignal sogar vollständig ausgelöscht. Hier erhält man ein Gleichspannungssignal, dessen Höhe lediglich durch die Phasenlage der Abtastimpulse zur Signalfrequenz bestimmt ist. Man kann also festhalten: Solange das Signal mit einer Frequenz

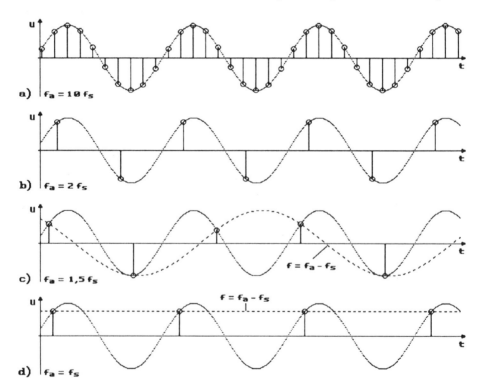

Abb. 7.4: Sinusschwingung abgetastet mit verschiedenen Abtastraten

abgetastet wird, die mindestens doppelt so hoch ist wie die des Signals selbst, kann es noch rekonstruiert werden. Die höchste im Signal enthaltene Frequenz bezeichnet man auch als Nyquist-Frequenz.

7.2.2 Praktische Verfahren

Bevor wir uns jedoch der Praxis zuwenden, müssen noch einige Begriffe und Zusammenhänge zum besseren Verständnis erläutert werden.

In Abb. 7.4c ist die Abtastfrequenz niedriger gewählt, als $2 f_s$. Für diesen Fall ergibt sich als resultierendes scheinbar abgetastetes Signal eine Frequenz, die niedriger ist, als die des Originalsignals. Diese läßt sich nach einer einfachen Methode berechnen. Es handelt sich dabei um eine Schwebung mit der Frequenz $f_a - f_s$. Dieser Effekt wird auch als Aliasing bezeichnet. Einmal digitalisiert, ist dieser Fehler in den gewonnenen Daten nicht mehr korrigierbar. Der Grund ist, man kann nicht mehr nachvollziehen, ob es sich um eine Schwebung handelt, oder ob tatsächlich Anteile dieser bestimmten niedrigeren Frequenz im zu messenden Signal enthalten waren. Für das Beispiel nach Abb. 7.4d mit $f_a = f_s$ entsteht eine Schwebung mit der Frequenz 0 Hz, was dem Bild leicht entnommen werden kann.

Dieser Umstand wirft für die praktische Anwendung ein großes Problem auf. Da man sich nicht sicher sein kann, bis zu welchen Frequenzen Anteile im Signal, das man abtasten möchte, enthalten sein können, müßte demnach die Messung mit der maximal möglichen Abtastfrequenz durchgeführt werden, die das System zuläßt. Immer mit der Hoffnung, daß nicht doch Restanteile höherer Frequenzen auftreten. Nicht nur, daß diese Methode immer noch höchst unsicher ist; man kann die angefallenen Datenmengen dabei auch kaum noch bewältigen. Bei einer Rate von z.B. 50.000 Messungen je Sekunde, angenommen der verwendete Wandler und das System lassen eine solche zu, fallen bereits nach 4 Sekunden 200.000 Meßwerte an. Bei einem Speicherbedarf von 2 Byte je Wert ergeben sich an benötigtem Speicherplatz ca. 400 KByte. Eine Menge, die eine Diskette im IBM-Standardformat (360 kByte) nicht mehr aufnehmen kann. Man ist gezwungen, einen anderen Weg einzuschlagen, um diesem Problem Herr zu werden.

7.2.2.1 Signalaufbereitung vor der Messung

Die einzige sichere Möglichkeit ist die, das Signal vor der Messung (oder besser gesagt, vor der Digitalisierung) durch einen Tiefpaß so in seinem Frequenzgehalt zu begrenzen, daß einfach keine höherfrequenten Signalanteile als die halbe Abtastfrequenz auftauchen können. In einem solchen Fall nennt man diesen Tiefpaß auch Anti-Aliasing-Filter.

Das Problem ist, einen Tiefpaß zu finden oder aufzubauen, der Frequenzen oberhalb 1/2 f_a abschneidet und Schwingungen, die in ihrer Frequenz tiefer liegen, ohne nennenswerte Dämpfung durchlassen kann. Leider können in der Praxis keine idealen Filter realisiert werden. Man muß sich, wie meist im Leben, mit einem Kompromiß zufriedengeben.

Im folgenden soll anhand eines Beispiels gezeigt werden, wie man sich helfen kann. Die Aufgabenstellung lautet: Es soll eine in einem niederfrequenten Meßsignal enthaltene Störfrequenz von 50 Hz noch möglichst genau in ihrer Amplitude erfaßt werden!

Handelt man streng nach der Vorschrift $f_a >= 2 f_s$, ist also eine Abtastfrequenz von mindestens 100 Hz festzulegen. Praktisch treten aber gerade bei der Netzfrequenz von 50 Hz nicht nur Störungen der Grundwelle auf, sondern auch die Oberwellen, also 100 Hz, 150 Hz, 200 Hz usw. sind in der Regel mit einem gewissen Amplitudenanteil beteiligt. Der Frequenzgehalt des zu untersuchenden Signals kann also hinsichtlich der maximal enthaltenen Signalfrequenz vorher nur grob abgeschätzt werden. Die einzige Aussage, die sicher gemacht werden kann, ist die, daß für eine Eingangsfrequenz von 100 Hz bzw. 200 Hz die Verfälschung des aufgenommenen Signals gleich Null ist (vgl. Abb. 7.4d). Für eine im Signal enthaltene Störfrequenz von 150 Hz gilt für die Messung: $f_a - f_s = 100 - 150 = -50$ Hz. Das Minuszeichen hat hier nur Einfluß auf die Phasenlage, denn real können keine negativen Frequenzen auftreten. Wie groß die Beeinflußung der 150 Hz-Schwingung ist, hängt von der Amplitudenhöhe ab, mit der sie in die Messung eingeht. Da die Phasenlage negativ ist, läßt sich auch schon vorhersagen, daß die 50 Hz-Schwingung, die untersucht werden soll, dadurch gemindert wird.

Ausgehend vom Extrembeispiel einer Rechteckkurve, in der die ungeradzahligen Oberwellen mit dem Bruchteil ihrer Ordnungszahl enthalten sind, die 3. Oberwelle von 3 · 50 Hz = 150 Hz also mit 1/3 der Grundamplitude, kann angenommen werden, daß auch in diesem Beispiel der Anteil der 150 Hz-

Schwingung nicht größer ist, sondern eher kleiner. Geht man nun von einer Störamplitude bei 50 Hz von 25 % des verwendeten Meßbereiches aus, was sicher in jedem Fall zu hoch angesetzt ist, bleibt für die 150 Hz noch ein möglicher Rest von 8,33 % an der Gesamtamplitude. Damit dieser Wert nicht mehr ins Gewicht fällt bzw. unter die Auflösungsgrenze des verwendeten A/D-Wandlers gedrückt wird, müßte ein eingesetzter Tiefpaß bereits bei 150 Hz eine Dämpfung von ca. 40 dB aufweisen. Da bei 50 Hz noch keine Dämpfung wirksam sein soll, muß die Übertragungskennlinie eine Steilheit von ca. 80 dB/Dekade besitzen. Dieser Wert fordert einen Tiefpaß mindestens 4. Ordnung.

Praktisch gibt man sich aber schon zufrieden, wenn die Amplitude der unerwünschten Schwingung unter 1 % gedrückt werden kann. Bei einem Wandler mit 8 Bit liegt man damit schon fast an der Auflösungsgrenze.

Mit einer kleinen Einschränkung läßt sich das bereits mit einem Tiefpaß 1. Ordnung, sprich mit einem einfachen RC-Glied nach Abb. 7.5 erreichen. Die Einschränkung, die dabei gemacht werden muß, ist die, daß die Grenzfrequenz zurückgesetzt wird. Von Nachteil ist zwar, daß die Signalamplitude mit bedämpft wird, dies kann jedoch durch die bekannte Übertragungsfunktion des Filters für jede beliebige Frequenz rechnerisch kompensiert werden. Der große Vorteil, der diese Vorgehensweise rechtfertigt, liegt darin, daß der notwendige Hardwareaufwand sehr gering ist. Weil nur zwei passive Bauelemente beteiligt sind, kann für jede Meßaufgabe vorher leicht eine geeignete Kombination errechnet und eingesetzt werden.

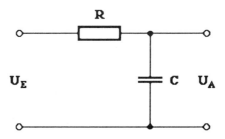

Abb.7.5:   Einfaches RC-Glied als Filter

Wir benötigen hier für die 150 Hz-Schwingung, um die 1-%-Bedingung zu erfüllen, eine Dämpfung um den Faktor 8,33. Das entspricht ca. 18,5 dB. Ein Tiefpaß 1. Ordnung weist einen Amplitudenabfall von 20 dB/Dekade auf. Da auch die Dämpfung von etwa einer Dekade benötigt wird, kann man ansetzen: 150 / 10 = 15. Damit ergibt sich die einzusetzende Grenzfrequenz. Was bei der späteren Auswertung berücksichtigt werden muß, ist die Tatsache, daß auch die 50 Hz-Amplitude schon durch den Tiefpaß gedämpft ist. Bei der hier benutzten Grenzfrequenz von 15 - 16 Hz mit ca. 10 dB, was einem Faktor von etwa 3,2 entspricht. Für die Dimensionierung der Werte von R und C gilt:

$$f_g = \frac{1}{2\pi \cdot R\,C}$$

oder umgestellt:

$$R \cdot C = \frac{1}{2\pi \cdot f_g} = \frac{1}{\omega_g}$$

Mit der Vorgabe $R \ll R_i$ des nachgeschalteten A/D-Wandlers, läßt sich der theoretische Wert für C ermitteln, wenn man R mit ca. 3,3 kΩ ansetzt. Damit wählt man den nächstliegenden Wert aus der Normreihe der Kondensatoren und korrigiert R entsprechend.

8 Signalaufbereitung

Ziel einer Messung mit einem A/D-Wandler ist es im allgemeinen, die dadurch erhaltenen Daten in irgendeiner Form auszuwerten. Dazu ist es notwendig, die Meßwerte zunächst aufzubereiten und anschließend so darzustellen, daß die vom Anwender gewünschte Information unmittelbar abgelesen werden kann.

Wenn z.B. ein Spannungs-Zeit-Verlauf aufgenommen werden soll, müssen die Meßwerte, die vom Wandler her als Integergrößen vorliegen, zunächst in entsprechende, vom benutzten Meßbereich abhängige, Spannungswerte umgerechnet werden. Meist wird diese Umrechnung schon unmittelbar nach dem Erfassen eines Wertes erledigt, so daß die gespeicherten Daten schon die gemessene Spannung widerspiegeln.

Grundsätzlich ist es jedoch empfehlenswert, die Umrechnung in eine physikalische Größe erst nach Abschluß der gesamten Meßreihe vorzunehmen und die damit gewonnenen Werte separat zu speichern. Der Grund ist leicht einzusehen. Eine Umrechnung stellt bereits eine Form der Signalaufbereitung dar. Das Originalsignal geht dadurch verloren. Durch unterschiedliche Rechengenauigkeiten in verschiedenen Programmiersprachen und durch die begrenzte, aber dennoch unterschiedliche Zahl von Nachkommastellen, je nachdem, ob mit oder ohne Unterstützung eines Coprozessors gearbeitet wird, könnten sich hier bereits Fehler einschleichen, die eine spätere, nochmalige Reproduktion der Auswertung erschweren. Es ist daher immer sinnvoll, eine Signalaufbereitung, bzw. Signalveränderung basierend auf den Originaldaten zu beginnen. Ein weiterer Grund, der dafür spricht, das Originalsignal zu behalten, ist, daß Integerwerte in Verbindung mit jedem Speichermedium wesentlich weniger Speicherplatz beanspruchen als Gleitkommawerte.

Die eben genannten Punkte haben zwar für die Praxis, und hier speziell bei der Betrachtung des benötigten Speicherplatzes, kaum eine große Bedeutung. Es soll aber aufgezeigt werden, wie bereits an der Basis Fehler entstehen können und wie man sie möglicherweise vermeiden kann. Zur Speicherung der Daten ist noch anzumerken, daß man immer ein Format wählen sollte, das die Auswertung in verschiedenen Programmiersprachen zuläßt. Ein Dateiformat, das nahezu alle Sprachen und auch ein Großteil der am Markt erhältlichen und bei vielen Anwendern verbreiteten Programme für statistische oder sonstige Auswertungen beherrschen, ist das Textformat. Ein weiterer großer

Vorteil dieser Art von Speicherung liegt darin, daß man die Zahlenwerte mit einem geeigneten Texteditor ansehen und ggf. auch wenn nötig manipulieren oder korrigieren kann.

Die nächste Stufe ist die Darstellung der aufbereiteten Werte. In der Regel wird dies beim PC in Form einer Bildschirmgrafik realisiert, von der bei Bedarf eine Hardcopy in schwarzweiß, oder mit einem entsprechenden Drukker nebst zugehöriger Treibersoftware auch in Farbe, erstellt werden kann. Tendenzen des Signales sind dabei meist auf einen Blick sichtbar. Seltener, aber durchaus nicht ungewöhnlich, ist die tabellenförmige Ausgabe von Zahlenwerten. Diese ist der Dokumentation zwar sehr dienlich, jedoch ist die Übersichtlichkeit nicht diejenige, die man sich wünscht.

In den nachfolgenden Abschnitten werden Methoden vorgestellt, die eine Aufbereitung der gewonnenen Meßdaten erlauben und so die Grundlage für eine vernünftige Darstellung oder Präsentation der Meßwerte bilden. Anzustreben ist immer die grafische Darstellung, da diese, wie vorher schon erwähnt, am aussagekräftigsten ist. Der qualitative Verlauf der Meßreihe ist auf den ersten Blick überschaubar. Es erhebt sich die berechtigte Frage, warum der Aufwand mit vorheriger Signalbearbeitung bzw. Manipulation der Meßwerte. Die Antwort ist schnell parat: In den vorhergehenden Kapiteln wurde einiges über mögliche Fehler bei der Messung von Signalen mit A/D-Wandlern ausgesagt. Die Fehler äußern sich in der Regel als Sprünge im Meßsignal. So wird das Abtasten eines konstant gehaltenen Signals ohne Aufbereitung der Meßwerte mit Sicherheit bei einer grafischen Darstellung keine Gerade liefern, was man eigentlich erwarten sollte, sondern eine irgendwie geartete Zickzackkurve. Alle Bemühungen in der Signalaufbereitung laufen darauf hinaus, diese Störungen zumindest optisch zu eliminieren. Ein zweiter wichtiger Aspekt ist der, verborgene Informationen zu erhalten, die beim ersten Hinsehen noch nicht erkennbar sind.

8.1 Mittelwertbildung

Eine einfache und oft angewandte Methode in der Signalaufbereitung besteht darin, über eine Reihe von Aufzeichnungsdaten den Mittelwert zu bilden. Mathematisch unterscheidet man zwischen mehreren Arten der Mittelwertbildung. An dieser Stelle soll uns zunächst der für die Signalverarbeitung wichtigste, der lineare oder auch der arithmetische Mittelwert beschäftigen.

8.1.1 Arithmetischer Mittelwert

Die Mittelwertbildung gilt als einfachste Stufe der Filterung. Beim artihme-
tischen Mittelwert werden die Meßwerte über eine bestimmte Anzahl addiert
und das Ergebnis dann durch eben diese Anzahl dividiert. In der Mathematik
ist der arithmetische Mittelwert wie folgt definiert:

$$m_a = \frac{x_1 + x_2 + x_3 + \ldots + x_n}{n}$$

Vereinzelte Störungen im Meßsignal können damit in ihrer Amplitude um
den Faktor der gemittelten Werte vermindert werden. Diese Methode findet
hauptsächlich dort ihre Anwendung, wo es bei der Messung nicht darauf
ankommt, den momentanen Signalverlauf zu erfassen, sondern einen möglichst genauen Wert zu einer bestimmten Zeit zu ermitteln.

Ein typisches Beispiel sind Langzeitmessungen im meteorologischen Bereich.
Soll z.B. die Temperatur im Verlaufe eines Tages in Abständen von 15 Minuten gemessen werden, wird man zu jedem Meßzeitpunkt ca. 20 - 30 Meßwerte
kurz hintereinander aufnehmen und als repräsentative Temperatur für diesen
Zeitpunkt den arithmetischen Mittelwert aus diesen Ergebnissen festhalten.
Man erkennt jetzt schon, daß diese Methode dann sinnvoll anzuwenden ist,
wenn erwartet werden kann, daß sich die Meßgröße während der Zeit der
Mittelung nicht nennenswert ändert. Ein weiterer Vorteil liegt darin, daß
zufällige Fehler in der Meßkette nicht mehr so stark ins Gewicht fallen, oder
sogar gänzlich eliminiert werden.

Der relative Fehler wächst z.B. bei Meßwerten, die sich im Bereich um den
Nullpunkt der Meßskala bewegen, stark an. Wir gehen zu einem Extrembei-
spiel. Die Auflösung des angeschlossenen A/D-Wandlers soll 12 Bit bei einem
Meßbereich von 0 - 10 V betragen. Die kleinste zu messende Spannung ist
demnach etwa 2,44 mV. Bewegt sich das zu messende Signal jetzt in einer
Spannungshöhe im Bereich um diesen Wert, gibt der Wandler einmal eine
Null, das andere Mal eine Eins aus. Der relative Fehler kann also in einem
solchen Fall mehr als 100 % betragen. Durch die Aufnahme mehrerer Meßwerte und die anschließende Mittelung läßt er sich um ein beträchtliches Maß
verringern.

Eine weitere Anwendung, auf die wir im Verlauf dieses Kapitels noch mehr-
fach zurückkommen werden, ist das Festlegen einer Größe, die den Gleichan-

teil in einem Signal repräsentiert. Dazu wird der arithmetische Mittelwert über alle Werte der Meßreihe gebildet.

8.1.2 Gleitender Mittelwert

Bei Messungen, die eine höhere Wiederholrate haben, z.B. die ständige Temperaturkontrolle eines Ofens, oder die Überwachung des Luftdruckes in einer Vakuumkammer, geht man zu einer anderen Methode über. Der Mittelwert wird nicht über alle gemessenen Werte gebildet, sondern nur über die eines bestimmten Zeitintervalls. Man spricht vom gleitenden Mittelwert.

8.1.2.1 Nichtrekursive Methode

Die nichtrekursive Methode basiert darauf, den Mittelwert über die vergangene Anzahl von Messungen zu bilden. Jeder neue Meßwert aktualisiert den Mittelwert in der Weise, daß er zur Summe der Meßwerte addiert wird, die anschließend durch die neue Anzahl der Messungen geteilt wird. Aus diesem Grund kann der Mittelwert dem tatsächlich gemessenen Spannungsverlauf nur sehr langsam folgen. Für die Praxis hat diese Art der Mittelwertbildung kaum eine Bedeutung. Am zeitlichen Verlauf des Mittelwertes ist man in der Regel weniger interressiert. Es wird hier auch nur deshalb darauf eingegangen, um zu zeigen, wie sich der Mittelwert abhängig von der Anzahl der gemittelten Werte verhält. Der letzte und damit aktuelle Wert der Reihe stellt immer den Mittelwert über die gesamte Messung dar. Er entspricht damit dem arithmetischen Mittelwert.

In Abb. 8.1a wird der zeitliche Verlauf des Mittelwertes, gebildet nach dieser Methode, in Abhängigkeit verschiedener Eingangssignale dargestellt. Jeder Wert stellt den arithmetischen Mittelwert der Ergebnisse der vorangegangenen Messungen dar. Anhand der gezeigten Kurven kann man abschätzen, über wieviele Messungen bei verschiedenen zu erwartenden Signalverläufen gemittelt werden muß, damit das Ergebnis einigermaßen verläßlich ist. Es gilt jedoch immer der Grundsatz, je mehr, desto besser! Auffällig ist, daß bei reinen Wechselsignalen der Mittelwert am Ende einer vollen Periode den Wert Null annimmt.

Man muß sich stets vor Augen halten, daß es sich bei einem solchen Wert nicht um den Mittelwert des Spannungssignales selbst handelt, sondern lediglich um den Mittelwert dieses Signales im gemessenen Intervall.

8.1.2.2 Rekursive Methode

Bei der rekursiven Methode schlägt man einen anderen Weg ein. Es werden lediglich die letzten durch die Zahl n bestimmten Werte zur Bildung des Mittelwertes herangezogen. Dazu ist es aber notwendig, die letzten n Meßwerte in einem Zwischenspeicher abzulegen. Jeder neue Wert bewirkt, daß der erste Wert der Kette verloren geht. Der 2. Wert wird an die Stelle des 1. geschoben, der 3. an die Stelle des 2. usw. An die Stelle des letzten Wertes wird der neue Meßwert gebracht. Wieder wird die Summe über alle n Werte gebildet und anschließend durch n geteilt. Wir erhalten den neuen Mittelwert. In Listing 8.1 ist eine Routine abgebildet, die diese Aufgabe erledigen kann. Gesammelt werden hier die letzten 16 Werte. Das Array WERTE muß im Programm global definiert werden, weil lokale Variable auf dem Systemstack geführt und somit nach Verlassen der Procedure nicht mehr zur Verfügung stehen.

```
procedure mittelwert_rm(messwert: real;
                   var    mittel: real);

var i: integer;

begin
  werte[16] := 0;
  for i := 1 to 15 do
  begin
    werte[i-1] := werte[i];
    werte[16] := werte[16] + werte[i];
  end;
  werte[15] := messwert;
  werte[16] := werte[16] + messwert;
  mittel := werte[16] / 16;
end;
```

Listing 8.1: Routine zur Bildung eins Mittelwertes nach der rekursieven Methode

In Abb. 8.1b ist der Verlauf des Mittelwertes für verschiedene Eingangssignale dargestellt. Man erkennt, daß hohe Signalfrequenzen stark bedämpft werden. Steile Flanken werden unterdrückt, bei langsamen Änderungen folgt der Mittelwert nahezu trägheitslos dem Eingangssignal. Ähnliches Verhalten zeigen auch sogenannte Anstiegsbegrenzerschaltungen.

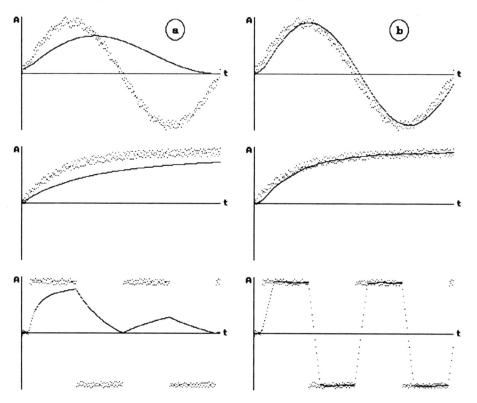

Abb. 8.1:   Gegenüberstellung von Eingangssignal und Mittelwert für verschiedene Kurvenverläufe a) Mittelwert nach der nichtrekursiven Methode, b) Mittelwert nach der rekursiven Methode

Für die Wirksamkeit der Bedämpfung ist bei dieser Art die Zahl n der gemittelten Meßwerte von ausschlaggebender Bedeutung. In der Praxis gilt es, einen guten Kompromiß zwischen Störunterdrückung und dem qualitativen Erhalt der Kurvenform des Eingangssignales zu finden. Diese Methode findet oft Anwendung bei der Messung von Temperaturen. Temperaturänderungen gehen meist relativ langsam vonstatten, auf keinen Fall sprunghaft. So lassen sich Störungen reduzieren, und die Anzeige bzw. der Registrierwert entsprechen nahezu genau dem tatsächlichen Wert.

Abb. 8.2 zeigt die Wirkung der Störunterdrückung für zwei verschiedene Werte von n. Verwendet wurden die Eingangssignale aus Abb. 8.1, auf die mittels der RANDOM-Funktion ein Rauschen aufgekoppelt wurde.

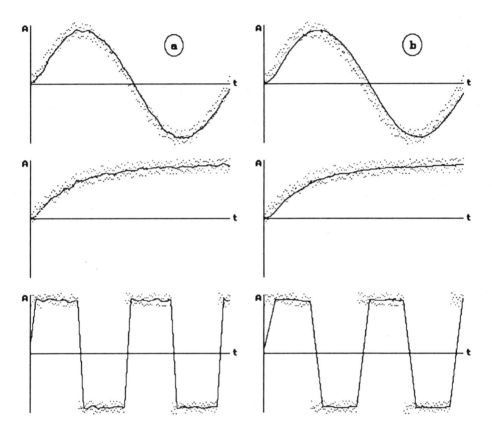

Abb. 8.2: Störunterdrückung a) bei n = 8, b) bei n = 16

8.1.2.3 Glättung

Die im vorherigen Abschnitt beschriebene Methode birgt einen gravierenden Nachteil. Da nur Daten der vergangenen Messungen verwendet werden, steht das gemittelte Signal erst nach n Messungen, also zeitverzögert, zur Verfügung. Wenn es bei der Auswertung nur um den qualitativen Kurvenverlauf geht, ist dieser Umstand sicherlich nicht weiter störend. Soll jedoch eine zeitlich genaue Zuordnung bei der Auswertung geschehen, muß das Verfahren etwas modifiziert werden.

Ausgangspunkt wird der aktuelle Meßwert. Zur Bildung des Mittelwertes werden nun Daten herangezogen, die in zeitlicher Hinsicht sowohl vor, als auch nach dem aktuellen Meßwert liegen. Wichtig ist, daß auf jeder Seite der Zeitachse gleichviele Daten berücksichtigt werden. Die Anzahl der Werte, die zu mitteln sind, ist dadurch immer ungerade $(2 \cdot n+1)$. Wie sich aber unschwer erkennen läßt, kann diese Methode nur angewandt werden, wenn die Meßreihe bereits komplett aufgenommen ist. D.h., sie läßt sich sinnvoll nur bei einer nachträglichen Aufbereitung der Daten verwenden.

Bisher sind wir davon ausgegangen, daß alle Daten, die in den Mittelwert eingehen, ihn auch in gleicher Weise beeinflussen. Man kann also sagen, die beteiligten Meßwerte werden vorher mit dem Faktor 1 multipliziert. Trägt man die Größe dieses Faktors über den entsprechenden Werten auf, erhält man eine Rechteckfunktion (Abb. 8.3a). Um aber unterschiedlichen Anforderungen an die Auswertung gerecht zu werden, kann die Bewertung der vor- und nachlaufenden Daten auch nach anderen Arten als der Rechteckbewertung durchgeführt werden.

Dabei haben alle an der Bildung des Mittelwertes beteiligten Daten unterschiedlichen Einfluß. In der Regel werden die Vor- und Nachlaufkoeffizienten, mit denen die zu mittelnden Werte multipliziert werden, mit zunehmendem Abstand kleiner. Die Funktion, nach der die Koeffizienten abnehmen, gibt der Bewertungsart ihren Namen. Bei linearer Abnahme spricht man von einer Dreiecksbewertung (Abb. 8.3b). Weitere Arten sind z.B. die Bewertung nach einer Sinushalbwelle oder einer e-Funktion. Am Beispiel der Dreieckbewertung soll der Unterschied zur Rechteckbewertung exemplarisch dargestellt werden.

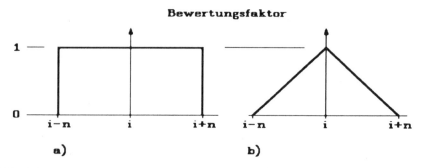

Abb. 8.3:   Verschiedene Bewertungsfunktionen für die Glättung von Signalen a) Rechteck, b) Dreieck

Zunächst gilt es, die Größe der Koeffizienten zu ermitteln. Wird z.B. die Anzahl der vor- und nachlaufenden Werte mit jeweils n = 10 festgelegt und wird dem aktuellen Meßwert die Zahl i = 0 zugewiesen, so gilt für die Berechnung des Koeffizienten k_i folgende Gleichung:

$$k_i = 1 - \frac{|i|}{x} \qquad \text{mit} \quad x = \frac{4 \cdot \sum\limits_{i=1}^{n} i}{2 \cdot n + 1}$$

Der Wert x resultiert aus der Bedingung, daß für ein reines Gleichspannungssignal der Mittelwert genau dem Wert dieses Signals entsprechen muß. Für große n nähert er sich asymptotisch dem Wert n + 0,5. Im Bereich von n = 4 bis n = 10 kann als Näherung durchaus mit x = n + 0,46 gerechnet werden, ohne einen allzu großen Fehler zu begehen. Bedingt durch die Symmetrie der Dreiecksfunktion genügt es, z.B. die Koeffizienten des rechten positiven Astes zu bestimmen.

Nachdem die Koeffizienten berechnet sind, kann die eigentliche Mittelwertbildung beginnen. Ein Programmbeispiel dazu zeigt Listing 8.2. Am Ende wird der gefundene Wert mit 2 multipliziert, weil die Dreiecksfunktion lediglich den halben Mittelwert liefert, was für die Berechnung der Fläche in einem Dreieck auch vollkommen richtig ist.

```
procedure glatt_de;

var j : integer;

begin
  mittel := 0;
  for j := 0 to 7 do
    mittel := mittel + mw[i+j] * koef[j];
  for j := 1 to 7 do
    mittel := mittel + mw[i-j] * koef[j];
  mittel := mittel / 15 * 2;
end;
```

Listing 8.2:   Mittelwertbildung bei einer Dreieckbewertung

Die aktuellen Meßwerte werden im Array MW[I] der Procedure zur Verfügung gestellt. Die Variable MITTEL beinhaltet nach Abschluß den Mittelwert für den i-ten Wert der Meßreihe. I muß im Hauptprogramm geführt werden. Soll eine Glättung mit einer Rechteckbewertung durchgeführt werden, kann die gleiche Procedure benutzt werden. Es sind lediglich alle Werte für die Koeffizienten KOEF[J] auf 1 zu setzen.

Es erhebt sich die Frage, warum man Mittelwerte nach unterschiedlichen Methoden mit verschiedenen Wichtungsarten bilden soll. Die Antwort gibt Abb. 8.4. Hier ist der Amplituden-Frequenzgang für die Rechteck- und die Dreieckbewertung aufgetragen.

Bei der Rechteckbewertung gehorcht die Amplitude des geglätteten Signals der Funktion

$$|A| = \frac{\sin\ x}{x} \qquad \text{mit} \quad x = f \cdot n \cdot t_a \cdot \pi \ ,$$

wobei f den Frequenzanteil der zu glättenden Schwingung, n die Anzahl der zur Mittelung herangezogenen Werte und t_a die Zeit zwischen zwei Signalab-

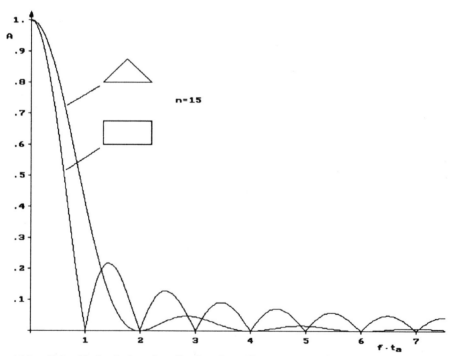

Abb. 8.4: Verlauf der Amplitude über die Frequenz für die Rechteck- und die Dreieckbewertung

tastungen in Sekunden bedeuten. Für ganzzahlige Werte von f·n·t$_a$, also für f·n·t$_a$ = 1,2,...,i, wird die Amplitude vollkommen ausgelöscht. An diesen Stellen hat die Funktion einen Nulldurchgang. Für andere Werte von f können positive und negative Werte auftreten. Ein negativer Wert bedeutet, daß eine Phasenumkehr um 180° stattgefunden hat. Bei der Darstellung verwendet man meist, wie auch im Beispiel, die Betragsdarstellung, weil in der Regel nur der verbleibende Amplitudenanteil der höheren Frequenzen von Interesse ist.

Ganz anders verhält sich das geglättete Signal bei einer Dreieckbewertung. Wie man aus Abb. 8.4 entnehmen kann, treten hier nur positive Werte auf, d.h. es tritt keine Phasenumkehr ein. Weiterhin kann man erkennen, daß die erste Nullstelle erst bei der doppelten Frequenz als bei der Rechteckbewertung auftritt. Die Funktion für die Amplitude lautet hier:

$$A = \left[\frac{\sin x/2}{x/2} \right]^2$$

Die Auswahl der Bewertungscharakteristik bleibt aber letztendlich dem Benutzer, bzw. dessen Zielen für die Auswertung überlassen. Es sollte jetzt möglich sein, die Vor- und Nachteile weiterer Bewertungsarten selbst zu ergründen und diese bei Bedarf einzusetzen.

8.1.3 RMS-Wert

Zu Beginn des Kapitels wurde bereits darauf hingewiesen, daß man mathematisch zwischen mehreren Arten der Mittelwertbildung unterscheidet. Im folgenden soll uns der quadratische Mittelwert beschäftigen.

Ein in der Auswertung von Meßergebnissen ebenfalls oft benötigter Wert ist der sogenannte RMS-Wert (Root Mean Square), was soviel bedeutet, wie Wurzel aus dem quadratischen Mittelwert. Er drückt den Effektivwert einer einem Gleichspannungssignal überlagerten Wechselspannung aus. Abb. 8.5 zeigt den typischen Verlauf eines solchen Signales. Eingezeichnet ist der arithmetische Mittelwert U_m, der für die Bestimmung eine wesentliche Rolle spielt.

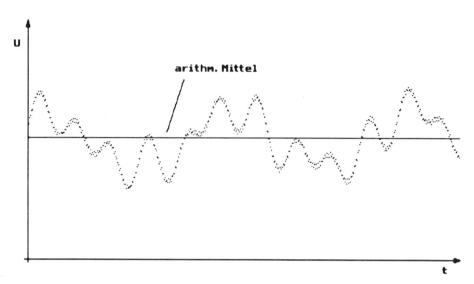

Abb. 8.5:   Wechselsignal mit überlagerter Gleichspannung.

Der RMS-Wert kann für die praktische Anwendung durch den folgenden
Ausdruck definiert werden.

$$U_{RMS} = \sqrt{\frac{\sum_{k=1}^{n}(U_k - U_m)^2}{n}}$$

Diese Definition ist die Summendarstellung. Genau genommen müßte hier ein
Integral erscheinen. Da jedoch in den meisten Fällen die Funktion der Eingangsspannung nicht bekannt ist (eigentlich nie), bleibt man auf die Sum-
menbildung beschränkt.

Setzt man in obiger Gleichung den Anteil von U_m gleich Null, ergibt sich
damit die Gleichung für den Effektivwert einer Wechselspannung. Per Definition ist eine Wechselspannung eine Spannung, deren arithmetischer Mittelwert gleich Null ist!

Um den RMS-Wert der Signalfolge aus Abb. 8.5 zu bestimmen, ist es zunächst
notwendig, den arithmetischen Mittelwert U_m über alle Meßdaten zu bilden.
Damit wird der Gleichanteil bzw. die Nullinie für die Wechselgröße festgelegt. Anschließend werden die Quadrate der jeweiligen Differenz der Meßspannung zum Mittelwert gebildet und aufsummiert. Die so gewonnene Summe
wird anschließend durch die Anzahl der Meßwerte geteilt und aus diesem

Ergebnis dann die Wurzel gezogen. Listing 8.3 zeigt eine Routine, die diese Aufgaben erledigt.

```
n := 500;
um := 0;
for k := 1 to n do
begin
  um := um + mw[k];
end;
um := um / n;
urms := 0;
for k := 1 to n do
begin
  urms := urms + sqr(mw[k]-um);
end;
urms := sqrt(urms/n);
```

Listing 8.3: Routine zur Bestimmung des RMS-Wertes einer Meßreihe

Damit die Methode auch richtig funktioniert, muß das Eingangssignal in konstanten Zeitabständen abgetastet vorliegen. Entsprechende Hinweise darauf können in Kapitel 7 nachgeschlagen werden.

Soll der RMS-Wert an einem länger anstehenden Signal laufend kontrolliert werden, muß man den Mittelwert U_m nach der rekursiven Methode (bzw. durch Glättung) über eine genügend große Anzahl von Messungen bilden. Vorteilhaft ist hier die Dreiecksbewertung nach Abschnitt 8.1.2.3, weil damit für hohe Signalfrequenzen der Mittelwert für ein reines Wechselsignal sehr schnell gegen Null geht.

Um eine möglichst genaue Aussage machen zu können, sollte die Abtastfrequenz mindestens zehnmal so hoch sein wie die höchste auftretende Signalfrequenz. Ein brauchbarer Mittelwert ergäbe sich demnach bei n = 20. Allein die Erfüllung des Abtasttheorems genügt hier nicht, zufriedenstellende Ergebnisse zu erhalten. Um aber auch kleinere Signalfrequenzen zu berücksichtigen, sollte n auf einen Wert von über 50 angehoben werden. Für die Praxis ergeben sich mit n = 65 recht brauchbare Werte.

8.2 Digitale Filter

Im vorhergehenden Abschnitt haben wir festgestellt, daß durch die Mittelwertbildung eine von der Anzahl der gemittelten Werte abhängige, mehr oder weniger starke Signalberuhigung eintritt. Hochfrequente Störungen im Signal werden dabei weitgehend unterdrückt. Diese Methode weist demnach eindeutig ein Tiefpaßverhalten auf.

Um aber ein Verhalten realisieren zu können, das einem analog aufgebauten Tiefpaß oder gar einem Hoch- bzw. Bandpaß gleichkommt, bedarf es anderer Techniken.

8.2.1 Arbeitsprinzip

Die erste Voraussetzung für eine Verarbeitung von Signalen in einem digitalen Filter ist, daß das Eingangssignal in zeitkontinuierlichen Abständen abgetastet vorliegt. Es ist also durch geeignete Verfahren in jedem Falle sicherzustellen, daß bei der Meßwertaufnahme zwischen zwei Meßwerten immer der gleiche Zeitabstand liegt. Die Abtastfrequenz muß so gewählt werden, daß das Abtasttheorem erfüllt wird.

8.2.1.1 Signalverzögerung und Rückführung

Analogfilter arbeiten, zumindest als Tiefpaß, auf der Basis von Integrationsgliedern, meist in Form von RC-Netzwerken. Die einfachste Form eines Analogfilters stellt ein RC-Glied dar, wie es bereits in Abb. 7.5 gezeigt wurde. Ersetzt man dieses RC-Glied durch ein Schieberegister, durch das man die zu bearbeitenden Werte im Takt der Abtastfrequenz hindurchschiebt und führt man einen Teil der Ausgangsgröße auf seinen Eingang zurück, erhält man ein Digitalfilter 1. Ordnung. Abb. 8.6 zeigt das Blockschaltbild.

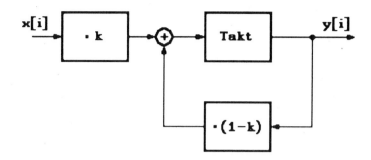

Abb. 8.6:   Blockschaltbild eines Digitalfilters 1. Ordnung

8.2.1.2 Softwarefilter 1. Ordnung

Man kann solche Filter durchaus in Hardware realisieren. Der Aufwand steigt jedoch linear mit der Breite des zu verarbeitenden Signals. Wir wollen uns hier nur auf die einfachere und universeller einsetzbare softwareseitige Lösung beschränken.

Man kann die Rückführung und das Weiterschieben, also damit den gesamten Filtervorgang, in einer einzigen Programmzeile erledigen. Dazu müssen zunächst die benötigten Werte definiert werden. Wir bezeichnen die Eingangswerte mit x und die ausgehenden Werte mit y. Weiterhin wird vorausgesetzt, daß die Eingangswerte in einem REAL-Array x[0..n] abgelegt sind. Die gefilterten Werte werden im Array y[0..n] gespeichert. Dieses Array ist ebenfalls vom Typ REAL.

Die Filtergleichung berechnet den neuen y-Wert unter Verwendung des jeweils vorhergehenden. Diese Methode arbeitet also rekursiv. Die Konstante k beeinflußt im wesentlichen die Filtereigenschaften.

```
y[i+1]  =  y[i]  ·  ( 1  -  k )  +  k  ·  x[i]
```

Listing 8.4 zeigt die vollständige Programmschleife zum Filtern einer beliebigen Anzal von Werten. Diese wird in der Variablen ANZ übergeben. Sollen mehr als 600 Werte gefiltert werden, ist die Definition des Arrays entsprechend zu erweitern. Die Filtergleichung ist so umgestellt, daß die Anzahl der Punktoperationen minimal wird, was der Rechenzeit zugute kommt.

```
type ra600 = array[0..600] of real;

procedure filter_1(anz: integer; k: real; mw:ra600;
                   var erg: ra600);
(* Filter 1.Ordnung                            *)
(* mw[i]  =  eingang,  erg[i]  =  Ausgang  *)

var i: integer;

begin
  erg[0] :=  0;
  erg[1] :=  0;
  for i := 1 to anz do
  begin
    erg[i+1] := erg[i] + k*(mw[i]-erg[i]);
  end;
end;
```

Listing 8.4:   Filterroutine entsprechend einem Tiefpass 1. Ordnung

Zur Festlegung der Konstanten k gilt eine empirische Gleichung. Mit

$$f_g \approx \frac{k}{6 \cdot t_a}$$

folgt nach der Umstellung:

$$k \approx 6 \cdot f_g \cdot t_a \quad .$$

Wird die Abtastzeit in [s] eingesetzt, ergibt sich die Grenzfrequenz in [Hz].

Dieses Filter weist ähnliche Eigenschaften auf wie die Analoglösung mit einem RC-Glied. Die Phasenverschiebung bei der Grenzfrequenz beträgt ca. 45°, die Spannungsverstärkung ca. -3 dB. Zur Kontrolle dieser Werte wurden ein Sprungsignal und eine Sinusschwingung in das Filter gegeben. Die entsprechenden Ergebnisse sind in Abb. 8.7 dargestellt. Beim Spannungssprung ergibt sich am Ausgang eine e-Funktion.

Es läßt sich sogar die Übertragungsfunktion darstellen. Man kann zunächst die gleiche Formel ansetzen, die auch für den Analogtiefpaß Gültigkeit hat.

$$|A| = \frac{1}{\sqrt{1 + \omega^2 \cdot \tau^2}} \quad \text{mit} \quad \tau = \frac{6 \cdot t_a}{k \cdot 2\pi} \quad \text{und} \quad \omega = 2 \cdot \pi \cdot f$$

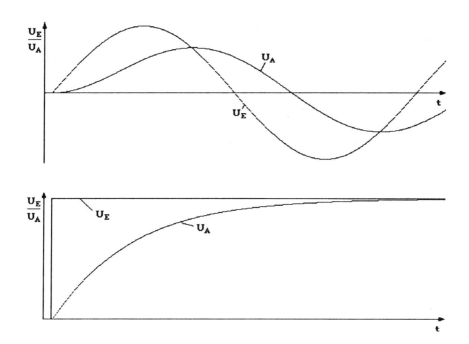

Abb. 8.7: Filterantwort bei einem Spannungssprung, bzw. bei einem sinusförmigen Eingangssignal

Die logarithmische Darstellung in Abb. 8.8 zeigt die nach Durchlaufen des dargestellten Frequenzspektrums mittels der Routine aus Listing 8.4 erreichten Amplituden. Man erkennt, daß dieses Filter recht genau die Übertragungsfunktion eines Filters 1. Ordnung erfüllt. Der Verstärkungsabfall beträgt etwa 20 dB/Dekade. Im Bereich höherer Frequenzen tritt eine geringe Abweichung von der theoretischen Kurve auf. Bedingt durch Bauteiltoleranzen und deren Güte kann bei analog aufgebauten Filtern sicherlich eine ebensogroße Abweichung von den theoretischen Werten erwartet werden.

Das Übertragungsverhalten digitaler Filter weist jedoch gegenüber den analog aufgebauten eine Besonderheit auf. Gelangen Signalfrequenzen, die höher sind als $1/(2 \cdot t_a)$ an den Filtereingang, werden deren Amplituden für den Fall, daß das Filter als Tiefpaß wirkt, nicht mehr gedämpft, sondern wieder angehoben. Die entsprechende Amplitudenfunktion zeigt Abb. 8.9. Hier ist das Produkt aus Frequenz · Abtastzeit linear aufgetragen. Man erkennt, daß dieses Verhalten sich mit der Periode ganzzahliger Werte für $f \cdot t_a$ fortsetzt. An dem Beispiel wird deutlich, wie wichtig die Erfüllung des Abtasttheorems bei einer Messung ist. Restanteile höherer Frequenzen im Signal werden falsch interpretiert und führen damit bei der Auswertung zu einer absoluten Verfälschung der Signalreihe. Dieses Verhalten ist übrigens allen digitalen Filtern gemeinsam. Es kann nicht oft genug auf die Einhaltung des Abtasttheorems hingewiesen werden.

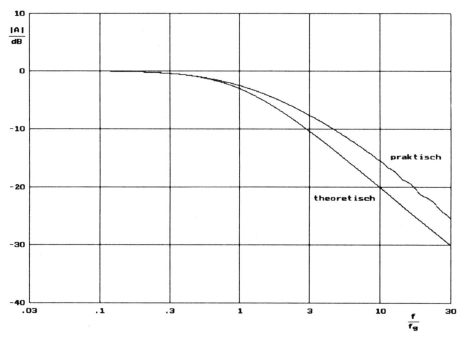

Abb. 8.8:   Übertragungsfunktion eines Filters 1. Ordnung, gebildet nach der Routine aus Listing 8.4.

Ebenso einfach wie ein Tiefpaß, kann natürlich per Software auch ein Hochpaß realisiert werden. In der Routine, die die Filterung bewerkstelligt, ist lediglich die Filtergleichung gegen eine andere auszutauschen. Die entsprechende Pascal-Zeile für einen Hochpaß lautet:

```
yi[i+1] := yi[i] + (x[i] - x[i-1]) - k * yi[k];
```

Auf die Darstellung der Übertragungskurve dieses Filters wird angesichts der Tatsache verzichtet, daß Hochpaßfilter in der Computerpraxis recht selten zum Einsatz gebracht werden. Grundsätzlich hat man sich die Darstellung aus Abb. 8.9 vorzustellen mit der Veränderung, daß die Amplitudenkurve umgekehrt verläuft. Also auch hier gibt es eine Periode in der Amplitudenfunktion mit dem Maxima $f \cdot t_a = 0{,}5$,   1,5 usw. Die Konstante k kann hier nach dem gleichen Schema bestimmt werden wie beim Tiefpaß.

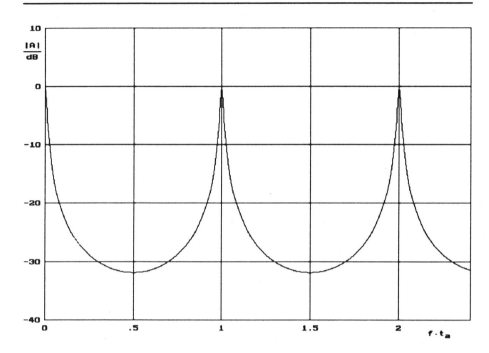

Abb. 8.9: Amplitudenverhalten eines Digitalfilters bei höheren Eingangsfrequenzen

8.2.2 Filter höherer Ordnung

Bei der Abgrenzung von Signalfrequenzen ist man immer bestrebt, den Übergang möglichst steil zu gestalten. Filter 1. Ordnung sind dazu kaum in der
Lage. Um eine steilere Übergangsfunktion zu erhalten, schaltet man mehrere
Filter 1. Ordnung hintereinander. Dadurch erhält man ein Filter höherer Ordnung.

8.2.2.1 Ausflug in die Analogtechnik

In der Analogtechnik unterscheidet man zwischen passiven und aktiven Filtern. Während man im Bereich hoher Frequenzen durch den Einsatz von RLC-
Netzwerken relativ steile Übertragungskennlinien realisieren kann, ist dies

bei niedrigeren Frequenzen wegen der erforderlichen, aber in der Praxis
schlecht zu realisierenden großen Induktivitäten und deren negativen Neben-
erscheinungen kaum möglich. Hier hilft man sich durch aktive Filter, die in
der Regel, durch den Einsatz von Operationsverstärkern mit entsprechender
Beschaltung, die Eigenschaften der Induktivitäten bzw. die des gesamten
Filterkreises nachbilden können. Der Nachteil aktiver Filter besteht darin, daß
sie zum Betrieb eine zusätzliche Versorgungsspannung (z.B. ±12 V) für die
OPs benötigen. Vom schaltungstechnischen Aufwand einmal ganz abgesehen.

8.2.2.2 Digitales Prinzip

In Abb. 8.10 ist das Blockschaltbild eines digitalen Filters 2. Ordnung dargestellt. Man erkennt, daß es sich auch dabei um eine Kaskadierung von Filter-
blöcken 1. Ordnung handelt. In diesem Fall benötigt ein Wert zwei Takte, ehe
er das Filter durchlaufen hat.

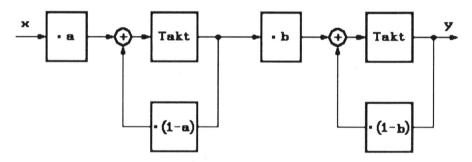

Abb 8.10: Blockschaltbild eines digitalen Filters 2. Ordnung

Allen Filtern ist gemeinsam, daß die Spannungsverstärkung bei der Grenzfrequenz -3 dB beträgt. Durch einfaches Duplizieren des Filterbausteines läßt
sich also das Übertragungsverhalten für ein Filter 2. Ordnung nicht exakt
erreichen. Die Grenzfrequenz würde damit absinken. Die 2. Forderung an ein
Filter ist, daß der Verstärkungsabfall mit der Ordnungszahl $n = n \cdot 20$ dB/
Dekade beträgt. Für ein Filter 2. Ordnung ergeben sich demnach 40 dB/
Dekade.

Durch diesen Umstand ist die Bestimmung der Konstanten k nicht mehr nach
der einfachen Methode aus Abschnitt 8.2.1.2 möglich. Es müssen nunmehr
mehrere voneinander verschiedene Konstanten bestimmt werden, die eingesetzt das Filterverhalten in der gewünschten Weise beeinflussen.

8.2.3 Programm zur Realisierung eines Digitalfilters

Eine nahezu beliebige Anzahl von Meßwerten kann mit dem in Listing 8.5 abgebildeten Programm gefiltert werden. Die Eingangswerte sind im Array MW
zu übergeben. Die gefilterten Werte stehen nach Ablauf des Programms im
Array ERG. Die entspechende Filterart (Hoch-/ Tiefpaß) wird in dem Ausdruck ART mit 1 (Tiefpaß) oder 0 (Hochpaß) übergeben.

```pascal
type ra600 = array[0..600] of real;

procedure filter_n(art,anz,st: integer;
                   fg,ta: real; mw:ra600;
                   var erg: ra600);
(* Filter st*2. Ordnung          *)
(* mw[k] = Eingang, erg[k] = Ausgang *)

var i,j,k: integer;
    h1,h2,h3,h4,hq: real;
    a,b,c: array[0..5] of real;
    d: array[0..6,0..3] of real;

begin
  (* Berechnung der Koeffizienten *)
  h1 := fg*pi*ta;
  h2 := sin(h1)/cos(h1);
  hq := h2   *   h2;
  for i := 1 to st do
  begin
    h3 := cos((2*(i+st)-1)*pi/(4*st));
    h4 := 1 / (1+hq-2*h2*h3);
    if art = 1 then
      a[i] := hq   *   h4
    else
      a[i] := h4;
    b[i] := 2*(hq-1) * h4;
    c[i] := (1+hq+2*h2*h3) * h4;
  end;
  (* filtern *)
  for i := 0 to st+1 do
  begin
    for j := 0 to 3 do
    begin
      d[i,j] := 0.0;
    end;
  end;
```

```
for i := 1 to anz do
begin
  d[1,3] := mw[i];
  for j := 1 to st do
  begin
    if art = 1 then
      h1 := a[j]*(d[j,3]+2*d[j,2]+d[j,1])
    else
      h1 := a[j]*(d[j,3]-2*d[j,2]+d[j,1]);
    d[j+1,3] := h1 - b[j]*d[j+1,2]-c[j]*d[j+1,1];
  end;
  for j := 1 to st+1 do
  begin
    for k := 1 to 2 do
    begin
      d[j,k] := d[j,k+1];
    end;
  end;
  erg[i] := d[st+1,3];
end;
end;
```

Listing 8.5: Procedure zur Realisierung von Filtern höherer Ordnung

Der Aufruf geschieht z.B. durch folgende Anweisung.

```
filter_n(1,      (* Filterart 1 = TP            *)
         600,    (* Anzal der Werte             *)
         5 ,     (* 5 Stufen = 10. Ordn.        *)
         1.5,    (* Grenzfrequenz 1.5 Hz        *)
         0.003,  (* Abtastzeit 3 ms             *)
         m ,     (* Array mit den Meßwerten     *)
         g );    (*     "     für die Ergebnisse *)
```

Zunächst wird die Berechnung der Koeffizienten A[], B[] und C[] durchgefürt. Es handelt sich dabei um Koeffizienten für ein Filter vom Butterworthtyp. Butterworthfilter zeichnen sich dadurch aus, daß sie in ihrer Verstärkungskurve keine Wellen aufweisen. Die Ordnungszahl dieses Filters entspricht der Anzahl der Stufen n multipliziert mit 2. In Abb. 8.11 sind Übergangsfunktionen verschiedener Ordnung am Beispiel eines Tiefpaß dargestellt. Die Anzahl der möglichen Filterstufen ist in dieser Procedure auf 5 beschränkt. Dadurch kann ein Filter 10. Ordnung realisiert werden.

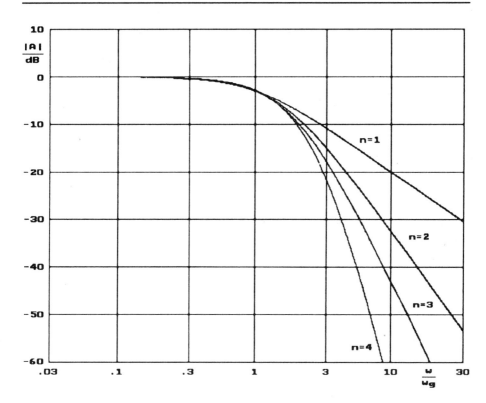

Abb. 8.11: Übertragungsfunktionen für Butterworth-Tiefpässe mit unterschiedlichen Ordnungszahlen n

8.2.4 Filtern in Echtzeit

Hinter dem Begriff Echtzeit verbirgt sich eine Definition, die in Anlehnung an die analoge Signalverarbeitung besagt, daß der aktuell anstehende Meßwert innerhalb einer vorhersehbar bestimmten Zeit verarbeitet wird. Bei einem analogen Filter steht die Ausgangsgröße unmittelbar zur Verfügung. Anders bei digitalen Filtern. Hier ergibt sich der Ausgangswert erst nach Durchlaufen der Berechnungsroutine des Filterprogramms.

Bis zu welcher Abtastfrequenz die Echtzeitverarbeitung möglich ist, muß im Einzelfall getestet werden. Bei der Vielfalt an Rechnern mit unterschiedlicher Arbeitsfrequenz und demzufolge mit unterschiedlichen Ausführungszeiten der Routinen, kann eine globale Aussage nicht gemacht werden. Durch den Einsatz eines Coprozessors wird der Fall noch komplizierter.

Eine Methode zur ungefähren Bestimmung der Obergrenze besteht darin, die Laufzeit der Filterroutine für das Filtern von z.B. 5.000 oder sogar 10.000 Meßwerten zu ermitteln. Teilt man diese Zeit durch die Anzahl der Filterwerte, erhält man die mittlere Ausführungszeit für eine Filterung. Dazu kommen jetzt noch die Zeiten für das Holen des Meßwertes vom A/D-Wandler, sowie die für eine eventuelle Bildschirmausgabe. Diese können ebenfalls nach dem obengenannten Schema ermittelt werden. Ergibt sich jetzt beispielsweise eine Gesamtzeit von 10 ms, bestünde theoretisch die Möglichkeit der Echtzeitverarbeitung bis zu einer Abtastfrequenz von 100 Hz.

In der Praxis sollte man diesen Wert aber auf mindestens 90 %, oder besser noch auf 80 % reduzieren. Die Gründe dafür sind Unsicherheiten bei der Zeitmessung und die Tatsache, daß während des Programmablaufs im Hintergrund ständig Systeminterrupts (z.B. Uhrticken usw.) auftreten, die ebenfalls auch Rechenzeit in Anspruch nehmen. Während der Laufzeitermittlung treten diese zwar auch auf, jedoch in einem anderen Zeitverhältnis zur zu testenden Routine.

Geringe Laufzeitverbesserungen können noch durch geschicktes Setzen der Compileroptionen (Wegfall von ständigen Überprüfungen im fehlerfrei laufenden Programm) erreicht werden. Hier beträgt die Zeitersparnis jedoch nicht viel mehr als etwa 2-3 %. Effizienter ist es, zeitkritische Stellen in Assembler zu programmieren, und dann z.B. als INLINE-Code in das Pascal-Programm einzufügen.

8.3 FFT

Hinter diesem Schlagwort verbirgt sich die Abkürzung für ein bestimmtes Rechenverfahren, die Fast-Fourier-Transformation. Dieses Verfahren hat nach seiner Entwicklung im Jahr 1965 durch Cooley und Tukey die digitale, oder besser die computergestützte Signalverarbeitung nahezu genauso revolutioniert, wie seinerzeit die Einführung der Methode der finiten Elemente in die Mechanik.

8.3.1 Grundlagen

Um verstehen zu können, was bei dieser Art von Berechnung vorgeht, müssen wir zunächst einen kleinen Ausflug in den Bereich der Mathematik unternehmen.

8.3.1.1 Etwas Mathematik

Es besteht die Behauptung: Jede periodische Funktion $y = f(x)$ ist eindeutig durch eine Fourier-Reihe darstellbar. Dabei erfolgt eine Zerlegung in das Spektrum von $f(x)$ nach diskreten Frequenzen $k \cdot f_0$. Die allgemeine Form einer Fourier-Reihe lautet:

$$f(x) = k + \sum_{i=1}^{\infty} [a_i \cdot \cos(i \cdot \omega_0 \cdot x) + b_i \cdot \sin(i \cdot \omega_0 \cdot x)].$$

Die Konstante k entspricht dem arithmetischen Mittelwert der Funktion $f(x)$ über alle Meßwerte. Alle Wechselgrößen werden auf diesen Wert bezogen. Sie stellt damit den Anteil einer überlagerten Gleichspannung dar.

Einfach ausgedrückt bedeutet das, wir können nahezu jede beliebige Funktion oder annähend jeden Signalverlauf, der sich als Funktion darstellen läßt, in eine solche Reihe zerlegen. Um die Werte der Reihe und damit die der Funktion wieder reproduzieren zu können, benötigt man allerdings die Koeffizienten a_i und b_i für die Sinus- und Cosinusterme. Und genau hier liegt das Problem. Diese Koeffizienten lassen sich normalerweise nur durch Integration der Funktionen

$$f(x) \cdot \cos(i \cdot \omega_0 \cdot x) \quad \text{bzw.} \quad f(x) \cdot \sin(i \cdot \omega_0 \cdot x)$$

finden. Nun ist die Integration über numerische Verfahren durchaus kein Geheimnis und mit einem PC durchführbar, jedoch ist der Rechenaufwand erheblich. Um das Originalsignal wiederherstellen zu können, benötigt man die Koeffizienten von $i = 1$ bis $i = \infty$. Für a_i und b_i ist jeweils eine gesonderte Rechnung erforderlich. Bei einer Beschränkung von i auf den Wert 500 bleiben trotzdem noch 1.000 Integrale zu lösen. Selbst ein AT mit 80287/387-Unterstützung könnte diese Aufgabe erst nach erheblicher Zeit erledigen.

8.3.1.2 Zeit- und Frequenzverlauf

Bevor wir uns an die Lösung dieser fast unüberwindlichen Aufgabe begeben, sollen einige Beispiele verdeutlichen, warum man sich überhaupt mit dieser Methode beschäftigt.

Wie eingangs schon erwähnt, läßt sich jede periodische Funktion durch eine entsprechende Fourier-Reihe ausdrücken. Wir wollen das am Beispiel einer Rechteckkurve untersuchen, wie sie in Abb. 8.12 dargestellt ist.

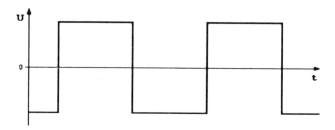

Abb. 8.12:   Zeitlicher Verlauf einer Rechteckspannung

Die Fourier-Reihe für diese Rechteckschwingung lautet:

$$f(x) = k \cdot (\sin x + \frac{1}{3} \sin 3x + \frac{1}{5} \sin 5x + ... +)$$

Wir ersehen daraus, daß sich diese Rechteckkurve nur aus den Sinusanteilen der ungeradzahligen Oberschwingungen und dem der Grundwelle zusammensetzt. Enthalten sind alle ungeradzahligen Oberwellen bis $n = \infty$.

Trägt man nun die Größe der Koeffizienten über der Zahl der Oberschwingung auf, erhält man den Frequenzverlauf oder das Spektrum der Funktion f(x). Diese Darstellung ist in Abb. 8.13 gezeigt. Verbindet man die Punkte der Darstellung, erhält man die sogenannte Spektralfunktion. Für diesen Fall lautet sie y = 1 / x. Es handelt sich um eine Hyperbelfunktion.

Da nur Sinusterme enthalten sind, benötigen wir zur weiteren Betrachtung auch nur dieses Spektrum. Bei Funktionen, die beide Arten von Termen beinhalten, müssen beide Spektren, also auch die Koeffizienten der Cosinuswerte, in die Betrachtung mit einbezogen werden.

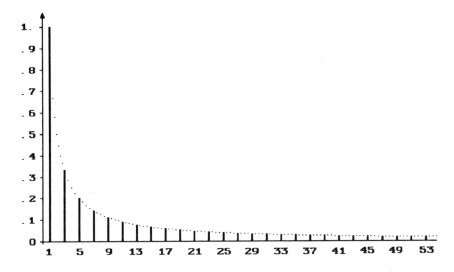

Abb. 8.13: Spektraldarstellung einer Rechteckspannung

Mit einem einfachen Programm kann diese Schwingung unter Verwendung der obigen Gleichung auf dem Bildschirm dargestellt werden (Listing 8.6). Es erfolgt die Berechnung der Funktionswerte mit gleichzeitiger grafischer Darstellung am Bildschirm.

```
program zeichne_schwingung;

uses    crt,graph;

var i,j,v,v1,gd,gm,af: integer;
    zp,h:    real;

begin
  af  := 512;
  zp  := 2*pi;
  gd  := detect;
  initgraph(gd,gm,'');
  v   := 20;
  v1  := 240;
  setcolor(15);
  line(v-4,v1,v+af,v1);
  line(v,v1,v,v1-100);
  line(v,v1,v,v1+100);
  for i := 1 to af do
  begin
    h := 0;
```

```
for j := 0 to 10 do
begin
  h := h + 1/(2*j+1) * sin(zp*i*(2*j+1)/af;
end;
putpixel(i+v,v1-round(h*100),15);
end;
repeat until keypressed;
closegraph;
end.
```

Listing 8.6: Programm zur Darstellung einer Rechteckschwingung unter
Berücksichtigung einer verschieden hohen Anzahl von Oberwellen

Je mehr Terme der Gleichung zur Berechnung zugefügt werden, was im
Programm einfach durch die Erhöhung des Schleifenindex j geschehen kann,
desto mehr nähert sich die Darstellung der Rechteckform. Dies bestätigt auch
die Aussage, daß unendlich viele Oberschwingungen in der Rechteckkurve
enthalten sind.

Durch das kleine Experiment am Bildschirm ist deutlich zu erkennen, daß
man durch Weglassen oder Hinzufügen von Termen mit ihren Koeffizienten
die Kurvenform deutlich beeinflussen kann. Auch Veränderungen der Werte
der Koeffizienten bringen in dieser Hinsicht eindeutige Resultate.

Spektralfunktionen weisen in den wenigsten Fällen in ihrem Verlauf Unregelmäßigkeiten auf. Kann man also eine gemessene Funktion in ihre Spektralfunktion umformen, ist es bedeutend einfacher, Störungen im Signal zu
erkennen. Die bloße Betrachtung kann ausreichend sein. In Abschnitt 8.3.3.4
wird diese Vorgehensweise noch einmal an einem weiteren Beispiel verdeutlicht.

8.3.2 Die schnelle Methode

Unter gewissen Voraussetzungen, die hier jedoch wegen ihres Umfanges nicht
näher erläutert werden können ist es möglich, das Rechenverfahren zur Bestimmung der Koeffizienten a_i und b_i erheblich zu vereinfachen (Interessierte müssen auf die einschlägige Literatur zur Mathematik verwiesen werden).
Dadurch wird es auch möglich, statt einer geschlossenen Funktion, diskrete

Meßwerte zu transformieren. Besonders effektiv arbeitet dieses Vefahren, wenn die Anzahl der Werte einer Potenz von 2 entspricht. Dieser Umstand kommt dem Einsatz auf Computern sehr entgegen.

8.3.2.1 Bedingungen und Einschränkungen

Wie schon bei der Anwendung digitaler Filter, wird auch hier die Bedingung an das abgetastete Meßsignal gestellt, daß es in zeitkontinuierlichen Abständen aufgenommen sein muß. Ebenso muß das Abtasttheoren erfüllt sein. Die Anzahl der zu transformierenden Werte muß einer Potenz von 2 entsprechen. Man hat also schon bei der Aufnahme der Meßwerte dafür zu sorgen, daß eine entsprechende Anzahl zur Verfügung gestellt wird. Aus einer Datei von beispielsweise 1.000 Meßwerten können lediglich 512 Werte berücksichtigt werden. Die nächsten Grenzen sind 1.024, 2.048 usw.

Die Obergrenze für das Abspeichern von Daten im RAM unterliegt bei PCs, sofern man von der Verwendung dynamischer Variablen und deren Verwaltung durch Zeiger einmal absieht, leider der 64-KByte-Grenze. Entsprechend der Anzahl von Daten ist auch die Zahl der Koeffizienten, die von der Berechnungsroutine ausgegeben wird. Da die Koeffizienten jeden beliebigen Wert zwischen Null und der Größe des Eingangssignals annehmen können, ist ihr Datentyp mit einem REAL-Datentyp vorgegeben.

Eine Realzahl wird von Turbo-Pascal mit 6 Byte Breite gespeichert. Damit ergibt sich die maximale Anzahl für ein 64-KByte-Segment zu 10.922. Die nächst niedrigere Zweierpotenz ist 2^{13}. Dadurch ist die Maximalanzahl der zu transformierenden Werte mit einem PC auf 8.192 festgelegt. Beim Einsatz eines Coprozessors unter Verwendung des Typs EXTENDED wird mit 10 Byte Datenbreite gespeichert. Hier beträgt die maximale Anzahl von Daten in einem Array 6.553. Daraus folgt, daß dann nur 4.096 Werte für die Bearbeitung mittels FFT in Betracht kommen. Lediglich bei der Verwendung des Datentyps SINGLE in Verbindung mit einem 80x87, oder durch Emulation (ab Turbo-Pascal Version 5.0) läßt sich die mögliche Anzahl für eine FFT-Verarbeitung auf 16.384 steigern, weil SINGLE-Variable lediglich 4 Byte Speicherplatz belegen. Grundsätzlich ist zu beachten, daß solch große Arrays absolut adressiert werden sollten, da sie im vom Turbo-Pascal vorgegebenen Datensegment zusammen mit den restlichen Variablen des Programms möglicherweise keinen ausreichenden Platz vorfinden.

8.3.2.2 Periodische Signale

In Abschnitt 8.3.1.1. stand die Forderung, daß sich lediglich periodische Funktionen in eine entsprechende Reihe wandeln lassen. Diese Bedingung wird aber von den wenigsten über eine bestimmte Zeit gemessenen Signalverläufen erfüllt. Selbst dann wäre es reiner Zufall, wenn diese Periode genau im Abtastintervall liegt. Mit einem kleinen Trick läßt sie sich jedoch umgehen.

Nimmt man z.B. 4.096 Meßwerte auf, kann man behaupten, die Daten der nächsten 4.096 Messungen seien identisch mit den vorherigen. Unter dieser Bedingung ist das Signal bereits periodisch. Die Zeit, die während der Messung vergangen ist, ist damit die Zeit für die Grundwelle des Signals. Alle weiteren Oberschwingungen sind auf diese Zeitperiode bezogen.

Ausgehend von dieser Tatsache kann jetzt die Frequenz einer Oberwelle berechnet werden.

$$f_i = \frac{i}{n \cdot t_a} \quad ,$$

wobei f_i die Frequenz der Harmonischen i darstellt, n die Gesamtanzahl der Abtastungen und t_a die Zeit zwischen zwei Abtastungen.

Dadurch ergibt sich aber auch die maximale Anzahl von Harmonischen, die in die Berechnung einbezogen werden müssen. Mit der Erfüllung des Abtasttheorems können keine höheren Signalfrequenzen als die halbe Abtastfrequenz auftauchen. Die Grundschwingung bezieht sich auf die Anzahl der gesamten Abtastungen. Mit 2 Abtastungen für die maximale Signalfrequenz folgt, daß bei der Rekonstruktion des Signales lediglich die Werte a_i und b_i für die Oberschwingungen bis zur Hälfte der Meßwertanzahl berücksichtigt werden müssen. Alle weiteren verwendeten Koeffizienten führen damit zu einer Signalverfälschung, da sie im Originalsignal nicht enthalten sein können. Von der unnötigen zusätzlichen Rechenzeit einmal ganz abgesehen.

8.3.3 Anwendungsbeispiele

Die FFT eröffnet dem Anwender gänzlich neue Möglichkeiten in der Signalbearbeitung. Es wird möglich, einen Tiefpass zu realisieren, der im Gegensatz zu allen anderen Methoden eine sehr steile Flanke aufweist und dabei keinerlei Phasenverschiebung im Signal bewirkt. Mit der in Listing 8.7 gezeigten Routine als Grundelement zur Berechnung der Koeffizienten lassen sich alle erdenkbaren Filtereigenschaften realisieren.

Bei gegebener Grenzfrequenz f_g für ein zu schaffendes Filter kann die Zahl i für die beteiligten Oberwellen durch folgende Pascal-Zeile ermittelt werden.

```
i := round ( fg * n * ta );
```

Die Auf- oder Abrundung ist deshalb notwendig, weil die Oberschwingungen nur als ganzzahlige Werte auftreten können.

```
type ra1024  = array[0..1024] of real;

procedure fft(var x,y: ra1024; anz: integer);

var
   a,b,c,i,j,k,l,m,n,ow:   integer;
   hc,hs:  real;
   sinus:  array[0..1279] of real;

   procedure tausche(var v1,v2: real);

   var v3: real;

   begin
     v3  := v1;
     v1  := v2;
     v2  := v3;
   end;

begin
   (* cos & sin Werte in Tabelle ablegen *)
   (* cos(x) = sin(x+c/2)                 *)
   hs := 2 * pi / anz;
   for i := 0 to (anz+(anz shr 2)) do
   begin
     sinus[i] := sin(hs*i);
```

```
end;
j := 0;
ow :=  round(anz/2);
for  i := 0 to anz - 2 do
begin
   if i < j then
      tausche(x[i],x[j]);
   k := anz div 2;
   while k <= j do
   begin
       j := j - k;
       k := k div 2;
   end;
   j := j + k;
end;
a := 2;
b := 1;
c := anz div 4;
for j:= 1 to  round(ln(anz)/ln(2))  do
                     (* höchste Potenz von 2 *)
begin
   l := anz div a;
   m := 0;
   for k := 0 to b-1 do
   begin
      i := k;
      while i < anz do
      begin
         n := i + b;
         if k = 0 then
         begin
            hc := x[n];
            hs := y[n];
         end
         else
         begin
            hc := x[n] * sinus[m+c] - y[n] * sinus[m];
            hs := x[n] * sinus[m] + y[n] * sinus[m+c];
         end;
         x[n] := x[i] - hc;
         y[n] := y[i] - hs;
         x[i] := x[i] + hc;
         y[i] := y[i] + hs;
         i := i + a;
      end;
      m := m + 1;
   end;
   a := a shl 1;
   b := b shl 1;
end;
for i := 1 to ow do
```

```
begin
  x[i] := x[i] / ow;
  y[i] := y[i] / ow;
end;
end;
```

Listing 8.7:   Routine zur Berechnung der FFT-Koeffizienten eines beliebigen Signalverlaufs.

Die Meßwerte werden im Array X der Routine zur Verfügung gestellt.
Nach Verlassen der Procedure stehen hier die Koeffizienten der Cosinuswerte. Array Y enthält die für die Sinuswerte. Damit die Meßdaten nicht verloren
gehen, sollte X auf jeden Fall als Kopie angelegt sein. In der vorgestellten
Form können 1.024 Meßwerte analysiert werden. Sollen mehr Werte verarbeitet werden, muß die Definiton der Arrays entsprechend verändert werden.
Die Größe von SINUS muß n + n/4 betragen.

Der Aufruf kann z.B. durch folgende Anweisung geschehen:

```
fft(a,b,512);
```

In das Array A müssen dann vorher die Meßergebnisse übertragen werden. In
diesem Beispiel sollen 512 Werte ausgewertet werden.

8.3.3.1 Tiefpaß

Um einen Tiefpaß zu bilden, genügt es, bei der Rekonstruktion die Terme
oberhalb der Grenzfrequenz aus der Berechnung der Funktionswerte auszulassen. Der Schleifenindex muß dazu von 1 bis auf die Zahl i der gewünschten
Oberwelle hochlaufen, die noch durchgelassen werden soll. Damit werden
alle Frequenzanteile oberhalb der Zahl i nicht mehr berücksichtigt und erscheinen demnach auch nicht im Ausgangssignal.

8.3.3.2 Hochpaß

Beim Hochpass werden die niedrigeren Frequenzanteile unterdrückt. In diesem Falle wird der Schleifenindex erst von einer bestimmten Zahl an bis zum Maximalwert i_{max} (vgl. Abschnitt 8.3.2.2) der vorhandenen Koeffizienten laufen. Das Ausgangssignal enthält nur die Anteile von i bis i_{max}.

8.3.3.3 Bandpaß/Bandsperre

Nachdem wir Tief- und Hochpaß realisieren können, bereitet es keine weitere Mühe, einen Bandpaß oder gar eine Bandsperre zu programmieren.

Es sind lediglich die entsprechenden Koeffizienten ein- oder auszublenden. Selbst eine Übertragungsfunktion, die z.B. mehrere Bänder sperrt, ist leicht zu bewerkstelligen. Den Anwendungsmöglichkeiten sind dabei nahezu keine Grenzen gesetzt.

Damit auch eine Kontrolle des Signals nach einer solchen Behandlung möglich ist, muß dieses wieder rekonstruiert werden können. Dazu dient am besten das Programm aus Listing 8.6 mit der Erweiterung auf alle beteiligten Werte und die Cosinusterme. Listing 8.8 zeigt die vollständige Programmerweiterung für den Teil der Anzeige. Es handelt sich im Beispiel um eine Transformation mit 512 Werten. J läuft also nur bis maximal 256.

```
line(v-4,v1,v+af,v1);
line(v,v1,v,v1-70);
line(v,v1,v,v1+70);
for i := 1 to af do
begin
   h := 0;
   for j := 1 to 256 do
   begin
      h := h + a[j]*cos(zp*i*j/af) + b[j]*sin(zp*i*j/af);
   end;
   putpixel(i+v,v1-round(h*100),15);
end;
```

Listing 8.8: Rekonstruktion eines beliebigen Signales mit Hilfe der Fourier-Koeffizienten

Abb. 8.14 zeigt verschiedene Ausgangssignale für die Rechteckschwingung aus Abb. 8.13 nach der Anwendung eines Tief-, eines Hoch- und eines Bandpasses.

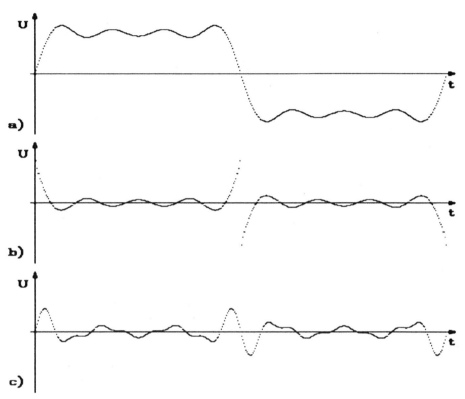

Abb. 8.14: a) Tiefpaß bis n = 7, b) Hochpaß ab n = 9, c) Bandpaß von n = 7 bis n = 15

8.3.3.4 Ausblenden von Störsignalen

Physikalische Vorgänge laufen nach bestimmten mathematischen Gesetzmässigkeiten ab. So werden sich Drücke und Temperaturen, wenn man bestimmte Bereiche wie z.B. die Überschallphysik einmal ausklammert, immer nach einer e-Funktion verändern.

Am Beispiel einer Abkühlkurve, mittels derer man z.B. Rückschlüsse auf die Wirkung einer Kühlvorrichtung ziehen kann, soll das Problem verdeutlicht werden. Der qualitative Verlauf des Meßsignals ist damit von vornherein als fallende e-Funktion vorgegeben.

Der typische Verlauf einer Spektraldarstellung nach der FFT-Analyse einer e-Funktion ist in Abb. 8.15a dargestellt. Man erkennt, daß die Spektralfunktion selbst ebenfalls einer bestimmten Funktion gehorcht. In diesem Fall handelt es sich ebenfalls um eine fallende e-Funktion. Abb. 8.15b zeigt die gleiche Funktion mit einem aufgekoppelten Störsignal, wie es bei langen, parallel zu Netzspannung führenden Meßleitungen durch induktive Kopplung auftreten kann. Das dazugehörige Meßsignal ist in Abb. 8.16a abgebildet.

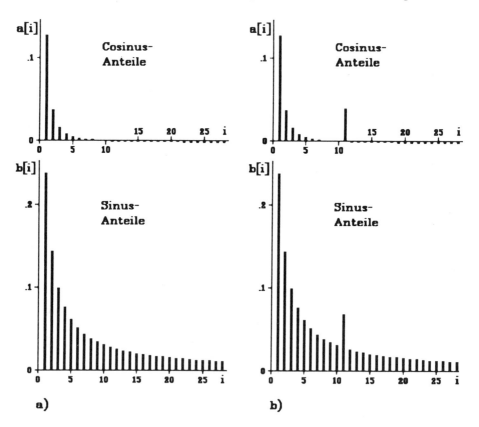

a)   b)

Abb. 8.15: a) Ungestörter Spektralverlauf einer e-Funktion, b) Verlauf mit aufgekoppelter Brummspannung

Auffällig ist die Unregelmäßigkeit im Frequenzbereich der 11. Oberwelle, die in diesem Beispiel die Netzfrequenz von 50 Hz repräsentieren soll. Es wurde aber bereits erwähnt, daß Spektralfunktionen in ihrem Verlauf normalerweise keine Unregelmäßigkeiten aufweisen (sieh auch Abb. 8.15a), wenn kein Störsignal beteiligt ist. Im vorhergehenden Abschnitt haben wir festgestellt, daß es relativ einfach ist, mittels FFT ein schmalbandiges Filter auszulegen, mit dem die 11. Oberwelle ausgeblendet werden kann. Diese Vorgehenweise bringt in einem solchen Fall aber nicht das gewünschte Resultat (Abb. 8.16b). Die Störamplitude ist zwar deutlich verringert, jedoch kann von einer Beseitigung nicht die Rede sein. Der Grund: Durch Filterung werden für den Verlauf der Funktion der oder die entsprechenden Koeffizienten auf Null gesetzt.

Zur Behebung der Störung ist es erforderlich, den Spektralverlauf entsprechend zu korrigieren. Wie man aus Abb. 8.15a entnehmen kann, ist der Koeffizient der 11. Harmonischen im ungestörten Signal ungleich Null.

Eine entsprechende Routine, mit der man dazu in der Lage ist, zeigt Listing 8.9. Hier können die Werte der Koeffizienten bei gleichzeitiger grafischer Darstellung verändert werden. Die Anwahl der Koeffizienten, sowie die Änderung erfolgt mittels der Coursortasten. Die Zahl des entsprechenden Koeffi-

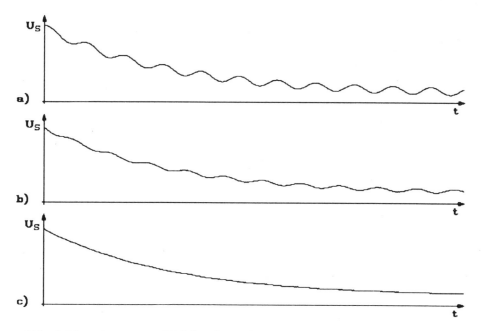

Abb. 8.16:   a) gestörtes Meßsignal, b) Signal nach Filterung, c) Signal nach Korrektur der Koeffizienten

zienten, bei dem man sich gerade befindet, und dessen Wert werden am Bildschirm angezeigt. Auf eine aufwendige Einrahmung und Skalierung wurde verzichtet. Wer mit dieser Routine öfters arbeiten möchte, kann dies selbst nachholen. Nach Verlassen des "Spektraleditors" durch Drücken der Home-Taste kann die Funktion unter Berücksichtigung der neuen Koeffizienten erneut gezeichnet werden. In Abb. 8.16c ist die rekonstruierte Funktion nach der Korrektur der Fourier-Koeffizienten aus Abb. 8.15b dargestellt. Die überlagerte Brummspannung ist jetzt nahezu vollständig ausgeblendet.

```
procedure    spektraleditor(ypos,vs,col,anz: integer;
                      var   w:ra512);
var ch: char;
    x,y: integer;
    pos,amp: string[10];

begin
  for x := 1 to anz do
  begin
    setcolor(col);
    line(x,ypos,x,ypos-round(w[x]*vs));
  end;
  x := 1;
  y := 175;
  repeat
    setcolor(15);
    line(x,ypos,x,ypos-round(w[x]*vs));
    if keypressed then
    begin
      ch := readkey;
      setcolor(0);
      str(x:3,pos);
      str(w[x]:10:5,amp);
      outtextxy(10,ypos+30,pos+'    '+amp);
      if ch = #0 then
      begin
        ch := readkey;
        case ch of
        #77: begin   (* rechts *)
             if x < anz then
             begin
               setcolor(col);
               line(x,ypos,x,ypos-round(w[x]*vs));
               x := x + 1;
             end;
           end;
        #80: begin   (* runter *)
             setcolor(0);
             line(x,ypos,x,ypos-round(w[x]*vs));
```

```
                w[x]  :=  w[x]  -  0.0001;
                setcolor(15);
                line(x,ypos,x,ypos-round(w[x]*vs));
             end;
     #81:  begin    (* pg dn *)
                setcolor(0);
                line(x,ypos,x,ypos-round(w[x]*vs));
                w[x]  :=  w[x]  -  0.001;
                setcolor(15);
                line(x,ypos,x,ypos-round(w[x]*vs));
             end;
     #75:  begin    (* links *)
                if x > 1 then
                begin
                  setcolor(col);
                  line(x,ypos,x,ypos-round(w[x]*vs));
                   x := x - 1;
                end;
             end;
     #72:  begin    (* hoch *)
                setcolor(0);
                line(x,ypos,x,ypos-round(w[x]*vs));
                w[x]  :=  w[x]  +  0.0001;
                setcolor(15);
                line(x,ypos,x,ypos-round(w[x]*vs));
             end;
     #73:  begin    (* pg up *)
                setcolor(0);
                line(x,ypos,x,ypos-round(w[x]*vs));
                w[x]  :=  w[x]  +  0.001;
                setcolor(15);
                line(x,ypos,x,ypos-round(w[x]*vs));
             end;
     #71:  begin    (* home *)
                setcolor(col);
                line(x,ypos,x,ypos-round(w[x]*vs));
                exit;
             end;
        end;
     end;
     setcolor(15);
     str(x:3,pos);
     str(w[x]:10:5,amp);
     outtextxy(10,ypos+30,pos+'     '+amp);
   end;
  until 1 = 2;
end;
```

Listing 8.9:   Procedure zum Editieren der FFT-Koeffizienten

Der Aufruf geschieht z.B. mit folgender Zeile:

```
spektraleditor(ypos,vs,4,256,xk);
```

YPOS setzt fest, auf welchem y-Wert am Bildschirm die Basis der Darstellung
liegt. Mit VS wird die Verstärkung angegeben. Eine Verstärkung von 300 läßt
den Wert 1 mit einer Höhe von 300 Pixeln darstellen. Der Wert '4' legt die
Farbe der Darstellung fest. Für 4 folgt z.B. rot. Weiterhin werden 256 Koeffizienten im Array XK übertragen. Weil die korrigierten Werte ebenfalls in
dieses Array zurückgespeichert werden, sollte dieses vor dem Aufruf als
Kopie der Originaldaten angelegt werden, damit diese erhalten bleiben.

8.3.3.5 Spektralanalyse

Ein weiteres wichtiges Einsatzgebiet für die Fourier-Transformation stellt die
Spektralanalyse dar. Sie findet ihre Anwendung in der Hauptsache bei Schwin-
gungsuntersuchungen an Maschinenteilen oder im Bereich der Akustik, wenn
es beispielsweise gilt, geräuschdämmende Maßnahmen zu treffen.

Es sollen hier lediglich die Prinzipien angesprochen werden, denn eine umfassende Behandlung dieser Thematik gäbe genügend Stoff für ein eigenes Buch.
Speziell die weitergehende Auswertung und richtige Interpretation der aufgenommenen Meßwerte setzt tiefgehende Kenntnisse in der Akustik bzw. der
Schwingungslehre voraus.

Aber auch in anderen Bereichen ist es manchmal durchaus wünschenswert,
den Frequenzgehalt des aufgenommenen Signales zu kennen. Nicht immer
lassen sich Störungen so einfach beseitigen wie im vorherigen Abschnitt beschrieben. Meist ist es notwendig, zunächst nach der Ursache zu forschen. Die
FFT leistet hier wertvolle Hilfe.

Dazu müssen wir uns zunächst eine andere Art der Darstellung ansehen. Die
Einzelspektren mit den Koeffizienten für Sinus und Cosinus waren in den
bisher angesprochenen Anwendungen durchaus brauchbar. Um aber eine umfassende Bewertung des Signals oder gar eine Analyse durchführen zu können,
besitzen die Informationen über die Verteilung der Koeffizienten nicht genügend Aussagekraft. Für das gleiche Signal können sich vollständig andere
Werte ergeben, wenn man das Zeitfenster bei der Aufnahme nur um ein kleines
Stück verschiebt. Letztlich sind die Werte der Einzelspektren fast Zufallser-
gebnisse. Man benutzt deshalb hier eine Darstellung von Amplitude und

Phase. Bei der Amplitude gibt man lediglich die normierte, also auf den Wert 1 bezogene, Amplitude der Sinusschwingungen an. Dies ist möglich, weil eine Cosinus-Schwingung durch eine phasenverschobene Sinuswelle ausgedrückt werden kann. Deshalb benötigt man hier auch die Information über die Phasenlage.

Um diese Werte zu erhalten, müssen die bereits vorliegenden Koeffizienten weiter umgerechnet werden. Aus den Additionstheoremen für trigonometrische Funktionen folgt:

$$\sin^2 + \cos^2 = 1.$$

Durch Umstellen dieser Gleichung erhalten wir sofort die Gesamtamplitude einer Harmonischen, wobei a_i und b_i die Koeffizienten der Cosinus- und Sinusterme sind.

$$|A_i| = \sqrt{a_i^2 + b_i^2}$$

Der nächste Schritt ist das Normieren der Koeffizienten. Dazu benötigt man die Gesamtamplitude des gemessenen Signals. Man kann aber nicht die vorher ermittelten Werte der Amlitudenanteile der Harmonischen einfach aufaddieren. Diese Methode führt zu einem falschen Ergebnis, da die Phasenwinkel nicht berücksichtigt sind. Richtig macht man es, indem man zunächst jeweils die Summen der Cosinus- und Sinuskoeffizienten bildet, sie anschließend quadriert und dann wiederum aus der Summe der beiden Quadrate die Wurzel zieht. Als mathematische Gleichung geschrieben, sieht das folgendermaßen aus:

$$A_{ges} = \sqrt{\left(\sum_1^n a_i\right)^2 + \left(\sum_1^n b_i\right)^2}$$

Der Normierungsvorgang selbst ist dann denkbar einfach.

$$|A_i'| = \frac{|A_i|}{|A_{ges}|}$$

Listing 8.10 zeigt eine Routine, die diese Rechenaufgabe im Handumdrehen erledigt. Nach Durchlaufen des Programms liegen die Amplituden als normierte Größen und die Phasenwinkel vor.

Anschließend können die Phasenwinkel bestimmt werden. Bedingt durch die etwas eingeschränkten trigonometrischen Funktionen, die Turbo-Pascal zur Verfügung stellt, muß dazu ein kleiner Umweg beschritten werden. Man kann grundsätzlich nach drei Fällen unterscheiden.

```
n  := 256;
sa := 0;
sb := 0;
for i := 1 to n do
begin
  d[i] := sqrt(a[i]*a[i]+b[i]*b[i]);
  sa := sa + a[i];
  sb := sb + b[i];
end;
a_ges := sqrt(sa*sa+sb*sb);
for i := 1 to n do
begin
  am[i] := d[i] / a_ges;
end;
for i := 1 to 256 do
begin
  if abs(b[i]) > 1e-4 then
    ph[i] := arctan(a[i]/b[i])*180/pi
  else
  begin
   if a[i] < 0 then
     ph[i] := -90
   else
     ph[i] := 90;
  end;
  if ph[i] < 0 then
  begin
   if b[i] < 0 then
   ph[i] := ph[i]+180;
  end
  else
  begin
   if b[i] < 0 then
   ph[i] := ph[i]-180;
  end;
end;
```

Listing 8.10: Programmschleife zum Normieren der Koeffizienten und zur
Berechnung der Phasenwinkel

a) Der Cosinuskoeffizient ist gleich 0. In diesem Fall kommt nur der Sinusanteil zum Tragen. Der Phasenwinkel kann 0° oder 180° betragen.

b) Cosinuskoeffizient ungleich 0, Sinuskoeffizient gleich 0. Hier kann der
   Phasenwinkel nur ±90° in Abhängigkeit vom Vorzeichen des Cosinusan-
   teils betragen.

c) Cosinuskoeffizient ungleich 0, Sinuskoeffizient ungleich 0. Der Phasenwinkel kann durch die arctan - Funktion berechnet werden. Er ist per Definition festgelegt mit:

$$\varphi = \arctan \frac{a_i}{b_i}$$

Man kann sofort erkennen, daß die Unterscheidung der Fälle wichtig ist. Übersieht man z.B. daß der Sinusanteil zu Null geworden ist, führt dies bei der anschließenden Berechnung des Arcustangens zu einem Laufzeitfehler im Programm.

In der Praxis wird man es meist mit dem Fall c) zu tun haben. Durch die begrenzte Anzahl von Nachkommastellen, mit denen der Rechner ob mit oder ohne Coprozessor arbeiten kann, werden immer Rundungsfehler und Rechenungenauigkeiten auftreten. Man kann den Umstand etwas mildern, indem man die Koeffizienten nicht auf 0 prüft, sondern darauf, ob ihr Betrag z.B. kleiner $1 \cdot 10^{-4}$ ist. Welche Fehler in Wirklichkeit auftauchen, muß man von Fall zu Fall untersuchen. Am einfachsten geht das, indem man eine gerechnete Sinus- oder Cosinusschwingung durch die FFT-Routine schickt und sich anschließend die Koeffizienten ansieht. Der jeweils andere Anteil sollte dann theoretisch exakt Null sein.

Abb. 8.17 zeigt die eben beschriebene Darstellungsart für die Beispielfunktion aus Abb. 8.16a.

8.3.3.6 Klirrfaktor

Der Klirrfaktor stellt ein Maß für die nichtlinearen Verzerrungen, also den Oberwellengehalt in einem Wechselsignal dar. Früher fast nur in der Audiotechnik als Qualitätsmaß für Verstärkerendstufen vewendet, kommt dem Klirrfaktor nach und nach auch in anderen Bereichen der Elektrotechnik immer mehr Beachtung zu. So wird er z.B. bei der Beurteilung von Netzrückwirkungen, wie sie von großen thyristorgesteuerten Regelantrieben für Gleich- oder Wechselspannungsmotoren verursacht werden, durchaus als Kriterium herangezogen.

Klirrfaktormessungen waren bisher nur mit sogenannten selektiven Voltmetern, die auf die entsprechenden Oberwellen, in dem Bereich, der für die Untersuchung relevant ist, abgestimmt werden müssen, oder mit speziellen

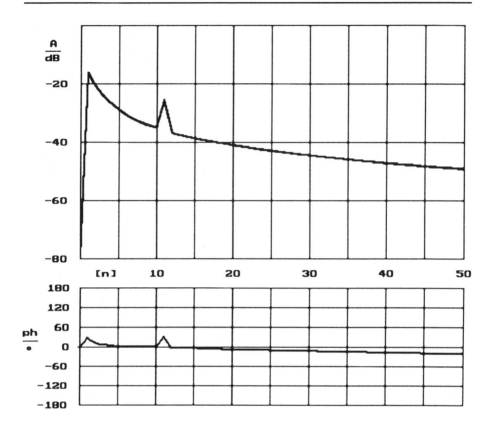

Abb. 8.17: Darstellung von Betrags- und Phasenverlauf für die Eingangs-funktion aus Abb. 8.16a

Oberwellenanalysatoren möglich. Sieht man sich die Bestimmungsgleichung für den Klirrfaktor k an, wird sofort deutlich, warum.

$$k = \sqrt{\frac{U_2^2 + U_3^2 + \ldots}{U_1^2 + U_2^2 + U_3^2 + \ldots}}$$

Für die Berechnung werden die Amplitudenanteile der Harmonischen benötigt. U_1 steht für die Grundwelle, U_2 für die 1. Oberwelle u.s.w. Mit den Informationen, die die Auswertung einer Schwingung nach Abschnitt 8.3.3.5 liefert, sollte jetzt die Berechnung von k keinerlei Schwierigkeiten mehr bereiten. Benötigt wird dazu lediglich das Amplitudenspektrum. Abb. 8.18a zeigt eine im Versorgungsnetz gemessene Spannungskurve, während ein stromgeführter Umrichter mit ca. 160 kW Leistung in Betrieb ist. In Abb. 8.18b ist das zugehörige Amplitudenspektrum zu sehen. Der Klirrfaktor beträgt hier nach Analyse mit der eben beschriebenen Methode ca. 7,88 %. Die FFT wurde dabei mit 512 Meßwerten durchgefürt.

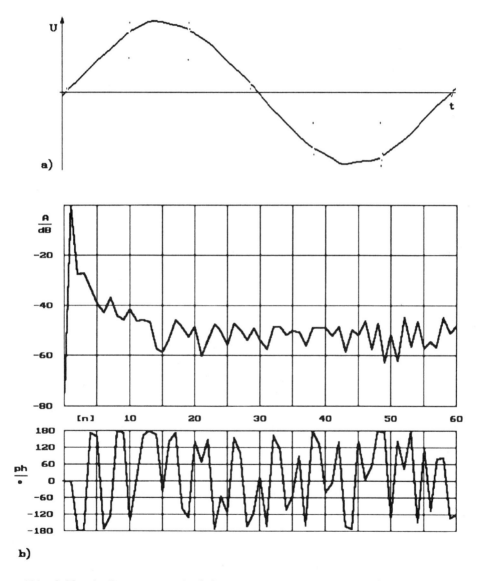

Abb. 8.18: a) Spannungsverlauf im Versorgungsnetz mit laufendem Frequenzumrichter, b) Amplitudenspektrum

Das Bild kann sich deutlich ändern, wenn aus der aufgenommenen Datenmenge ein anderer Ausschnitt für die Analyse gewählt wird. Besonders bei der Phasenlage des Signals macht sich dies bemerkbar. Wird das Datenfenster auch nur um z.B. 10 Meßwerte verschoben, steigt der Cosinusanteil ereblich an.

8.3.3.7 Bewertungsfenster

In der FFT-Praxis verwendet man verschiedene Verfahren, nach denen ein gegebenes Signal analysiert und ausgewertet werden kann. In unseren bisherigen Betrachtungen wurden alle Daten gleich bewertet. Diese Bewertung entspricht der eines Rechteckfensters. Ähnlich, wie beim gleitenden Mittelwert, werden auch hier die zu transformierenden Signale oft vorher mit einer bestimmten Bewertungsfunktion belegt. Es sind z.B. die Dreiecks-, Sinushalbwellen-, Hamming- oder Hanningfenster.

Der Grund, warum man sich oft für eine solche Art der Bewertung meist entscheidet, ist leicht einzusehen. Schneidet man aus einer Reihe von aufgenommenen Daten z.B. 1.024 heraus, um mit diesen eine Analyse durchzuführen, wird man am Anfang und am Ende des Datensatzes immer Sprünge erhalten. Diese Sprünge täuschen bei der Transformation Frequenzbänder vor, die im Signal überhaupt nicht enthalten sind.

Bei allen anderen Bewertungsfunktionen als der Rechteckfunktion werden die Daten am Anfang und am Ende eines Fensters stets schwächer bewertet, als in der Mitte. In der Praxis sieht das so aus, daß alle Meßwerte der Reihe vor der Transformation mit dem Wert der Bewertungsfunktion an der entsprechenden Stelle multipliziert werden. Wichtig für vergleichende Analysen ist, man muß wissen, nach welchem Kriterium die vorhergehende Auswertung vorgenommen wurde.

Genau wie beim gleitenden Mittelwert, tritt auch hier eine Dämpfung der Amplitude auf, die natürlich beim Ergebnis zu berücksichtigen ist. Am Beispiel der Dreieckfunktion sind es wieder genau 50 %.

8.4 Analoge Ausgabe

Die Grundzüge der Ausgabe analoger Signale mit einem PC und auch einige Beispiele dazu wurden bereits in Kapitel 4 behandelt. An dieser Stelle sollen lediglich noch einige spezielle Themen angesprochen werden, die sich aus der Notwendigkeit ergeben können, ein bereits aufbereitetes Signal zur Ausgabe an einen D/A-Wandler zu übergeben.

8.4.1 Voraussetzungen für die Weiterverarbeitung

Zweck einer Ausgabe kann z.B. sein, daß bei der ständigen Kontrolle des Druckes eines Behälters dieser zusätzlich auf einem analogen Anzeigegerät, das u.U. auch weiter entfernt angebracht sein kann, abgelesen werden soll. Man braucht dazu dann den Bildschirm nicht permanent zu kontrollieren. Ein Zeigerinstrument bietet auf einen Blick doch mehr Übersicht. Andererseits wird aufgrund der Vorverarbeitung im PC die Ausgabe eines mit dem aufgenommen Wert im linearen Zusammenang stehenden Spannungssignals an irgendein anderes Gerät bei nahezu 80 % der Sensoren erst möglich.

8.4.1.1 Hardware

Mit Standardwandlern können in der Regel ohne besondere Vorkehrungen Signale im Spannungsbereich von ±10 V ausgegeben werden. Bei manchen Wandlern richtet sich der Ausgangsbereich nach der Höhe und der Polarität einer angelegten externen Referenzspannung (vgl. Kapitel 4). Allen Wandlern gemeinsam ist jedoch eine relativ geringe Ausgangsleistung. Mit anderen Worten, sie können kaum Strom am Ausgang liefern. Die Obergrenze liegt für die meisten Bausteine bei ca. 8 - 10 mA.

Für den eben erwähnten Fall bedeutet das, wenn das angeschlossene Instrument einen relativ geringen Eingangswiderstand besitzt, daß die angezeigte Spannung bzw. die Temperatur oder der Druck auf der Skala, nicht den tatsächlichen Werten entspricht. Sie wird geringer sein. Dieser Effekt wirkt sich bei vielen Wandlern nicht einmal linear aus, so daß man auch nicht die

Möglichkeit hat, einen Korrekturfaktor anzusetzten. Glücklicherweise sind
die Ausgänge der meisten D/A-Wandler kurzschlußfest. So kann zumindest
eine Zerstörung des Bausteins durch Überlast vermieden werden. Die Daten-
blätter der entsprechenden Typen bzw. die Handbücher der Interfacekarten
geben im Normalfall darüber Auskunft.

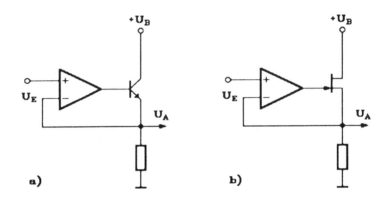

Abb. 8.19: Spannungsfolgerschaltung für höhere Ausgangsströme a) mit bi-
           polarem Transistor, b) mit FET

Ist man sich über die Belastungsfähigkeit des Analogausganges nicht im
klaren, sollte man auf jeden Fall einen Impedanzwandler nachschalten, um
jedem Risiko aus dem Wege zu gehen. Abb. 8.19 zeigt zwei praktische
Schaltungen, mit denen sich durch die Wahl ensprechender Transistoren,
Ausgangsströme bis zu mehreren hundert Milliampere erreichen lassen. Durch
Einsatz eines Feldeffekttransistors (Abb. 8.19b) bleibt die Schaltung selbst
bei kleinsten Ausgangsspannungen linear. Die zusätzlich notwendige Versorgungsspannung von ±12 V kann dem PC-Netzteil entnommen werden. Theoretisch besteht die Möglichkeit, durch Einsatz einer Darligtonschaltung sogar
einige Ampere Strom liefern zu können. Dazu sollte man allerdings ein
separates Netzgerät verwenden.

8.4.1.2 Software

Für die programmtechnische Gestaltung wirft die Analogausgabe von aufbereiteten Signalen einige neue Probleme auf. Zunächst ist da die Anpassung
des "Meßwertebereiches" an den Wertebereich des Wandlers. Je nach Wand-
lerauflösung bzw. ob der Wandler unipolar oder bipolar arbeitet, ergeben sich

Spannen von 0 bis 255 bei 8 Bit Auflösung, oder 0 bis 4.095 bei 12 Bit. Bei bipolarem Ausgang liegt der Nullpunkt in der Mitte des Bereiches. Für 12 Bit Auflösung wär das der Wert 2.048. Es muß also erst eine Rückrechnung der Daten aus irgendeinem physikalischen Wertebereich in den Bereich der vom Wandler akzeptierten Größen vorgenommen werden. Zu beachten ist, daß der D/A-Baustein nur Integerwerte annehmen kann. Durch diesen Umstand müssen die Daten bei der Umrechnung gerundet werden. Der dabei entstehende Fehler ist jedoch für die Praxis vernachlässigbar klein. So beträgt beispielsweise bei 12 Bit Auflösung und unipolarer Ausgabe die Wertauflösung: Signalmaximum / 4.096. Selbst bei 8 Bit und bipolarer Ausgabe kann ein Signal noch in kleineren Schritten als 1 % aufgelöst werden.

Das nächste Problem kommt auf, wenn die Ausgabe in exakt zeitgleichen Abständen erfolgen soll, um z.B. einen Plot auf einen y-t-Schreiber zu geben. Bei A/D-Wandlern wurde das Problem durch einen Timerbaustein, der den Wandlungsvorgang in definierten Zeitabständen startete, gelöst. Der Wandler selbst löst dann nach Beendigung der Umsetzung einen Hardwareinterrupt aus, der den Prozessor dazu bringt, die gewandelten Daten in den Systemspeicher zu übernehmen. D/A-Wandler werden normalerweise nicht mit den Interruptleitungen verdrahtet, so daß eine solche Arbeitsweise nicht in Betracht kommt. Für Anwendungen, bei denen eine Zykluszeit von 1 s und mehr erlaubt ist, kann man sich mit der DELAY(X)-Procedure behelfen. Eine genaue Zeit einzustellen wird aber hier sehr schwierig sein.

Eine andere Möglichkeit bestünde darin, den Systemzeitgeber auf einen entsprechenden Takt umzuprogrammieren und bei jedem 1Ch-Interrupt den Wandler zu aktualisieren. Der Nachteil dieser Methode ist, daß die Systemzeit davonlaufen würde. Da diese ohnehin nicht die genaueste ist, wäre der Umstand leicht zu verschmerzen, wenn nicht noch ein anderer Haken dabei hervorstehen würde. Aus dem gleichen Timerbaustein werden Zeitimpulse für die Steuerung der Laufwerke abgeleitet. Ohne umfassende Kenntnis der umgebenden Hardware sollte man also tunlichst vermeiden, per Programm in die Systemablaufsteuerung einzugreifen.

Es bleibt aber trotzdem eine relativ einfache Möglichkeit. Meist treten D/A-Wandler nur in Kombination mit A/D-Wandlern auf einer Karte auf. Wenn hier zusätzlich noch ein Timerbaustein installiert ist, der ja auch die Voraussetzung für die äquidistante Signalabtastung darstellt, kann dieser für die gestellte Aufgabe genutzt werden. Man programmiert zunächst den Timer genauso, als wolle man Daten lesen. In der Interruptroutine, die normalerweise die gewandelten Daten liest, schreibt man jedoch statt dessen in den D/A-Wandler. Die Obergrenze für die Ausgabefrequenz wird dabei durch die

Bearbeitungszeit der Interruptroutine und nicht durch die maximale Wandlungsfrequenz des D/A-Wandlers festgelegt. D/A-Wandler sind zeitunkritisch. Im Normalfall besteht jedoch keine Notwendigkeit, bei der Ausgabe von analogen Signalen eine solch hohe Frequenz, wie sie der Wandler zuläßt, zu erreichen.

8.4.2 Form der Ausgangsspannung

Nachdem die ersten Probleme ausgeräumt sind, wenden wir uns dem Ausgangssignal selbst zu. Durch die begrenzte Auflösung des Signals kann der Wandler bei einer Änderung des eingeschriebenen Wertes das Ausgangssignal nur sprunghaft ändern. Die Größe des Sprunges hängt von der Auflösung und von der Betriebsart des D/A-Wandlers ab. Zuletzt natürlich auch vom eingeschriebenen Wert.

Abb. 8.20 zeigt sinusförmige Ausgangssignale eines D/A-Wandlers, die von einem zweiten Rechner mit einem A/D-Wandler aufgenommen wurden. Verwendet wurde ein 12-Bit-D/A-Wandler mit einem Ausgangsspannungsbereich von 0 bis 5 V. Gemessen wurde ebenfalls mit einem 12-Bit-Wandler, allerdings mit einem Eingangsbereich von 0 bis 10 V. Die Abtastfrequenz der Messung liegt ca. um den Faktor 7 höher als die der Ausgabe. In Kurve a ist das Ausgangssignal dargestellt, wie es von einem anderen Gerät aus direkt am Wandllerausgang gesehen wird. Deutlich zu erkennen ist die treppenförmige Änderung im Signal.

Nachdem Meßwerte im Rechner z.B. einen Tiefpaß durchlaufen haben, sollten eigentlich keine hochfrequenten Anteile, wie sie durch Spannungssprünge erzeugt werden, mehr enthalten sein. Die Rückwandlung in ein analoges Ausgangssignal bringt damit neue Schwierigkeiten mit sich. Leider bietet die gegenwärtige Technik keine Alternative.

8.4.2.1 Maßnahmen zur Verbesserung

Die einzige Möglichkeit, diesen Treppeneffekt zu unterdrücken, besteht darin, das Ausgangssignal nochmals zu filtern. Hier kommt aber nur ein Hardwarefilter, wie er als einfachstes Beispiel schon als RC-Glied vorgestellt wurde, in Betracht.

Das Problem, das sich aufwirft, ist die Grenzfrequenz dieses Tiefpasses richtig zu bestimmen und einzusetzen. In Abb. 8.20 b und c sind die Wirkungen
verschiedener Zeitkonstanten, bezogen auf das Ausgabeintervall dargestellt.
Man kann daraus erkennen, daß für eine Zeitkonstante von $\tau = R{\cdot}C = t_a$ die
beste Glättungswirkung bei weitgehendem Erhalt der Signalform erzielt wird
(t_a ist die Zeit zwischen 2 Ausgaben). Das Ausgangssignal für $\tau = t_a$ zeigt
Kurve b.

In Abb 8.20c ist die Kurvenform dargestellt, die mit einem Filter der Zeitkonstante $t = 2{\cdot}t_a$ ausgegeben wurde. Die Signalform wird zwar immer besser,
allerdings macht sich auch die Tiefpaßwirkung schon mit einer Dämpfung der
Amplitude und einer Phasenverschiebung des Signals bemerkbar.

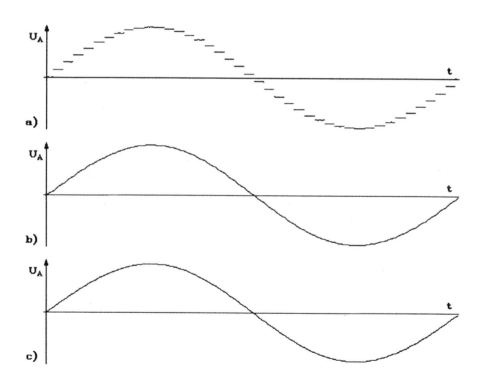

Abb. 8.20: Auswirkung von RC - Gliedern mit verschiedenen Zeitkonstanten auf den Verlauf der Ausgangsspannung eines D/A-Wandlers

Für praktische Anwendungen sind solche Dinge jedoch nur in Einzelfällen relevant. Der Grund besteht einfach darin, daß die Empfänger analoger Signale meist selbst Tiefpaßcharakteristik besitzen. Der Zeiger eines analogen Anzeigeinstruments wird kaum mit der Frequenz von 1.000 Hz schwingen. Ebensowenig wird ein x-y- oder y-t-Schreiber die Schwingungen auf der entsprechenden Achse mit einer solchen Frequenz registrieren. Um jedoch unerwünschte Störeffekte auszuschließen, empfiehlt sich der Einsatz eines RC-Gliedes als Tiefpaß mit richtig gewählter Zeitkonstante in jedem Falle. Bei einem nachgeschalteten Stromverstärker muß dieses natürlich vorher plaziert sein. Durch Zuschaltung mehrerer Kondensatoren bzw. Widerstände kann die Zeitkonstante variiert und damit verschiedenen Erfordernissen angepaßt werden.

9 Regelung

Das Messen von irgendwelchen Größen ist eine Sache, das Regeln dieser Größen ist eine andere. Soll eine bestimmte physikalische Größe konstant gehalten werden, oder soll diese in ihrer Höhe z.b. einem vorher festgelegten zeitlichen Verlauf genau folgen, dann kann man selten mit einer Steuerung helfen. Eine Regelung ist in den meisten Fällen unerläßlich.

Die Kontrolle von Regelkreisen war lange Zeit nur analog aufgebauten Reglern vorbehalten. Durch die zunehmende Leistungsfähigkeit von Computern, hier wird in erster Linie die Rechengeschwindigkeit und erst an zweiter Stelle die ständig wachsende Leistungsfähigkeit von Peripheriekarten als Kriterium herangezogen, können aber viele der Aufgaben auf diese übertragen werden. Auch Regelkreise, die in ihrem Zeitverhalten sehr kritisch sind, können heute mit einem Computer durchaus zufriedenstellend beherrscht werden. Wenn auch in bestimmten Situationen noch nicht gänzlich auf den analogen Regler verzichtet werden kann, so ist doch z.B. durch einen PC eine ganze Palette von Regelaufgaben abdeckbar.

Bevor wir uns aber mit der Problematik eines Computers als Regler beschäftigen können, muß zunächst in einigen Abschnitten etwas über Regelung allgemein gesagt werden. Um den Übergang vom analogen Regler auf einen digital arbeitenden Regler nachvollziehen zu können, müssen zuerst die Grundlagen vorhanden sein. Wer danach noch weiter in diese Materie einsteigen möchte, muß auf existierende Spezialliteratur zu dieser Thematik verwiesen werden. So wird hier auf die mathematische Beschreibung der Regelkreise durch Differentialgleichungen und allen angewendeten Verfahren zu deren Lösung, wie z.B. die Laplace-Transformation, gänzlich verzichtet. Die Regelungstechnik soll hier überwiegend von der praktischen Seite aus gesehen werden. Trotzdem kann bei der Betrachtung einiger Zusammenhänge nicht auf einfache mathematische Gleichungen verzichtet werden.

9.1 Merkmal einer Regelung

Eine Regelung unterscheidet sich von einer Steuerung in der Hauptsache dadurch, daß der sogenannte Istwert der Regelgröße fortlaufend einen Einfluß auf die Höhe desjenigen Wertes ausübt, der die Regelgröße wesentlich bestimmt. Es handelt sich dabei um die sogenannte Stellgröße. Abb. 9.1 zeigt schematisch, wie ein solcher Regelkreis aussieht. Der Ausdruck Regelkreis deutet schon daraufhin, daß es sich um ein geschlossenes Gebilde handeln muß. Wird der Kreis an irgendeiner Stelle unterbrochen, geht das Merkmal einer Regelung verloren.

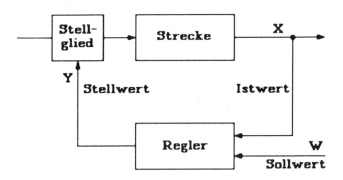

Abb. 9.1: Schematische Darstellung eines Regelkreises

Ein einfaches Beispiel kann diesen Zusammenhang verdeutlichen. Man behauptet immer, ein Auto würde durch einen Menschen gesteuert. Streng nach den Prinzipien der Regelungstechnik wird jedoch z.B. die Position des Wagens auf der Fahrbahn durch den Menschen geregelt. Werden Abweichungen von der Ideallinie der Fahrbahn durch das Auge festgestellt, wird die Stellgröße, in diesem Fall der Lenkeinschlag, entsprechend verändert. Der Wirkungskreis ist damit geschlossen. Eine Steuerung läge z.B. dann vor, wenn man sich beim Fahren die Augen verbinden würde.

Also nur durch die Rückwirkung des Ausganges der Regelstrecke auf den Eingang ist es möglich, unvorhergesehene Störungen, oder besser ihre Auswirkungen auf die Regelgröße, auszugleichen. Hätte man es immer mit konstanten Störgrößen zu tun, wäre eine Regelung überflüssig. In einem solchen Fall könnte eine Steuerung das gleiche Resultat liefern.

9.2 Regelungsprinzipien

Geregelt werden kann nach mehreren Arten. Es ist möglich, dabei nach stufenweisen oder nach kontinuierlichen Prinzipien vorzugehen. Jede dieser Methoden besitzt ihre Vor- und Nachteile. Mit stufenweise und kontinuierlich ist die Möglichkeit der Änderung der Stellgröße gemeint. Die Istwerterfassung der Regelgröße wird unabhängig davon bei den meisten Systemen fortlaufend, also kontinuierlich, vorgenommen, damit bei einer Abweichung ohne größeren Zeitverzug reagiert werden kann.

Die einfachste Regelart, die allerdings nicht ohne weiteres klassifizierbar ist, ist eine sogenannte Handregelung. Die Aufgabe des Reglers übernimmt dabei der Mensch. Er liest an einem geeigneten Meßgerät den Istwert der Regelgröße ab und korrigiert danach die Stellgröße entsprechend. Man kann den Ablauf wie folgt beschreiben: Das Gehirn bildet den Unterschied zwischen Ist- und Sollwert, die sogenannte Regelabweichung $x_w = x - w$. Je nach ihrer Größe wird der Hand der Befehl erteilt, die Stellgröße mehr oder weniger zu verändern. Es findet aber noch ein anderer Vorgang statt, der diese Art der Regelung deutlich von allen anderen abhebt. Mit zunehmender Erfahrung ist das Gehirn in der Lage, die Stellgröße noch nach anderen Kriterien als nur durch die Größe der Regelabweichung zu beeinflussen. Der Mensch kann lernen, auf das Zeitverhalten der Regelstrecke besonders zu reagieren.

Es handelt sich dabei also um eine lernende Regelung, bei der die entsprechenden Regelparameter den jeweiligen Erfordernissen durch vorherige Versuche und mögliche Irrtümer angepaßt werden können. Nach genügender Zeit wird der Mensch als Regler über ausreichende Erfahrungen verfügen, die Regelgröße unter Einfluß aller äußerer Bedingungen konstant zu halten.

In der Realität kann man aber einen Menschen auf Dauer nicht für die Lösung einer solchen Aufgabe einsetzen. Man hat es daher praktisch mit Automaten als Regler zu tun, die meist alles andere können, nur nicht dazulernen. Nur das einmal fest vorgegebene Verhalten auf eine bestimmte Situation kann erwartet werden. Die Vorgabe dieser Verhaltensweise jedoch ist es, die dem Anwender durchaus Kopfschmerzen bereiten kann.

9.2.1 Unstetige Regelung

Als unstetige Regelung bezeichnet man eine Konstanthaltung der Regelgrösse in gewissen Grenzen. Oder besser ausgedrückt: Der Mittelwert der Regelgröße soll dabei konstant bleiben. Mit unstetig ist dabei mehr die Reaktion des Reglers gemeint, wenn die Regelgröße die vorher bestimmten Grenzen verläßt. Der Regler hat nur die Möglichkeit, die Energiezufuhr zum Kreis zu stoppen oder sie teilweise bzw. ganz freizugeben.

9.2.1.1 Zweipunktregelung

Die einfachste Form der Regelung überhaupt ist die Zweipunktregelung. Sie wird beispielsweise bei der Konstanthaltung der Temperatur an einem Bügeleisen verwendet. Der Regler ist hier ein Bimetallstreifen, der bei Überschreiten der eingestellten Temperatur den Stromkreis zur Heizplatte unterbricht, und ihn auch wiederherstellt, wenn die untere Grenztemperatur unterschritten wird. Die Sollwerteinstellung geschieht dabei durch eine Schraube, mit der das Bimetall mehr oder weniger vorgespannt wird. Um die Einstellung zu erleichtern, ist der Drehknopf der Schraube mit einer Marke bzw. mit einer Skala ausgestattet.

Temperaturregelungen dieser Art sind relativ einfache Anwendungen. Deshalb kann ein solches Beispiel auch sofort in eine Aufgabe für einen PC übertragen werden. Wir wechseln vom Bügeleisen zu einem elektrisch beheizten Glühofen, dessen Temperatur z.B. auf annähernd 600 °C konstant gehalten werden soll. Abb. 9.2 zeigt den prinzipiellen Aufbau dieses Regelkreises. Zur Erfassung der Temperatur wird ein Thermoelement verwendet, das über einen geeigneten Verstärker an den A/D-Wandler des Rechners angeschlossen ist. Das Schalten der Heizwicklung wird durch ein Halbleiterrelais übernommen.

Die einfache Regelstruktur erlaubt es, den Regelalgorithmus innerhalb weniger Programmzeilen zu formulieren. Es handelt sich zunächst um die Überprüfung, ob die gemessene Temperatur oberhalb oder unterhalb eines gewissen Grenzwertes liegt. Abhängig vom Resultat wird die Heizung zu- oder abgeschaltet. Listing 9.1 zeigt das vollständige Programm. Die Function AD() wird als bereits definiert vorausgesetzt und liefert unmittelbar einen

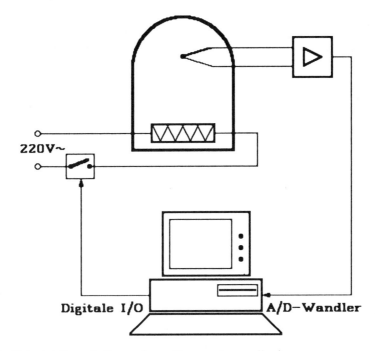

Abb. 9.2: Prinzipieller Aufbau eines Temperaturregelkreises

Wert, der der gemessenen Temperatur entspricht. D.h., die Umrechnung des vom Wandler gelieferten Wertes wird direkt in der Function vorgenommen. Das Halbleiterrelais ist am 8255 am als Ausgang definierten Port A0 angeschlossen.

```
program   unstetige_regelung;

const 8255a = $300;
      8255st = $303;
var   og, ug: integer;

procedure zweipunktregler(og,ug:integer);

var temperatur: integer;

begin
   temperatur := ad(0);
   if temperatur > og then
   begin
     port[8255a] := 0;
   end;
```

```
if temperatur <    ug then
begin
   port[8255a] := 1;
   end;
end;

begin
   port[8255st] := $80;  (* Alle Ports Ausgänge *)
   og := 602;
   ug := 598;
   repeat
     zweipunktregler(og,ug);
     ( *
     Raum   für   Temperaturanzeige   o.ä.
     * )
   until 1 = 2;
end.
```

Listing 9.1: Programm zur Temperaturregelung nach dem Zweipunktprin-
zip

Die Werte OG (Obergrenze) und UG (Untergrenze) im Programm verdienen
in diesem Zusammenhang eine besondere Beachtung. Grundsätzlich ist es
möglich, diese beiden Variablen auf einen gemeinsamen Zahlenwert zu setzen. Die Entscheidung, ob man dieses tun sollte, hängt von der Zeitkonstante
der Regelstrecke, in diesem Fall also von der des Ofens ab. Ist die Zeitkonstante sehr klein, also wenn sich die Temperatur nach Einschalten der Heizung sehr schnell erhöhen würde, kann dies dazu führen, daß das verwendete Schaltelement bis an den Rand seiner Belastungsfähigkeit oder sogar
darüber hinaus beansprucht würde. Für ein mechanisches Relais könnte sich
eine dermaßen hohe Schaltfrequenz ergeben, die dieses nicht mehr bewältigen kann. Es treten dann z.B. solche Effekte auf, daß die Kontakte überhaupt
nicht mehr geschlossen werden, oder sie "kleben", d.h. sie lösen nicht mehr
voneinander.

Für ein Halbleiterrelais ist die maximale Schaltfrequenz aufgrund der Frequenz der Netzspannung mit 50 Hz vorgegeben, da diese nur in einem Nulldurchgang der Spannung ein- bzw. abschalten können. Versucht auch hier
der Regler schneller zu schalten, kommt es in jedem Fall zu einer unkon-
trollierten Energiezufuhr zum Heizelement. Liegt im Augenblick des Null-
durchgangs der Netzspannung ein Steuersignal an, wird für die Dauer der
gesamten nächsten Halbwelle durchgeschaltet, anderenfalls nicht. Die Temperatur würde dadurch nicht mehr, wie eigentlich gewünscht, mit mehr oder
weniger großer Amplitude um einen bestimmten Wert schwanken, sondern
unregelmäßige Schwingungen vollführen. Erfahrungsgemäß sind jedoch ge-

rade Temperaturregelstrecken relativ träge, so daß dieser Effekt in unserem
Beispiel nicht so stark zum Tragen kommt. Das Programm besitzt von sich
aus schon eine gewisse Hysterese, die die Schalthäufigkeit dämpft. Mit einer
Differenz der Werte OG und UG, die einem Temperaturunterschied von ca. 2
bis 4 K entspricht, sollte man eigentlich immer gut auskommen. Grundsätzlich ist zu sagen, daß eine Verkleinerung der Differenz eine Erhöhung der
Schaltfrequenz mit sich bringt. Abb. 9.3 zeigt einen Temperaturverlauf, wie
er sich nach diesem Beispiel ergeben könnte.

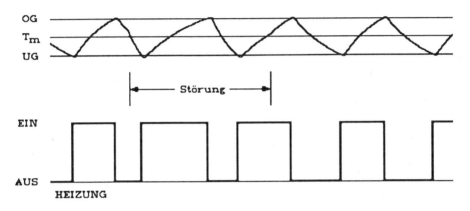

Abb. 9.3: Temperaturverlauf bei einer Zweipunkt-Heizungsregelung

Wegen ihrer Einfachheit wird diese Art der Regelung sehr oft angewendet.
In der Praxis ist es bei einem Glühofen meist unerheblich, ob die Temperatur
z.B. genau 600 °C beträgt, oder ob sie zwischen den Werten 598 und 602 °C
schwankt. Aus den vorher erwähnten Gründen beschränkt sich der Einsatz
der Zweipunktregelung jedoch auf Regelstrecken mit einer relativ hohen
Zeitkonstante.

9.2.1.2 Dreipunktregelung

Eine weitere Form der unstetigen Regelung ist die Dreipunktregelung. Beim
Zweipunktregler kann die Energiezufuhr zur Regelstrecke nur in groben
Schritten (0 % und 100 %) eingestellt werden. Der Dreipunktregler bringt
da eine wesentliche Verbesserung. Hier läßt sich noch eine dritte Stufe (z.B.
50 %) für die Energiezufuhr einstellen. Wie groß diese Stufe in der Praxis
tatsächlich ausgeführt wird, ist meist individuell dem Problem angepaßt. In

der Regel wählt man, um beim Beispiel einer Temperaturregelung zu bleiben, einen Wert, bei dem der Ofen unter normalen Betriebsbedingungen gerade eben seine Temperatur halten kann.

Die Dreipunktregelung reduziert in jedem Fall die Schalthäufigkeit und
auch die Überschwingweite der Regelgröße. Abb. 9.4 zeigt einen für eine
Dreipunktregelung typischen Temperaturverlauf.

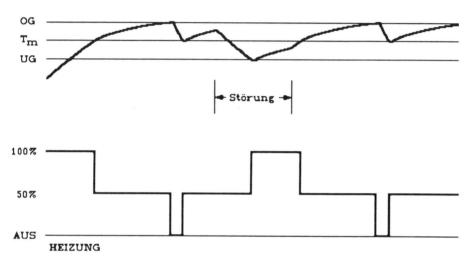

Abb. 9.4: Temperaturverlauf bei einer Dreipunkt-Heizungsregelung

Von der Schaltung her wird für die Dreipunktregelung ein zweites Schaltelement zur Ansteuerung der zweiten Heizstufe benötigt. Das zusätzliche
Schaltelement wird hier an Port A1 des 8255 angeschlossen. Für den Fall,
daß der dritte Schaltpunkt die 50-%-Stufe sein soll, müssen beide Heizelemente so ausgelegt sein, daß sie je 50 % der gesamten Heizleistung des
Ofens besitzen. Oft wird auch die Abstufung Aus-Stern-Dreieck benutzt.
Beim Wechsel von Stern- auf Dreieckschaltung erhöht sich die Leistung um
den Faktor 3.

Programmtechnisch braucht nur ein weiterer Vergleich in die Routine zur
Zweipunktregelung aus Listing 9.1 eingefügt werden. Bei Unterschreitung
des Zwischenwertes wird zunächst das zusätzliche Element eingeschaltet.
Die erweiterte Procedure DREIPUNKTREGLER zeigt Listing 9.2.

```
procedure dreipunktregler(og,ug,zw:integer);

var temperatur: integer;

begin
   temperatur := ad(0);
   if temperatur > og then
   begin
     port[8255a] := 0;
   end;
   if temperatur < zw then
   begin
     port[8255a] := 2;
   end;
   if temperatur < ug then
   begin
     port[8255a] := 3;
   end;
end;
```

Listing 9.2: Procedure zur Dreipunktregelung einer Regelstrecke

9.2.2 Stetige Regelung

Unstetige Regelungen sind zwar relativ einfach vom Aufbau und von der Programmierung zu realisieren, sie haben aber den Nachteil, daß die Regelgröße eben doch nicht genau konstant gehalten wird. Der Istwert schwankt auch im störungsfreien Betrieb zwischen zwei Grenzwerten hin und her. Was hier konstant gehalten oder geregelt wird ist lediglich der Mittelwert der Regelgröße. Die Begründung liegt in der stufenweisen Zuführung der Stellgröße zur Regelstrecke und in der groben Aufteilung der Stufen. Beim Zweipunktregler z.B. 0 % und 100 %.

Die stetige Regelung dagegen dosiert die Stellgröße, sie wird in der Regelungstechnik allgemein mit y bezeichnet, in unendlich vielen kleinen Stufen und führt sie dem Stellglied der Regelstrecke zu. Es ist jeder Wert der Stellgröße von 0 bis y_{max} möglich. Dadurch kann man der Regelstrecke jeden zur Aufrechterhaltung des Istwertes notwendigen Wert zukommen lassen. Wie man im Vergleich zum vorherigen Abschnitt feststellen kann, sind mit dieser Methode die Schwankungen um den Sollwert theoretisch auf Null reduzierbar. Erkaufen muß man sich dieses Verhalten jedoch mit einem weitaus höheren Aufwand an Technik.

Das Prinzip der stetigen Regelung soll am Beispiel eines Spannungsreglers erläutert werden. Spannungsregler sind als integrierte Bausteine für nahezu jede geläufige Festspannung und jeden Leistungsbereich, aber auch für frei einstellbare Spannungen im Handel erhältlich. Über die Wirkungsweise macht man sich allgemein keine Gedanken.

Der Spannungsregler soll Spannungsschwankungen am Eingang, aber auch Schwankungen am Ausgang, bedingt durch Lastwechsel ausgleichen. Der Istwert der Ausgangsspannung soll immer auf dem selben Wert gehalten werden. Abb. 9.5 zeigt eine einfache Schaltung, wie sie früher, bevor integrierte Spannungsregler erhältlich waren, zu diesem Zweck praktisch eingesetzt wurde. Am Schaltungsprinzip hat sich auch durch die Integration nahezu nichts geändert. Lediglich einige Feinheiten, wie Begrenzung des Ausgangsstromes usw., sind dazugekommen. Da der Transistor T_1 in Reihe zur Last liegt, bezeichnet man diese Art auch als Serienstabilisierung.

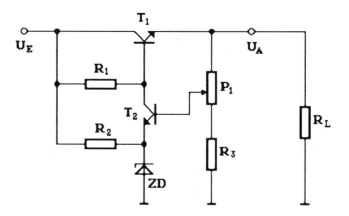

Abb. 9.5: Einfache Schaltung zur Regelung einer Spannung

Als Stellglied dient hier der Transistor T_1. Durch seinen Widerstand beeinflußt er die Stromstärke im Lastkreis und damit den Spannungsabfall am Widerstand R_L. Die hier tatsächlich anliegende Spannung fällt über die in Reihe geschalteten Widerstände P_1 und R_3 ab. Der Emitter von T_2 wird durch die Zenerdiode ZD immer auf konstantem Potential gehalten. Sein Widerstand beginnt zu sinken, wenn die Spannung an seiner Basis ca. 0,4 V höher liegt, als die am Emitter. Sinkt aber sein Widerstand, verändert sich das Spannungsverhältnis von R_1 zu T_2. Die Spannung an der Basis von T_1 sinkt. Als Folge wird die Spannung am Emitter von T_1 sinken. Über die Brücke P_1-R_3 sinkt demnach auch die Spannung an der Basis von T_2. Sein Widerstand steigt leicht an, wobei sich auch die Spannung an der Basis von T_1 erhöht. Damit steigt die Ausgangsspannung wieder an usw. Die Höhe der Ausgangsspannung, die sich einstellt, ist hier von der Schleiferstellung des Potentiometers P_1 abhängig. Dadurch kann die Ausgangsspannung, oder regelungstechnisch ausgedrückt, der Istwert der Schaltung in gewissen Grenzen variiert werden.

Wir haben hier ein klassisches Beispiel für eine stetige Regelung vorliegen. Die kleinste Änderung der Ausgangsspannung wirkt sofort mit dem Verhältnis ihrer Höhe auf das Stellglied ein. Störungen, egal ob sie durch die Last oder durch Schwankungen der Eingangsspannung hervorgerufen werden, können schnellstens ausgeglichen werden. Da der Regler immer aktiv ist, kann man auch verstehen, daß der Ausgang immer mit einem Kondensator beschaltet sein soll. Dieser hat die Aufgabe, die hochfrequenten Regelschwingungen, die sich im mV-Bereich am Ausgang ergeben, zu dämpfen.

9.3 Die zu regelnde Einheit

Nur ein Regler macht noch keinen Regelkreis. Die Regelstrecke selbst ist es, die mit ihren Eigenschaften als allein bestimmendes Glied im Regelkreis für die Auswahl des passenden Reglertyps maßgebend ist.

Die Strecken lassen sich in mehrere verschiedene Grundtypen einteilen. Sie unterscheiden sich in erster Linie dadurch, wie sie auf eine Änderung der Stellgröße reagieren. Da ist die Frage: Ergibt sich ein neuer stabiler Endwert, oder nicht? Weiter interessant ist das zeitliche Verhalten. Damit ist zunächst nicht gemeint, wie schnell die verschiedenen Regelstrecken in Sekunden oder Minuten gemessen auf z.B. eine Änderung der Stellgröße reagieren, sondern vielmehr welches Verhalten sie bei der Reaktion überhaupt an den Tag legen. In der Regelungstechnik betrachtet man Regelstrecken auch als sogenannte Übertragungsglieder, wobei die Klassifizierung einerseits nach dem grundsätzlichen Verhalten, andererseits nach dem Zeitverhalten vorgenommen wird.

Eine Simulation des Zeitverhaltens verschiedener physikalischer Vorgänge läßt sich sehr gut am Beispiel von elektrischen Verzögerungsgliedern vollziehen. Man nennt die Gemeinsamkeit der Reaktionsart auf ein bestimmtes Auslösesignal auch Analogie. Per Definition liegt eine Analogie immer dann vor, wenn die Differentialgleichungen der betrachteten Systeme über einstimmen. Das ist zwar praktisch nicht immer der Fall, jedoch kann meist durch Vereinfachungen und Kompromisse eine gute Übereinstimmung zwischen Theorie und Praxis getroffen werden. Wir wollen uns aber hier nicht mit der Betrachtung oder gar der Lösung von Differentialgleichungen aufhalten. Es soll lediglich auf die Tatsache hingewiesen werden.

9.3.1 Regelstrecken mit Ausgleich

Als Regelstrecken mit Ausgleich bezeichnet man Strecken, bei denen die Regelgröße nach einer Stellgrößenänderung oder auch nach einer Störung ohne Reglereingriff einem gewissen neuen Endwert zustrebt. Die Bezeichnung Ausgleich deutet schon darauf hin, daß die Strecke in diesem Fall eine gewisse Stabilität aufweist. Man kann es auch anders ausdrücken. Sie verfügt über eine selbstregelnde Eigenschaft.

Regelstrecken dieser Art sind die am häufigsten vorkommenden Strecken. Wegen der Eigenschaft, daß die Änderung der Regelgröße zur Änderung der Stellgröße in einem gewissen Zusammenhang steht, heißen sie auch Proportionale Regelstrecken   oder Regelstrecken mit P-Verhalten. Der Proportionalitätsfaktor wird als K_s bezeichnet. Man nennt ihn auch verschiedentlich "Übertragungsbeiwert des Stelleinflusses". Wie wir später noch sehen werden ist der Wert K_s für die Strecke   nicht konstant, sondern vom jeweiligen Arbeitspunkt abhängig.

9.3.1.1 Regelstrecken 1. Ordnung

In der Theorie werden manchmal Übertragungsglieder ohne Zeitkonstante verwendet, speziell, wenn es darum geht, Prinzipien von Reglern oder Strecken darzustellen. Praktisch ist ein solches Verhalten jedoch nicht zu realisieren. Selbst der schnellste Proportionalverstärker kann nicht in der Zeit Null am Ausgang auf eine Änderung der Eingangsspannung reagieren. Er besitzt also eine Zeitkonstante, wenn auch eine sehr sehr kleine. Gerade bei Computeranwendungen in der Regelungstechnik sind auch kleine und kleinste Zeitkonstanten manchmal von großem Interresse.

Die einfachste Regelstrecke ist deshalb die Regelstrecke 1. Ordnung. Ihr Name spiegelt ihr Zeitverhalten wider. Es ist das Verhalten eines Verzögerungsgliedes 1. Ordnung. Ein solches Verzögerungsglied wird z.B. gebildet durch einen einfachen RC-Tiefpaß (vgl. Kapitel 7). Betrachten wir noch einmal seine Übergangsfunktion nach Anlegen eines Spannungssprunges am Eingang (Abb. 9.6).

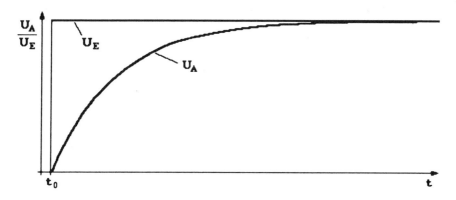

Abb. 9.6: Übergangsfunktion eines RC-Gliedes 1. Ordnung

Der Verlauf ist der einer e-Funktion. Er kann sehr genau durch die Gleichung

$$U_a(t) = U_e \cdot (1 - e^{-t/\tau})$$

beschrieben werden. Die Zeitkonstante τ wird in diesem Fall bestimmt aus dem Produkt von R und C.

Das gravierendste Merkmal dieser Übergangsfunktion ist aber, daß die Tangente an die Kurve zum Zeitpunkt t_0, also zu dem Zeitpunkt an dem die Stellgrößenänderung einsetzt, von Null verschieden ist. Dieser Umstand kennzeichnet die Regelstrecke 1. Ordnung ohne Totzeit. Das Übertragungsverhalten entspricht nach der in der Regelungstechnik eher gebräuchlichen Bezeichnung einem PT1-Typ.

Ein typisches Beispiel für eine solche Regelstrecke stellt ein Gleichstrommotor mit Permanentmagnet dar, dessen Drehzahl, wenn man den Fall betrachtet, daß dieser ohne oder mit konstanter Last läuft, nur von der angelegten Spannung abhängig ist. Auf eine Spannungsänderung reagiert der Motor in kürzester Zeit mit der entsprechenden Drehzahländerung. Die Zeitkonstante der Regelstrecke ist hier normalerweise sehr klein. Erst wenn größere Schwungmassen zu beschleunigen sind, gehen diese mit ihrem Trägheitsmoment merklich in die Zeitkonstante ein.

Ein Beispiel für eine relativ große Zeitkonstante bei Regelstrecken gibt eine Temperaturregelung. Die Temperatur an einem elektrischen Heizelement wird sich nach einer Vergrößerung oder Verkleinerung der angelegten Spannung nur langsam ändern. Die elektrische Leistung wird an einem ohmschen Widerstand zwar unmittelbar in Wärme umgesetzt, der Heizwiderstand besitzt jedoch eine sogenannte Wärmekapazität. Er verhält sich dadurch wärmetechnisch betrachtet, wie ein Kondensator im Stromkreis. Auch hier bleibt die Kondensatorspannung nach dem Auftrennen der Verbindung zur Speisung über eine gewisse Zeit erhalten. Der zugehörige Lastwiderstand, der für die Entladung sorgt, kann beim Heizelement mit der Wärmeabfuhr verglichen werden.

9.3.1.2 Regelstrecken 2. und höherer Ordnung

Eine Regelstrecke 2. Ordnung liegt dann vor, wenn die Strecke zwei Verzögerungsglieder 1. Ordnung beinhaltet. Im elektrischen Ersatzschaltbild kann man sich dies als zwei in Reihe geschaltete RC-Glieder verdeutlichen. In Abb. 9.7 ist die Schaltung dargestellt. Die Ausgangsgröße des ersten Gliedes dient als Eingangsgröße des zweiten. Auch diese Übergangsfunktion kann für einen Sprung am Eingang durch eine mathematische Gleichung beschrieben werden.

$$U_a(t) = U_e \cdot (1 - e^{-t/\tau 1}) \cdot (1 - e^{-t/\tau 2})$$

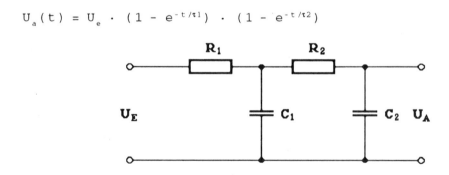

Abb. 9.7: Übertragungsglied 2. Ordnung

Abb. 9.8 zeigt einen dieser Funktion entsprechenden Verlauf der Ausgangsspannung. Vorausgesetzt wird ein positiver Spannungssprung am Eingang der Schaltung.

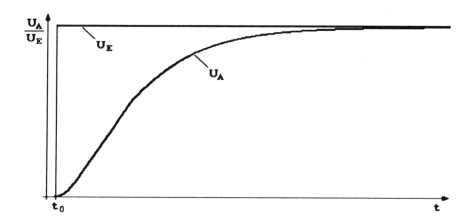

Abb. 9.8: Übertragungsfunktion eines Gliedes 2. Ordnung

Regelstrecken 1. Ordnung treten eigentlich relativ selten auf. Man hat es in der Praxis meist immer mit Strecken 2. oder höherer Ordnung zu tun. Dies soll anhand eines Beispiels verdeutlicht werden.

Die Temperatur eines elektrisch beheizten Ofens soll mit einem Thermoelement gemessen werden. Sie ist damit die Regelgröße. Wie im vorherigen Abschnitt bereits festgestellt wurde, entspricht das Zeitverhalten der Regelstrecke selbst zunächst einem Verzögerungsglied 1. Ordnung. Hier sind jetzt nur die Heizelemente betrachtet. Aber auch das Thermoelement besitzt eine Zeitkonstante. Als Faustregel gilt, daß diese um so größer ist, je dicker das Element selbst ist (Wärmekapazität des Mantels). Für ein Thermoelement in einem Schutzrohr, wie es z.B. bei aggressiver Atmosphäre im Ofen, oder bei der Temperaturmessung in Säuren oder Laugen unerläßlich ist, steigt die Zeitkonstante möglicherweise um ein Vielfaches. Noch nicht berücksichtigt ist der Übertragungsweg der Temperatur vom Heizelement zum Fühler. Thermoelemente reagieren sehr stark auf Wärmestrahlung. Das bedeutet, je größer der Abstand vom Thermoelement zum Heizelement ist, desto langsamer erfolgt der Temperaturausgleich. Was damit deutlich gemacht werden soll ist, durch die Eigenträgheit der Meßfühler oder durch deren unsachgemäßen oder auch unzweckmäßigen Einbau, hier ist im Vordergrund der Einbauort gemeint, kann eine Regelstrecke sehr schnell in ihrer Ordnungszahl erhöht werden. Grundsätzlich gilt, daß eine Strecke um so leichter zu regeln ist, je kleiner ihre Ordnungszahl ist.

So ist es für die Messung der Ofentemperatur beispielsweise unzweckmäßig, den Meßfühler am Eingang des Ofens zu plazieren, wo immer kaltes Gut zugeführt wird. Besser ist eine Position in der Mitte oder am Ende des Ofens, wo ein Thermoelement nicht mehr so stark durch das kalte Glühgut beeinflußt wird.

Eine Regelstrecke 2. Ordnung kann also in ihrem Zeitverhalten durch zwei Zeitkonstanten beschrieben werden.

Auch Regelstrecken, die von Natur aus schwingungsfähig sind, wie z.B. Feder-Masse-Systeme, zählen zu den Regelstrecken 2. Ordnung. Eine typische Übergangsfunktion einer solchen Strecke ist in Abb. 9.9 dargestellt. Dieser Verlauf wird auch in der Regelungstechnik zur symbolischen Darstellung eines PT2-Gliedes benutzt. Wählt man die Dämpfung eines solchen Systems genügend hoch, sofern man darauf Einfluß nehmen kann, gelangt man zurück zu der Übergangsfunktion, die in Abb. 9.8 dargestellt ist.

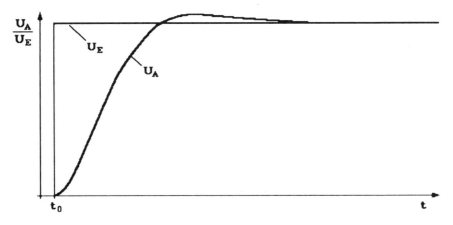

Abb. 9.9: Übertragungsfunktion einer Regelstrecke 2. Ordnung mit geringer Dämpfung

Man erkennt auch am Kurvenverlauf, daß das Bild nicht mehr dem der Regelstrecke 1. Ordnung entspricht. Die Tangente im Startpunkt verläuft bei Regelstrecken 2. und höherer Ordnung horizontal, d.h., die Steigung der Tangente ist zum Zeitpunkt, in dem die Stellgrößenänderung einsetzt, gleich Null.

Regelstrecken höherer Ordnung werden tatsächlich durch Unzulänglichkeiten der Praxis gebildet. Man kann leider nicht alle an der Regelstrecke beteiligten Systeme mit einer Zeitkonstante von Null ausstatten. Das Bemühen sollte aber immer sein, Verzögerungszeiten und hohe Zeitkonstanten durch konstruktive Maßnahmen z.B. in Bezug auf den Einbauort der Sensoren auf ein Minimum zu reduzieren. An der Konstruktion bzw. der Gestaltung der Strecke selbst kann man meist kaum noch etwas ändern.

Abb. 9.10 zeigt den typischen ausgeprägten Verlauf einer Übergangsfunktion höherer Ordnung. Solche Übergangsfunktionen treten vornehmlich bei Temperaturregelstrecken auf. Hier hat man es in der Tat mit der Hintereinanderschaltung mehrerer am Prozeß beteiligter Verzögerungsglieder 1. Ordnung zu tun. Dies soll am Beispiel eines elektrisch beheizten Glühofens mit Umwälzung der Ofenatmosphäre verdeutlicht werden. Durch die Umwälzung erreicht man, daß das Gut mehr durch die vorbeiströmende Luft als durch die Strahlung erwärmt wird. Der Aufheizvorgang ist dadurch wesentlich effektiver. Man spricht von einer konvektiven Beheizung.

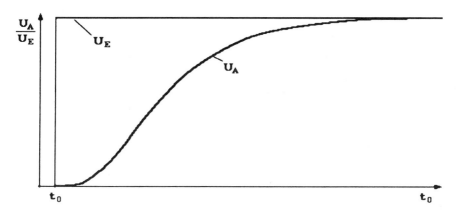

Abb. 9.10: Typischer Verlauf einer Übergangsfunktion höherer Ordnung

Die erste auftretende Zeitkonstante ist die des Heizelementes. Nach Anlegen einer Spannung kann es erst langsam mit einer entsprechenden Temperatur antworten. In Reihe dazu ist die Luft im Ofen geschaltet, wenn hier die Terminologie aus der Elektrotechnik gestattet ist. Auch sie kann auf die Temperatur des Heizelementes nur über die entsprechende Zeitkonstante erwärmt werden. Die sich nun langsam erwärmende Luft muß jetzt Glühgut und Thermoelement auf Temperatur bringen. Vorher wurde zwar gesagt, daß Thermoelemente sehr stark auf Strahlung reagieren, in einem System mit bewegter Luft nimmt diese jedoch einen großen Teil der aufgefangenen Strahlungswärme vom Element wieder weg. Setzen wir am Thermoelement einen Mantel voraus, liegen hier nochmals zwei Verzögerungsglieder in Reihe, bevor die Regelgröße abgenommen werden kann. Das Glühgut und auch der Ofen bzw. dessen Isolation, liegen irgendwo parallel. Damit wird die Sache noch verkompliziert. Im wahrsten Sinne kann man behaupten, daß das Glühgut lediglich eine Störgröße darstellt, und daß die Regelung wesentlich besser funktionieren würde, wenn es gar nicht vorhanden wäre.

In diesem durchaus nicht aus der Luft gegriffenen Beispiel handelt es sich demnach um eine Strecke mindestens sechster Ordnung, deren Übergangsfunktion tatsächlich den in Abb. 9.10 gezeigten Verlauf aufweisen könnte.

9.3.1.3 Regelstrecken mit Totzeiten

Bei Regelstrecken höherer Ordnung kann man dem Kurvenverlauf entnehmen, daß bei einer Änderung der Stellgröße zunächst einmal am Ausgang der Strecke nichts oder nur sehr wenig geschieht. Nur langsam und zögernd ändert sich im ersten Zeitabschnitt die Regelgröße, bis sie dann verhältnismäßig schnell zu steigen beginnt. Die Strecke benötigt also eine gewisse Zeit, auf die Änderung zu reagieren. Diese Zeit, in der praktisch nichts geschieht, nennt man in der Regelungstechnik eine Totzeit.

Totzeiten sind aber kein Privileg von Regelstrecken höherer Ordnung. Auch Strecken 1. Ordnung können durchaus Totzeiten aufweisen. Dabei handelt es sich meist um Laufzeitverzögerungen. Laufzeiten entstehen, wenn Stellort und Messort verhältnismäßig weit auseinander liegen. Auch hier soll ein typisches Beispiel Klarheit verschaffen.

Man stelle sich ein Förderband vor, dessen Fördermenge irgendeines Gutes geregelt werden soll. Gemessen werden kann die Menge nur am Ende des Bandes. Die Vorrichtung, die die Zuführmenge kontrolliert, das Stellglied, sitzt jedoch am Bandanfang. Eine Veränderung der Menge kann dann erst nach Ablauf der Förderzeit registriert werden. Diese Zeit stellt dann die Totzeit t_t dar. In Abb. 9.11 ist die Übergangsfunktion eines solchen Systems prinzipiell dargestellt. Die Regelstrecke hat, läßt man die Totzeit außer acht, PT1-Verhalten.

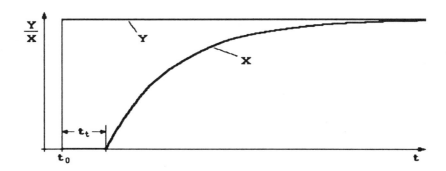

Abb. 9.11: Übergangsfunktion einer Regelstrecke mit Totzeit

Das Problem der Totzeit tritt in der Praxis aber doch vermehrt bei Regelstrecken höherer Ordnung auf. Zwar handelt es sich meist nicht um eine echte Totzeit wie beim Beispiel des Förderbandes, sondern es kann durch den Verlauf der Übergangsfunktion vielmehr eine sogenannte Ersatztotzeit definiert werden. Diese hat für die regelungstechnische Bewältigung des Problems die gleiche Bedeutung wie eine echte durch Laufzeit hervorgerufene Totzeit.

Zur Bestimmung dieser Zeit verwenden wir die Übergangsfunktion aus Abb. 9.10. Diese Funktion weist aufgrund ihres Verlaufes einen Wendepunkt auf, d.h., eine Stelle, an der die anfangs stark ansteigende Regelgröße wieder einen flacheren Verlauf annimmt. Dieser Punkt ist ausschlaggebend für die Ermittlung. Man legt an dieser Stelle der Kurve eine Tangente an. Abb. 9.12 zeigt die auf diese Weise ermittelten Zeiten. Die Tangente besitzt je einen Schnittpunkt mit den Geraden x_a und x_e. Projiziert man diese Schnittpunkte auf die Zeitachse, sind zwei Zeiten ablesbar. Es handelt sich um die Zeiten t_u und t_g. Die Zeit t_u stellt die Ersatztotzeit dar, die Zeit t_g die Ersatzzeitkonstante der Regelstrecke. Man kann sich leicht vorstellen, daß mit höher werdender Ordnung die Ersatztotzeit im Diagramm kaum noch von einer echten Totzeit zu unterscheiden ist. Mit den beiden Werten t_u und t_g läßt sich nun eine Ersatzübergangsfunktion zeichnen. Es ist die Übergangsfunktion einer Regelstrecke 1. Ordnung mit einer Totzeit t_t und der Zeitkonstanten τ. Zum Vergleich ist die neue Kurve mit eingezeichnet. Die Ähnlichkeit der Funktionen ist unübersehbar. Dies ist auch der Grund, warum man Regelstrecken höherer Ordnung regelungstechnisch genauso behandeln kann, wie Regelstrecken 1. Ordnung mit einer Totzeit.

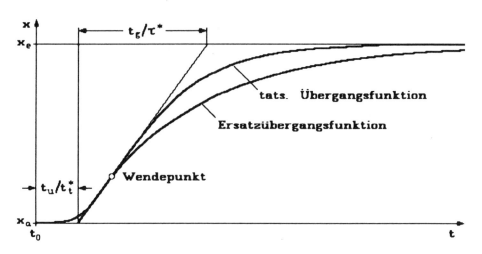

Abb. 9.12:   Ermittlung der Zeiten t_u und t_g, Ersatzübergangsfunktion

9.3.2 Strecken ohne Ausgleich

Ein weiterer Typ von Regelstrecken sind Regelstrecken ohne Ausgleich. Wie der Name schon sagt, streben die Ausgangsgrößen solcher Strecken nach einer Änderung der Stellgröße oder einer Störgröße keinem neuen Endwert zu. Sie gleichen sich nicht aus. Diese Strecken reagieren vielmehr mit einer gewissen Änderungsgeschwindigkeit der Regelgröße. Deshalb wurde Regelstrecken solcher Art auch der Name I-Regelstrecke verliehen.

Typische Vertreter dieser Art sind Niveauregelstrecken. Meist handelt es sich dabei um einen Behälter mit Zu- und Abfluß, in dem ein Flüssigkeitsstand konstant gehalten werden soll, um beispielsweise einen bestimmten Vordruck der Flüssigkeitssäule zu erzeugen. Abb. 9.13 zeigt den schematischen Aufbau einer solchen Regelstrecke.

Für den Fall, daß die zufließende Menge gleich der abfließenden Menge ist, bleibt die Höhe des Flüssigkeitsspiegels im Behälter konstant. Wird aus irgendeinem Grund die Entnahmemenge erhöht, ohne daß auch der Zufluß entsprechend angepaßt wird, sinkt der Flüssigkeitsstand im Behälter unaufhörlich ab. Dieser Vorgang geschieht so lange bis die Regelgröße in der Sättigung steht. Im Falle des Behälters bedeutet das, bis er leergelaufen ist. Wird andererseits die abfließende Menge verringert, steigt das Niveau bis zum Überlaufen des Behälters.

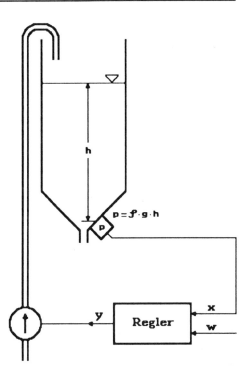

Abb. 9.13:
Schematischer Aufbau einer
Regelstrecke mit I-Verhalten

Ein anderes Beispiel für einen solchen Streckentyp ist der Elektromotor, der bereits in Abschnitt 9.3.1.1 erwähnt wurde. Dort wurde er zwar als PT1-Typ deklariert, er hat jedoch noch eine andere Eigenschaft. Betrachtet man nicht die Drehzahl des Motors, sondern den Drehwinkel der Welle, muß man feststellen, daß dieser nach dem Anlegen einer Spannung unaufhörlich zunimmt. Demnach läßt er sich ohne weiteres auch als IT1-Typ einstufen. In dieser Eigenschaft arbeitet ein Motor beispielsweise bei Positionierantrieben. Hier wird der Drehwinkel meist durch ein Getriebe in eine stark verlangsamte andere Drehbewegung oder auch in eine lineare Bewegung umgesetzt. Positionsregelungen, z.B. die bei einer Satelitenantenne für den Fernsehempfang, sind also ebenfalls Regelstrecken ohne Ausgleich.

Auch bei diesen Typen können durchaus Zeitverzögerungen und Totzeiten auftreten. Im Fall des eben erwähnten Positionierantriebes liegt die Zeitverzögerung im Motor. Von der Anlaufschwelle des Motors wollen wir jetzt einmal ganz absehen. Dadurch wird das regelungstechnisch an sich schon ungünstige Verhalten von Strecken mit I-Charakteristik noch weiter verschlechtert. Ein Fall für eine Totzeit kann beispielsweise dann vorliegen, wenn in der vorher beschriebenen Niveauregelstrecke der Zufluß der Flüs-

sigkeit über eine Pumpe geregelt wird, deren Ausfluß erst über eine längere
Rohrleitung zum Behälter führt. Ebenso können schwingende Systeme auftreten. Abb. 9.14 zeigt eine Gegenüberstellung verschiedener Übergangsfunktionen solcher Strecken. Die praktisch nie auftretende Regelstrecke
ohne Zeitverzögerung, man bezeichnet sie auch als Regelstrecke 0. Ordnung, ist in der Abbildung erst gar nicht aufgeführt.

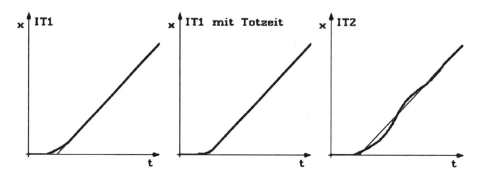

Abb. 9.14: Gegenüberstellung der Übergangsfunktionen von I-Regel-
strecken mit unterschiedlichem Zeitverhalten

9.4 Reglerarten

Bei den stetigen Reglern unterscheidet man die einzelnen Regler nach der
Art ihrer Wirkung am Ausgang auf eine Abweichung der Regelgröße vom
Sollwert am Eingang. Man kann diese Typen dabei in drei Grundrichtungen
einteilen, die nachfolgend vorgestellt werden.

9.4.1 P-Regler

Im bereits vorher bezeichneten Beispiel des Spannungsreglers wurde festgestellt, daß der Regler an das Stellglied eine der Regelabweichung proportionale Änderung der Stellgröße ausgibt. Man kann also sagen, daß die Stellgröße bei diesem Regler proportional zur Änderung des Istwertes beeinflußt
wird.

Das Prinzip dieses Reglers ist sehr gut durch einen Operationsverstärker mit entsprechender Beschaltung darstellbar. Abb. 9.15 zeigt den Aufbau. Es handelt sich hier um die sogenannte invertierende Grundschaltung. Die am Eingang anliegende Spannung U_e wird entsprechend dem Verhältnis der Widerstände R/R_e verstärkt. Die Ausgangsspannung errechnet sich demnach zu:

$$U_a = -U_e \cdot \frac{R_g}{R_e}$$

Auf eine gewisse Abweichung des Istwertes vom Sollwert reagiert dieser Regler mit einer entsprechenden Änderung der Stellgröße. Der Zusammenhang ist proportional. Er läßt sich über die Verstärkung, oder besser durch den in der Regelungstechnik gebräuchlichen Faktor K_p beschreiben. Im Beispiel von Abb. 9.15 handelt es sich dabei um das Verhältnis der Widerstände R_g/R_e.

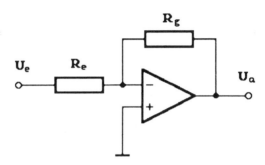

Abb. 9.15: Operationsverstärker als P-Regler

Wenn der Istwert steigt, ist die Stellgröße zu verringern. Der Faktor K_p müßte demnach ein negatives Vorzeichen besitzen. Da K_p aber durch das Verhältnis zweier mit Sicherheit positiver Widerstände gebildet wird, kann K_p nicht negativ werden. Der Grund für die Vorzeichenumkehr muß also woanders zu suchen sein. Er liegt eindeutig bei der Eigenart der Regelstrecke. Während bei einer "normalen" Temperaturregelung mit steigender Temperatur die Stellgröße zu verringern ist, muß man bei einer "unnormalen", z.B. bei einer Kühlung der Strecke, die Stellgröße erhöhen. Das Vorzeichen resultiert also offensichtlich aus der Art der Regelstrecke. Die meisten Regelstrecken benötigen aber ein negatives Vorzeichen. Bei vielen analogen Reglern kann per Schalter zwischen normalem und inversem Betrieb gewählt werden. Die Umschaltmöglichkeit berücksichtigt genau diese Umkehr der Wirkungsweise.

Abb. 9.16 zeigt die Reaktion des Reglers auf eine Änderung des Istwertes der Regelgröße. Die Stellgröße wird mit $\Delta y = -x_w \cdot K_p$ verändert.

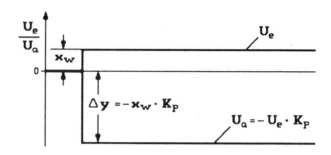

Abb. 9.16: Reaktion des Reglers auf eine Veränderung der Eingangsgröße

Wie schon erwähnt, ist die bezeichnende Größe für einen P-Regler die Verstärkung K_p. Eine Störung, die auf die Regelstrecke einwirkt, kann um so schneller ausgeregelt werden, je höher dieser Faktor ist. Wird aber die Stellgröße zu weit erhöht, können unangenehme Schwingungen auftreten. Besonders bei Regelstrecken mit einer Totzeit wirkt sich eine zu hohe Verstärkung des Reglers katastrophal auf den Verlauf der Regelgröße aus.

Der P-Regler ist also ein sehr schnell reagierender Regler. Er hat jedoch einen gravierenden Nachteil. Da nur eine Stellgröße ausgegeben werden kann, wenn am Eingang eine Regelabweichung vorliegt, läßt sich der verlangte Sollwert praktisch nicht halten. Es tritt aus diesem Grund eine bleibende Regelabweichung auf.

Unter gewissen Voraussetzungen läßt sich diese zwar für einen bestimmten Arbeitspunkt beseitigen, jedoch können die zugehörigen Bedingungen in der Praxis kaum eingehalten werden.

9.4.1.1 Der Proportionalbereich

Besondere Beachtung ist bei P-Reglern oder Reglern mit P-Anteil dem Proportionalbereich zu schenken. Der Proportionalbereich, kurz P-Bereich, oder regelungstechnisch exakt abgekürzt und bezeichnet als X_p, gibt an, in welchem Istwertbereich der gesamte Stellgrößenhub von $y = 0$ bis y_{max} durchfahren wird. Der P-Bereich wird stets in Prozent angegeben. Mathematisch entspricht er der Gleichung:

$$X_P[\%] = \frac{1}{K_P} \cdot 100 \ \%$$

Auf den Skalen älterer Regler findet man für die Einstellung der Verstärkung noch sehr oft die Werte für X_P von nahezu 0 % bis möglicherweise 300 oder sogar 500 %. Wir nehmen zunächst für einen Regler eine einzustellende Verstärkung von $K_P = 5$ an. Nach obiger Gleichung ergibt sich damit X_P zu 20 %. Trägt man jetzt die Stellgröße über der Regelgröße in einem Diagramm auf, erhält man eine Funktion, die in Abb. 9.17 dargestellt ist. Solange x kleiner (w - 10 %) ist, liegt die Stellgröße bei 100 %. Erst danach beginnt sie, kleinere Werte anzunehmen. Für den Fall x = w beträgt sie hier genau 50 %. Bei x = (w + 10 %) geht sie bis auf Null zurück. Der gesamte Bereich der Stellgröße wurde also bei einer Änderung des Istwertes von nur 20 % bezogen auf den Maximalwert der Regelgröße durchfahren. Es wurde vorher gesagt, daß der P-Regler bei der Regelabweichung x - w = 0 kein Ausgangssignal bildet. Da aber meist die zulässige Stellgröße keine negativen Werte annehmen darf, eine Vielzahl der Stellglieder besitzt nur einen Eingangsbereich von z.B. 0 bis 10 V, wird der Ausgangswert des Reglers um die Hälfte des möglichen Wertes im Plusrichtung verschoben. Damit ergibt sich dann für eine Regelabweichung von Null eine Stellgröße von 50 %.

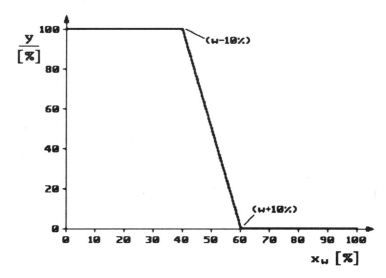

Abb. 9.17: Änderung der Stellgröße über den Bereich der Regelgröße für einen bestimmten Proportionalbereich

Mit der Angabe des Proportionalbereiches läßt sich von vornherein eine Abschätzung über das Verhalten des Reglers treffen. Setzen wir einen Wert für X_p von 3 % für einen Temperaturregler an, der einen Regelbereich von 0 bis 1.000 °C besitzt, bedeutet das, daß die Änderung der Stellgröße in einem Bereich von etwa 30 K für den Istwert 100 % beträgt. Dies würde zunächst bedeuten, daß die Stellgröße bei einem Sollwert von z.B. 600 °C für einen tatsächlichen Wert der Isttemperatur von weniger als 585 °C 100 % annimmt. Erst wenn eine Temperatur von 615 °C überschritten ist, beträgt die Stellgröße 0 %.

9.4.2 I-Regler

Ein weiterer Typ ist der I-Regler. Die Bezeichnung I steht für Integral. Wie der Name schon sagt, bildet dieser Regler am Ausgang das Integral der Eingangsspannung $U_e = U_x - U_w$ über die Zeit. In der Regelungstechnik sagt man auch, die Stellgeschwindigkeit ist proportional der Regelabweichung. Die Stellgeschwindigkeit bezeichnet die Geschwindigkeit, mit der sich das Ausgangssignal des Reglers ändert, z.B. in V/s.

Auch in diesem Fall kann anhand eines Operationsverstärkers die Wirkungsweise verdeutlicht werden (Abb. 9.18).

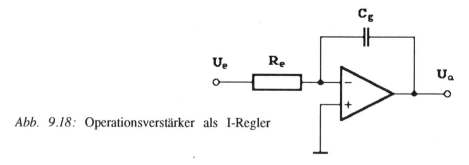

Abb. 9.18: Operationsverstärker als I-Regler

Solange eine Regeldifferenz $U_x - U_w <> 0$ vorliegt, ändert sich die Spannung über dem Kondensator C_g im Gegenkopplungszweig. Die Spannungsänderung geschieht linear zur Zeit, da für einen idealen OP angenommen werden kann, daß der Eingangswiderstand an jedem seiner Eingänge unendlich hoch ist, und damit der gesamte Eingangsstrom $I_e = U_e/R_e$ über den Kondensator fließt. Wird die Spannung am Eingang zu Null, also wenn $U_x = U_w$, ändert sich die Spannung am Kondensator und damit auch die am Ausgang des

Integrators nicht mehr. Der zu diesem Zeitpunkt erreichte Wert bleibt als Stellgröße stehen. Abb. 9.19 zeigt den zeitlichen Verlauf der Ausgangsspannung in Abhängigkeit eines Eingangssignales.

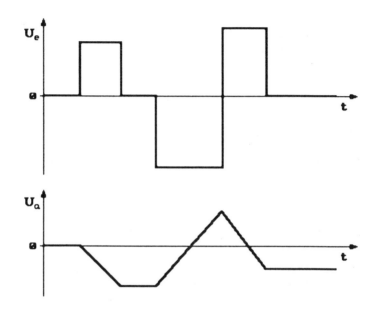

Abb. 9.19: Verlauf der Ausgangsspannung in Abhängigkeit der Eingangsspannung

Als regelungstechnisch wichtige Größe bezeichnet man beim I-Regler die Nachstellzeit T_n. Leider kann diese nur im Verbund mit einem P-Regler dargestellt werden. Wir beschränken uns daher an dieser Stelle auf die Integrationszeit T_i. Es handelt sich dabei um die Zeit, die benötigt wird, bis der Ausgang des Reglers gerade den Wert des Sprunges am Eingang angenommen hat. Dieser Wert entspricht dem sofortigen Sprung am Ausgang eines P-Reglers mit $K_p = 1$ für die gleiche Spannungsänderung am Eingang. T_n und T_i sind nur über den Faktor K_p veknüpft. Eine Veränderung des Wertes von T_i kann in der vorgestellten Schaltung durch Variation der Werte von R_e und C_g erreicht werden. $T_i = R_e \cdot C_g$.

Der Nachteil des P-Reglers, die bleibende Regelabweichung, kann durch den Einsatz eines Reglers mit integralem Verhalten vollständig beseitigt werden. Aber auch der I-Regler hat seine Nachteile. Er arbeitet im Vergleich zum P-Regler sehr langsam. Je nachdem, wie das Verhalten der Strecke ist, kann aber auch er zu Instabilitäten in der Regelung führen.

9.4.3 D-Regler

Der Vollständigkeit halber sei auch der Begriff des D-Reglers erklärt. Gleich zu Anfang muß gesagt werden, daß ein D-Regler, wenn man ihn überhaupt als Regler bezeichnen kann, allein nicht in der Lage ist, einen Regelkreis stabil zu halten. In der praktischen Anwendung tritt dieser "Regler" deshalb auch nur in Kombination mit den bisher vorgestellten Typen auf.

An dieser Stelle ist lediglich das Verhalten eines solchen Übertragungsgliedes von Interresse, damit eine Kombination mit anderen Komponenten der Regelungstechnik (P oder I) in ihrer Wirkungsweise auch verstanden werden kann.

Bei einem D-Regler wird die Änderungsgeschwindigkeit der Regelabweichung in eine dazu proportionale Stellgröße umgesetzt. D.h., ändert sich die Regelabweichung nicht, ist auch der Ausgang dieses Reglers gleich Null. Theoretisch ergibt sich damit am Ausgang nur ein Signal während der Dauer der Eingangssignaländerung. Im Fall des Sprunges also nur für eine fast unendlich kleine Zeitspanne. In der Praxis ist wegen der nicht idealen Bauelemente lediglich ein Zeitverhalten 1. Ordnung zu realisieren. Auch die Höhe des Ausgangssignals ist praktisch begrenzt. Bei einem Sprung am Eingang müßte sie theoretisch einen unendlich hohen Wert annehmen. Dieser ist jedoch auf die maximal mögliche Ausgangsgröße des verwendeten Systems beschränkt. Bei einer elektrischen Lösung wird diese Grenze durch die Versorgungsspannung gebildet.

Zur Verdeutlichung dient abermals ein OP (Abb. 9.20). Über den Kondensator C_e am Eingang der Schaltung können nur Spannungsänderungen des Eingangssignales übertragen werden. Der eingezeichnete Widerstand R_s dient in der praktischen Schaltung lediglich zur Strombegrenzung.

Durch eine Änderung der Spannung am Eingang der Schaltung fließt durch den Kondensator C_e ein Strom. In guter Näherung fließt der selbe Strom auch durch den Gegenkopplungswiderstand R_g. Damit weist der Ausgang des OPs zum Zeitpunkt t_0 eine Spannung von $U_a = -I_e \cdot R_g$ auf (für $R_e = 0$ wäre $I_e = \infty$). Durch die zunehmende Ladung des Kondensators wird der Eingangsstrom nach einer e-Funktion abgeschwächt. Abb. 9.21 zeigt den zeitlichen Verlauf der Ausgangsspannung dieser Konfiguration nach einem Spannungssprung am Eingang. Es ist der typische Verlauf eines Übertragungsgliedes vom Typ DT1.

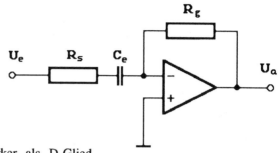

Abb. 9.20: Operationsverstärker als D-Glied

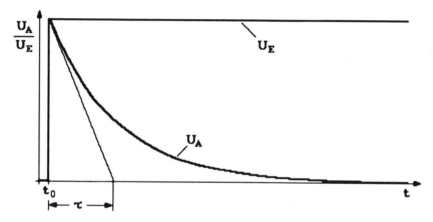

Abb. 9.21: Ausgangsspannung des Verstärkers bei einem Spannungssprung am Eingang

Die charakteristische Größe, die in Verbindung mit dem D - Regler auftritt, ist die Vorhaltezeit T_v. Auch hier kann aus ähnlichen Gründen wie beim I-Regler die Vorhaltezeit nur im Zusammenwirken einer Reglerkombination anschaulich dargestellt werden. Als Bezugswert kann aber zunächst die Zeitkonstante τ herangezogen werden. Sie ist der Vorhaltezeit proportional. Errechnet werden kann sie in dieser Schaltung aus $R_g \cdot C_e$. Eine Vergröße-rung von einem oder beiden der Bauteile würde in der Praxis also auch die Vorhaltezeit des Reglers vergrößern.

Gerade hier kann ein OP durch steile Signalflanken in die Sättigung getrie-ben werden. Erst nach Abklingen des Eingangsstromes löst er sich wieder aus dieser und bringt dann den Ausgang nach der bestimmten Zeitfunktion auf Null zurück.

9.5 Regler mit gemischtem Verhalten

Nachdem die einzelnen Reglertypen in ihrer Wirkungsweise kurz erläutert wurden, soll nun der weitaus interessantere Part, nämlich die Reglerkombination behandelt werden. Praktisch möglich sind vier verschiedene Zusammenstellungen. Dabei ist jedoch der Verbund aus I- und D-Regler ohne praktische Bedeutung. Ein D-Regler nur gemeinsam mit einem P- oder PI-Regler sinnvoll einsetzbar.

9.5.1 Der PI-Regler

Eine der möglichen Zusammenstellungen ist der PI-Regler. Er verbindet die angenehme Eigenschaft des P-Reglers, nämlich Störungen schnell ausgleichen zu können, mit der des I-Reglers, die bleibende Regelabweichung gänzlich zu beseitigen. Diese Kombination stellt für einen Großteil der Anwendungen die ideale Paarung dar.

Schaltungstechnisch läßt sich auch der PI-Regler durch Operationsverstärker nachbilden. Eine einfache und bauteilsparende Version zeigt Abb. 9.22a. Der Nachteil dieser Schaltung liegt jedoch darin, daß T_n und K_p durch die gemeinsame Gegenkopplung streng miteinander verknüpft sind. Eine Änderung von K_p bringt eine gleichzeitige Änderung von T_n mit sich und umgekehrt. Eine Entkopplung ist möglich, wenn die Schaltung nach Abb. 9.22b verwendet wird. Der Aufwand ist zwar wesentlich höher, jedoch können beide Parameter unabhängig voneinander eingestellt werden. Praktisch ist, daß man den I-Anteil über den Schalter zeitweise ausblenden kann. Das erleichtert die experimentelle Einstellung und Optimierung der Proportionalverstärkung.

In Abb. 9.23 ist die Sprungantwort dieses Reglers dargestellt. Es handelt sich erwartungsgemäß um eine teilweise Überlagerung der Reaktionen nach Abb. 9.16 und 9.19. Eingezeichnet werden in das Bild kann nun auch die Nachstellzeit T_n. Es ist die Zeit, die allein der I-Anteil des Reglers benötigen würde, um die selbe Stellgrößenänderung zu erzeugen, den der P-Anteil nach Anliegen der Regelabweichung sofort bildet ($x_w \cdot K_p$).

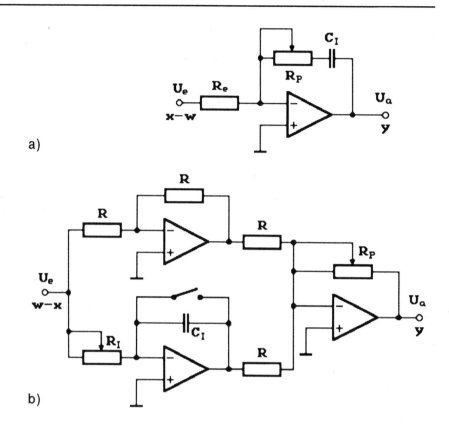

Abb. 9.22: a) Einfache Schaltung eines PI-Reglers, b) erweiterte
              Schaltung

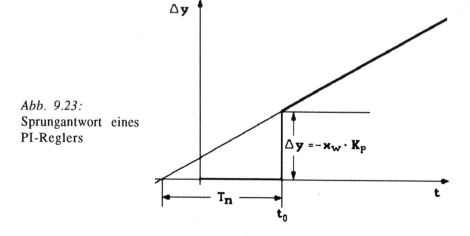

Abb. 9.23:
Sprungantwort eines
PI-Reglers

Unabhängig von der eingestellten Verstärkung K_p kann man aus dem Bild entnehmen, daß sich der Regler durch die Variation der Nachstellzeit überwiegend sowohl als I-Regler als auch als P-Regler betreiben läßt. Eine Verkleinerung von T_n bewirkt, daß die Rampe der Ausgangsspannung steiler wird. Der Integralanteil wird damit dominierend. Eine Vergrößerung von T_n hingegen bewirkt, daß der P-Anteil zunehmend überwiegt. Die Rampe wird flacher. Der Verlauf der Ausgangsspannung ähnelt dann mehr dem aus Abb. 9.16.

Zusammenfassend kann der PI-Regler wie folgt beurteilt werden: Immer wenn an die Konstanthaltung einer Größe höhere Ansprüche gestellt sind, ist er dem reinen P-Regler vorzuziehen. Die bleibende Regelabweichung des P-Reglers wird nach einiger Zeit durch den wirkenden I-Anteil vollständig ausgeglichen. Von Nachteil ist, daß zum vollständigen Ausregeln einer Störung mehr oder weniger viel Zeit benötigt wird. Unter gewissen Umständen kann dieser Reglertyp allerdings eher zu Schwingungen neigen, als ein reiner P-Regler. Dies kann dann der Fall sein, wenn sich bei einer relativ kleinen Nachstellzeit die Regelgröße oder der Sollwert schnell ändern.

9.5.2 Der PD-Regler

Die nächste mögliche Kombination ist der PD-Regler. Dieser Reglertyp hat seinen Hauptvorteil darin, daß er auf Änderungen des Istwertes der Regelgröße wesentlich schneller reagieren kann, als es bei einem reinen P-Regler der Fall ist. Auf ein spezielles Schaltbild mit OPs kann hier verzichtet werden. In Abb. 9.22b ist lediglich der Integrator mit dem Differenzierer aus Abb. 9.20 zu vertauschen. Um den eben erwähnten Vorteil zu verdeutlichen, benutzen wir zur Darstellung der Übergangsfunktion keinen Sprung, wie es bei den vorherigen Betrachtungen der Fall war, sondern eine Rampenfunktion. Bei einer Rampe besitzt das Eingangssignal eine konstante Änderungsgeschwindigkeit. Eine bestimmte Änderungsgeschwindigkeit am Eingang ist genau das, was bei der Beurteilung eines Gliedes mit D-Verhalten gebraucht wird.

Die Verläufe von Ein- und Ausgangssignal sind in Abb. 9.24 wiedergegeben. Nach Anlegen der Rampe stellt sich am D-Verstärker sofort eine zur Steilheit der Rampe proportionale Spannung ein. Der P-Verstärker erhöht seine Ausgangsspannung erst mit zunehmender Eingangsspannung. An dieser Stelle kann auch die Vorhaltezeit T_v definiert werden.

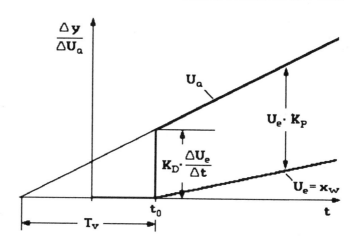

Abb. 9.24: Verhalten eines PD-Gliedes bei einer Rampe als Eingangs-
funktion

Unter der Vorhaltezeit versteht man die Zeit, die ein P-Regler bei konstanter
Änderungsgeschwindigkeit der Regelgröße benötigen würde, um die gleiche
Änderung der Stellgröße zu bewirken, die ein PD-Regler infolge seines D-
Anteils sofort bewirkt.

Praktisch bedeutet das, die Anstiegsantwort des PD-Reglers erreicht den reinen P-Anteil $y = K_p \cdot x_w$ um die Vorhaltezeit T_v eher.

Anwendung findet der PD-Regler hauptsächlich in Folgeregelungen, also
Regelungen mit veränderlichem Sollwert. Beim schnellen Nachfahren von
vorgegebenen Kurvenverläufen für die Regelgröße ist die kurzfristige Anhe-
bung der Stellgröße durch den D-Anteil wesentlich von Vorteil. Bei rein statischen Vorgängen oder bei Abläufen, bei denen sich die Regelabweichung
nur äußerst langsam verändert, kommt in der Hauptsache nur der P-Anteil
zum Tragen. Nachteilig ist aber auch hier die dem P-Regler anhaftende ständige Regelabweichung. Diese kann nur durch einen zusätzlich wirkenden I-
Anteil beseitigt werden.

9.5.3 Der PID-Regler

Als letzte mögliche Kombination ergibt sich der PID-Regler. Hier sind die Eigenschaften aller drei vorgestellten Einzelregler miteinander vereint. Sogenannte Einheitsregler, damit meint man analog aufgebaute Regelbaugruppen mit normierten Ein- und Ausgängen, sind immer als PID-Baugruppe ausgeführt. Wird bei einem solchen Baustein z.B. das Verhalten eines PI-Reglers gewünscht, ist lediglich der Einsteller für T_v auf Null zu stellen. Um einen reinen P-Regler zu erhalten, muß zusätzlich noch T_n auf den Wert unendlich (oder den maximal einstellbaren Wert) gebracht werden. Abb. 9.25 zeigt die vollständige Schaltung eines PID-Reglers mit Operationsverstärkern.

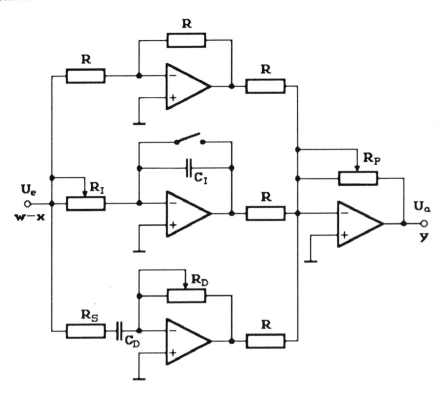

Abb. 9.25: Vollständige Schaltung eines PID-Reglers mit Operationsverstärkern

Der PID-Regler stellt die ideale Ergänzung zum PD-Regler dar. Die schnelle Möglichkeit der Ausregelung von Störungen wird kombiniert mit der Fähigkeit, die bleibende Regelabweichung zu beseitigen.

In Abb. 9.26 ist die Sprungantwort des PID-Reglers dargestellt. Auch hier können T_v und T_n als definierte Abschnitte auf der Zeitachse dargestellt werden.

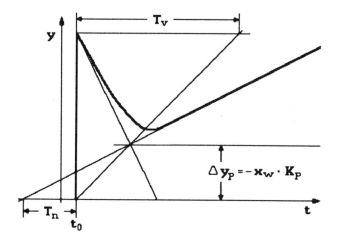

Abb. 9.26: Sprungantwort des PID-Reglers

Dieser Reglertyp ist im Grunde universell einsetzbar. Der Schaltungsaufwand für einen solchen Regler ist jedoch erheblich. Die vorgestellten Schaltungen sind zwar absolut funktionsfähig, es wurde jedoch kein Aufwand zur Offset- oder zur Temperaturkompensation getrieben. Bei Schaltungen im industriellen Einsatz ist dies ein absolutes Muß. Darüber hinaus fehlen auch Schaltmöglichkeiten zur Wirkungsumkehr des Reglers und andere Sachen. Ein versierter Elektroniker ist sicher in der Lage, die fehlenden Funktionen zu ergänzen.

9.6 Auswahl des Reglertypes

Nachdem wir jetzt eine Reihe von Regelstreckentypen und Reglern kennengelernt haben, erhebt sich zu Recht die Frage, mit welchem Regler oder mit welcher Reglerkombination eine bestimmte Regelstrecke am besten zu regeln ist? Gibt es gar Zusammenstellungen von Reglertypen und Strecken, die sich überhaupt nicht vertragen? Nicht vertragen bedeutet eigentlich immer, daß eine ungedämpfte Schwingung der Regelgröße auftritt. D.h., nach einiger Zeit wird diese nur noch zwischen Minimal- und Maximalwert hin und her springen.

9.6.1 Betrachtung der zu regelnden Strecke

Um eine Antwort auf diese Fragen zu finden, muß man vor dem Einsatz eines bestimmten Reglers die Regelstrecke möglichst genau kennenlernen. Diese Forderung besteht unabhängig davon, ob ein herkömmlicher analoger Regler eingesetzt wird oder ob die Regelstrecke von einem PC aus kontrolliert werden soll. Grundsätzlich läßt sich jede Strecke in eine der Kategorien nach Abschnitt 9.3 einordnen.

In der Praxis gibt es mehrere Möglichkeiten, wie man das Streckenverhalten testen kann. Alle Verfahren haben jedoch eines gemeinsam. Es wird immer die Reaktion am Ausgang auf eine Veränderung des Wertes am Eingang untersucht. Ohne Kenntnis dieses Zusammenhanges wird die regelungstechnische Auslegung einer Anlage stets zum Glücksspiel. Ob es sich bei der zu betrachtenden Regelstrecke um eine Strecke mit P- oder mit I-Verhalten, also um eine Strecke mit oder ohne Ausgleich handelt, sollte man allerdings vorher schon wissen.

9.6.1.1 Stellübergangsfunktion

Ein grundlegendes Kriterium für die Beurteilung der Regelbarkeit einer Regelstrecke stellt die Übergangsfunktion der Regelgröße auf einen Stellgrößensprung am Eingang dar.

Die Aufnahme dieser Stellübergangsfunktion gestaltet sich in der Regel als denkbar einfach. Man benötigt ein Registriergerät, mit dem der Istwertverlauf über eine bestimmte Zeit aufgezeichnet werden kann. Ein PC kann hier beste Dienste leisten. Abb. 9.27 zeigt schematisch, wie die Versuchsanordnung aussehen kann. Nachdem alle nötigen Verbindungen hergestellt sind, wird die Regelstrecke in einen Zustand gebracht, in dem sie später auch arbeiten soll. D.h., die Untersuchung wird um den Arbeitspunkt herum durchgeführt. Danach braucht lediglich noch die Stellgröße sprunghaft verändert zu werden. Der Zeitpunkt der Veränderung muß dabei vom registrierenden Gerät festgehalten und später im Kurvenverlauf markiert werden. Nur so lassen sich Informationen über eventuelle Totzeiten erhalten. Die Höhe der Stellgrößenänderung muß von der Art der Regelstrecke abhängig gemacht werden. Es ist leicht einzusehen, daß man eine Temperaturregelstrecke nicht von 50 % auf 100 % Leistung schalten soll und dann abwartet, bis die Temperatur einen neuen Endwert erreicht. Möglicherweise nehmen vorher schon einige Bestandteile der Anlage Schaden. Die Stellgröße sollte also wohldosiert sein. Für praktische Untersuchungen ist ein Sprung von ca. 10 - 15 % des Stellbereiches völlig ausreichend.

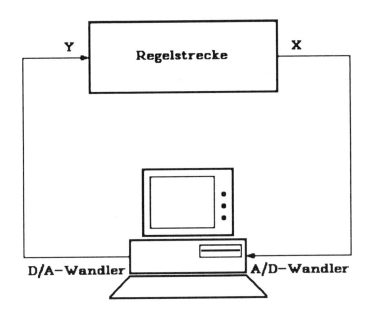

Abb. 9.27: Schematische Darstellung des Versuchsaufbaus zur Aufnahme der Stellübergangsfunktion einer Regelstrecke

Entsprechend programmiert kann der PC diese Aufgabe vollständig alleine ausführen. Es besteht zudem die Möglichkeit, die Regelgröße daraufhin zu überwachen, ob sie z.B. unzulässig hohe Werte annimmt. Der Rechner kann in einem solchen Fall sofort reagieren und die Stellgröße entsprechend ändern. Dies ist ganz wichtig bei der Untersuchung von Regelstrecken ohne Ausgleich.

Erforderlich ist auch, daß man die Übergangsfunktion ebenfalls für eine Verringerung der Stellgröße aufnimmt. Es ist nämlich durchaus möglich, daß bei ein und derselben Strecke Differenzen in den Zeitkonstanten auftreten, je nachdem, ob die Stellgröße erhöht oder verringert wird. Dieser Effekt tritt besonders bei Temperaturregelungen auf. Während man mit relativ hoher Leistung heizen kann, erfolgt die Abkühlung meist nur durch die Wärmeverluste zur Umgebung. Die Aufheizzeitkonstante wird wesentlich kleiner sein, als die für den Abkühlvorgang. Bei großer Wärmeabfuhr verschiebt sich das Bild. Die Zeitkonstante der Abkühlung kann sogar kleiner werden, als die der Aufheizphase. Auf das Problem unterscheidlicher Zeitkonstanten bei einer Regelstrecke wird später noch eingegangen.

Die Zeitkonstante stellt noch ein kleines Problem dar. Man muß zunächst durch einen Vorversuch ihren ungefähren Wert ermitteln. Wenn dieser in der Größenordnung einiger Minuten liegt, ergibt es keinen Sinn, die Messung des Istwertes mit 100 oder mehr Abtastungen je Sekunde durchzuführen. Die dann anfallende Datenmenge läßt sich kaum bewältigen. Andererseits kann bei sehr kleinen Zeitkonstanten die Abtastrate von vornherein zu gering angesetzt sein, so daß wichtige Abschnitte, wie z.B. der Wendepunkt im Kurvenverlauf, gar nicht erkannt werden können. Die Messung muß auf jeden Fall solange durchgeführt werden, bis der Endwert wirklich stabil ist. Als Faustformel kann man die Dauer von 5 Zeitkonstanten ansetzen.

Nachdem die Messung abgeschlossen ist, läßt man sich am besten vom Computer den Verlauf des Istwertes als Grafik ausdrucken. Mit etwas Erfahrung lassen sich allein am qualitativen Verlauf schon genügend Informationen ablesen. Man sollte trotzdem nicht darauf verzichten, die Zeitkonstanten und speziell die Totzeiten bzw. die Ersatztotzeiten, so genau wie möglich zu ermitteln. Dazu verwendet man das Verfahren nach Abb. 9.12.

Die Stellübergangsfunktion liefert aber noch einen weiteren wichtigen Wert. Es handelt sich dabei um den Übertragungsbeiwert der Regelstrecke K_s. Dieser Wert wird gebildet durch das Verhältnis der Regelgrößenänderung Δx, die sich nach Ablauf einer Zeit von, wie schon erwähnt, mindestens 5 Zeitkonstanten der Regelstrecke ergibt, zum Wert der erzeugenden Stellgrößenänderung Δy.

Jedoch allein nach den ermittelten Zeiten bzw. Zeitkonstanten kann man jetzt schon ein Urteil über die Regelbarkeit der Strecke fällen. In Abb. 9.28 sind einige Eckwerte für die Verhältnisse von t_g/t_u bzw. von τ_s/t_t mit ihren Folgen für die Regelbarkeit einer entsprechenden Strecke als Tabelle zusammengestellt.

$\dfrac{T_g}{T_u}$	Regelbarkeit	Aufwand
>10	gut regelbar	gering, einfache Regel-einrichtung
um 6	einigermaßen regelbar	Für gutes Ergebnis aufwendige Regeleinrichtung erforderlich
um 3	schwer regelbar	großer Aufwand erforderlich, komplizierter Regleraufbau
<1	kaum regelbar	besondere Maßnahmen erforderlich

Abb. 9.28: Regelbarkeit von Regelstrecken für verschiedene Verhältnisse von t_g/t_u

9.6.1.2 Kennlinie und Arbeitspunkt

Bei der Aufnahme von Übergangsfunktionen kann man das dynamische und das statische Verhalten der Regelstrecke prüfen. Das dynamische Verhalten zeigt sich immer direkt nach dem Zeitpunkt der Änderung der Eingangsgrösse (Stellübergangsfunktion). Das statische Verhalten wird durch den Wert der Regelgröße bestimmt, der sich nach Ablauf einer relativ langen Zeit einstellt ($t > 5 \cdot \tau$). Man kann also auch das statische Verhalten allein untersuchen. Trägt man die erreichten Endwerte mehrerer Versuche in ein Koordinatensystem ein, erhält man die Kennlinie der Regelstrecke.

Bisher sind wir immer davon ausgegangen, daß die Kennlinie der Regelstrecke, die man betrachtet, linear ist. D.h., zu einer gewissen Änderung der Stellgröße stellt sich immer die gleiche Änderung der Ausgangsgröße, also des Istwertes ein. Meist nimmt man dies auch in der Praxis an. Für einige einfache Regelstrecken kann man dies auch tun, ohne einen großen Fehler zu begehen. Der Großteil der Strecken besitzt aber keine lineare Kennlinie. Unterschätzt man diesen Einfluß, kann man später bei der Festlegung der Regelparameter und bei der anschließenden Inbetriebnahme der Strecke böse Überraschungen erleben.

Die Kennlinienaufnahme ist bei manchen Regelstrecken zwar etwas zeitauf-
wendig, bei Temperaturregelstrecken können hier durchaus schon einige
Stunden vergehen, sie ist aber keineswegs schwierig. Es ist jedoch in jedem
Fall ein Arbeits- und Zeitaufwand, der sich lohnt.

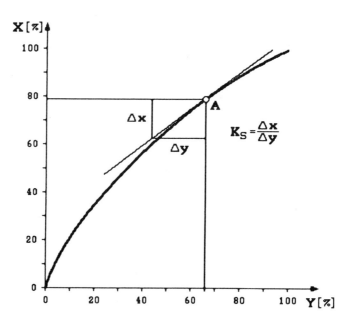

Abb. 9.29: Typischer Verlauf der Kennlinie einer Regelstrecke

In Abb. 9.29 ist der typische Verlauf einer Regelstreckenkennlinie dargestellt. Um jetzt den Arbeitspunkt zu bestimmen, projiziert man von der Ist-
wertachse (X) den gewünschten Sollwert auf die Kennlinie. Vom Schnittpunkt aus fällt man das Lot auf die Stellgrößenachse (Y). Die so gefundene
Stellgröße würde beim Betrieb ohne Störungen den Istwert in der gewünschten Höhe konstant halten. Man kann der Kennlinie aber noch mehr Informationen entnehmen. Geht man davon aus, daß die Schwankungen der Regelgröße um den Sollwert relativ klein sind, kann man die Kennlinie ohne einen
großen Fehler zu machen, im Bereich des Arbeitspunktes linearisieren. Das
geschieht in der Weise, daß im Arbeitspunkt die Tangente an die Kurve angelegt wird. Die Tangentensteigung ist jetzt ein direktes Maß für den Übertragungsbeiwert K_S der Strecke im Arbeitspunkt. Der Wert von K_S beschreibt
den Zusammenhang zwischen Eingangsgrößenänderung und Ausgangsgrößen-
änderung.

$$K_s = \frac{\Delta x}{\Delta y}$$

Daß man diesen Faktor auch aus der Stellübergangsfunktion erhalten kann, sollte trotzdem eine Aufnahme der Kennlinie nicht ersetzen. Für einen anderen Sollwert, der z.b. im ersten Drittel der möglichen Werte liegt, ergeben sich nämlich oft ganz andere Verhältnisse. Man kann also eindeutig festhalten, daß der Übertragungsbeiwert K_s der Regelstrecke vom jeweiligen Arbeitspunkt abhängig ist.

Die Aufnahme der Kennlinie selbst ist sehr einfach. Man verändert von 0 beginnend in Schritten von z.b. 5 % die Stellgröße am Eingang der Strecke. Jetzt hat man lediglich zu warten, bis sich bei der Regelgröße ein neuer Endwert eingestellt hat. Danach erhöht man die Stellgröße weiter. Die auf diese Weise gefundenen Wertepaare werden dann in ein Diagramm eingetragen und mit einem Kurvenlineal verbunden. Selbstverständlich kann man diese Aufgabe auch einem PC übertragen. Wenn die Regelung später ohnehin vom Computer aus vorgenommen werden soll, sollten die Steuer- und Meßmöglichkeiten durch diesen eigentlich schon bestehen. Außerdem ist es gleichzeitig eine Möglichkeit, verschiedene Programmabschnitte für das endgültige Regelprogramm zu testen. In diesem Fall sollte man dann aber die Schrittweite der Verstellung wesentlich kleiner wählen, damit der Aufwand auch lohnt. Man ist dann nämlich in der Lage, die Wertepaare so dicht aneinander anzuordnen, daß auf dem späteren Ausdruck nicht mehr mit dem Kurvenlineal nachgebessert werden muß. Zusätzlich besteht die Möglichkeit, nach entsprechender Auswertung, die Kennlinie durch eine angenäherte mathematische Funktion auszudrücken.

Abb. 9.30 zeigt eine Kennlinienschar, die an einer Druckregelstrecke aufgenommen wurde. Die Regelgröße ist der Druck am Ausgang eines Radialventilators. Die Stellgröße ist die Ventilatordrehzahl in % bezogen auf n_{max}. Die Kurven wurden für drei verschiedene Drosselzustände aufgezeichnet. Dies entspricht verschiedenen Störgrößeneinflüssen bei anderen Regelstrecken. Nicht immer können Störeinflüsse so leicht simuliert werden, wie in diesem Fall. Es ist ganz deutlich zu erkennen, daß eine Störung den Arbeitspunkt verschiebt. Für die gleiche Stellgröße ergeben sich bei den verschiedenen Kurven unterschiedliche Istwerte. Ganz extrem ist auch bei dieser Regelstrecke die Nichtlinearität.

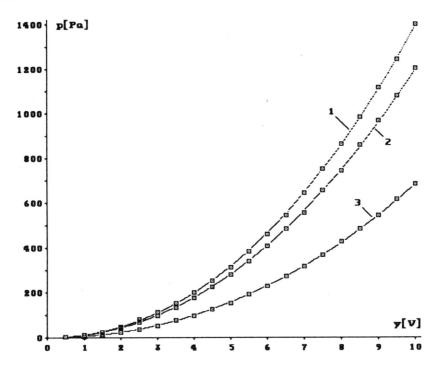

Abb. 9.30: Kennlinien einer Regelstrecke für verschiedene Störgrößen

9.6.1.3 Frequenzganganalyse

Die Aufnahme der Stellübergangsfunktion ist ein relativ einfaches Verfahren und wird daher bei der Analyse von Regelkreisen gerne angewandt. Meist läßt sich diese Untersuchung mit den vorhandenen Geräten, die im Regelkreis für die endgültige Lösung der Regelung sowieso benötigt werden sollen, durchführen.

Darüberhinaus gibt es aber noch ein weiteres Verfahren, das eine wesentlich genauere Analyse des Regelkreises zuläßt. Besonders dann, wenn das dynamische Verhalten genauer untersucht werden soll, ist dieses der Untersuchung per Stellübergangsfunktion vorzuziehen. Es ist die Frequenzganganalyse.

Wegen des relativ hohen Aufwandes an zusätzlichen Meß- und Auswertegeräten, die meist auch nicht vorhanden oder verfügbar waren, wurde dieses

Verfahren bis vor wenigen Jahren bei der Untersuchung von Regelstrecken im Bereich der Industrie kaum verwendet. Lediglich im Laborbereich hat man Untersuchungen und Tests vorgenommen. Heute gestaltet sich diese Methode durch den Einsatz von PCs fast genauso einfach, wie die Aufnahme einer Kennlinie, oder die einer Stellübergangsfunktion. Abb. 9.31 zeigt das Prinzip der Messung.

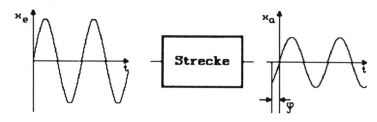

Abb. 9.31: Prinzip der Frequenzganganalyse

Das Prinzip, das dieser Art von Analyse zugrunde liegt, ist, daß man die Regelstrecke mit einem sinusförmigen Signal am Stelleingang anregt. Nachdem der Einschwingvorgang vorüber ist, also dann, wenn die Strecke eingeschwungen ist und damit konstante Amplituden- und Phasenverhältnisse am Istwertausgang herrschen, registriert man die Amplitude der Regelgrößenänderung und deren Phasenverschiebung zum Eingangssignal. Danach wird die Frequenz der Anregung um einen gewissen Betrag erhöht. Die Strecke wird also "gewobbelt". Wichtig ist dabei, daß man Stell- und Regelgröße in einer vergleichbaren physikalischen Größe betrachtet. Anzustreben sind immer normierte Größen wie z.B. 0 - 10 V oder 0 - 20 mA für 0 - 100 % des entsprechenden Wertes. Nach Abschluß der Meßreihe werden der Betrag der Amplitude und die Phasenlage der jeweiligen Meßpunkte in je einer logarithmischen Darstellung über der Anregungsfrequenz aufgetragen. Man erhält damit ein Bode-Diagramm. Abb. 9.32 zeigt ein typisches Beispiel eines solchen Diagramms für eine Regelstrecke mit PT2-Verhalten.

Die Anregung der Strecke mit einem sinusförmigen Signal kann dem Operator schon Kopfschmerzen bereiten. Zunächst muß einmal klargestellt werden, daß es sich dabei nur um ein Signal mit relativ kleiner Amplitude um den voraussichtlichen Arbeitspunkt der Strecke handeln kann. Der Arbeitspunkt als Mittelwert ist dabei sehr wichtig. Wir gehen in der nachfolgenden Betrachtung davon aus, daß sich die Regelstrecke durch ein Spannungssignal am Eingang im Bereich von 0 - 10 V in ihrem gesamten Bereich beeinflussen läßt. Anders dargestellt, der Stellbereich 0 - 100 % entspricht 0 - 10 V. Vie-

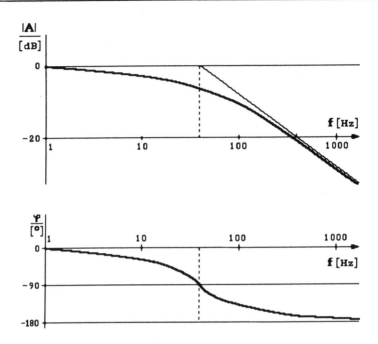

Abb. 9.32: Bode-Diagramm für eine Regelstrecke mit PT2-Verhalten

le Stellglieder sind auf diesen Bereich abgestimmt. Für den PC-Einsatz ist dieser ebenfalls optimal, da er dem einstellbaren Spannungsbereich der meisten D/A-Wandler entspricht.

Die erste Überlegung, die man nun anstellen muß ist die, in welchem Frequenzbereich die Strecke untersucht werden soll. Diese Frage ist pauschal nicht zu beantworten. Man ist gezwungen, den möglichen Frequenzbereich durch vorhergehende Versuche abzustecken. Als Anhalt kann die zu erwartende Zeitkonstante dienen. Je größer diese ist, um so kleiner fällt der zu untersuchende Frequenzbereich aus. So werden z.B. Temperaturregelstrecken bei sehr kleiner Frequenz (möglicherweise schon im mHz-Bereich) am Ende sein. Druckregelstrecken können dagegen bis in den Bereich von einigen 10 Hz hinein noch verwertbare Ergebnisse liefern. Der in Abschnitt 9.2.2 vorgestellte Spannungsregler ist ganz sicher noch im Bereich von einigen 100 kHz oder darüber aktiv.

Um die Grenzen abzustecken, mit einem PC lassen sich solche Untersuchungen, die sinnvolle Ergebnisse liefern sollen, lediglich bis in den Bereich von ca. 50 Hz durchführen. Selbst wenn man höherfrequent messen kann, reicht die Genauigkeit der Reproduktion für diesen Anwendungsfall nicht aus. Bei Verwendung einer Hochsprache wie z.B. Pascal, können unter günstigsten Voraussetzungen im Interruptbetrieb mit einem Rechner vom Typ AT kaum mehr als 20.000 Abtastwerte je Sekunde mit dem A/D-Wandler erreicht werden. Die bei reiner Erfüllung des Abtasttheorems noch auswertbare Frequenz beträgt danach ca. 10 kHz. Um aber eine genaue Aussage über die Amplitude und, was fast noch wichtiger ist, über die Phasenlage machen zu können, sollte man die 50-Hz-Grenze beim Signal nicht überschreiten. Das Verältnis der Abtastfrequenz des A/D-Wandlers zur Signalfrequenz läßt dann eine Auflösung der Pasenverschiebung in Schritten von etwa einem Grad zu.

In Abschnitt 8.4.2.1 wurde an einem Beispiel die Ausgabe einer Sinusschwingung über einen D/A-Wandler gezeigt. Das ungefilterte Signal enthält neben der Grundschwingung noch Anteile der Updatefrequenz. Beim Einsatz eines Filters mit $\tau = t_a$ werden diese weitgehend bedämpft. Für höhere Zeitkonstanten des Filters tritt bereits eine merkliche Dämpfung der Gesamtamplitude und eine Phasenverschiebung der Schwingung ein, die die Messung in diesem Fall in Frage stellen kann. Vom Rechner aus kann dann nicht mehr gewährleistet werden, daß das Amplituden- und Phasenverhältnis zwischen ausgegebenem und dem am Ausgang der Regelstrecke gemessenem Signal stimmt. Die ausgegebene Amplitude dient immerhin als Bezug. Abhilfe kann man schaffen, indem sowohl Eingang und Ausgang der Regelstrecke durch den A/D-Wandler kontrolliert werden. Die zeitliche Auflösung eines Kanals wird dadurch allerdings halbiert.

Damit die Untersuchung trotzdem brauchbare Werte liefern kann, sollte man trotz der PC-Möglichkeiten für diesen Zweck einen separaten Sinusgenerator für die Erzeugung des Eingangssignales der Strecke benutzen. Bei der Verwendung von zwei A/D-Kanälen für die Messung an Ein- und Ausgang der Strecke ist dies der sicherste Weg. Zu beachten ist allerdings, daß der Sinusschwingung eine Gleichspannung überlagert werden muß, die der Stellgröße im zu untersuchenden Arbeitspunkt entspricht. Was ebenfalls berücksichtigt werden muß, ist der zeitliche Versatz bei der A/D-Messung mit zwei Kanälen. Dieser muß in die Phasenverschiebung mit eingerechnet werden.

9.6.1.4 Intepretation der Ergebnisse

Der erste Punkt von Interesse, ist derjenige, bei dem die Phasenverschiebung den Wert von 180° erreicht. Tritt hier eine Gesamtverstärkung von Strecke und Regler von 1 oder größer auf, ist die Amplituden- und Phasenbedingung für einen Oszillator erfüllt. Die Folge ist, der Regelkreis schwingt. Für die Praxis hat sich herausgestellt, daß annehmbare Werte für die Gesamtverstärkung des Regelkreises von 1 noch dann zulässig sind, wenn die Phasenreserve bis zum Erreichen der 180° noch ca. 45° beträgt. Hat die Strecke in diesem Punkt z.B. eine Verstärkung von $K_s = 0,5$, darf der Regler maximal auf $K_p = 2$ eingestellt werden. Größere Werte können danach unweigerlich zu ungedämpften Schwingungen führen. Bei der Angabe von Amplitudenwerten der Verstärkung in dB sind diese zu addieren. Bei +20 dB für den Regler und -20 dB für die Strecke ergibt sich 0 dB Gesamtverstärkung = 1. Diese Situation ist in Abb. 9.33 dargestellt. Verwendet wird das Beispiel der Regelstrecke aus Abb. 9.32 in Verbindung mit einem P-Regler.

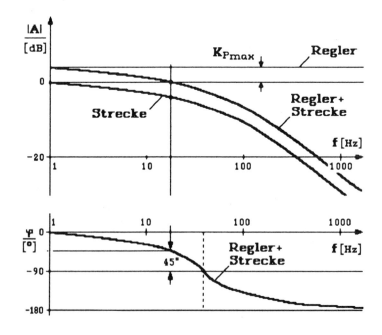

Abb. 9.33: Frequenzverlauf für eine Regelstrecke in Verbindung mit dem Regler

9.6.2 Die wichtigsten Arten von Regelstrecken

Für die wichtigsten Arten von Regelstrecken oder auch von Übertragungsgliedern sind die Sprungantworten bzw. die typischen Bode-Diagramme in
Abb. 9.34 zusammengestellt. Allein aus der Sprungantwort oder aus dem
Amplituden- und Phasenverlauf eines Regelstreckengliedes läßt sich eine
Klassifizierung in eine der dargestellten Typen vornehmen. Durch Addition
oder auch durch Subtraktion der Kurven ist es möglich, spezielle, nicht in
dieser Auflistung erfaßte Verläufe an einen bereits bestehenden Standard
anzugleichen. Die Kombinationsmöglichkeiten sind nahezu unbeschränkt.

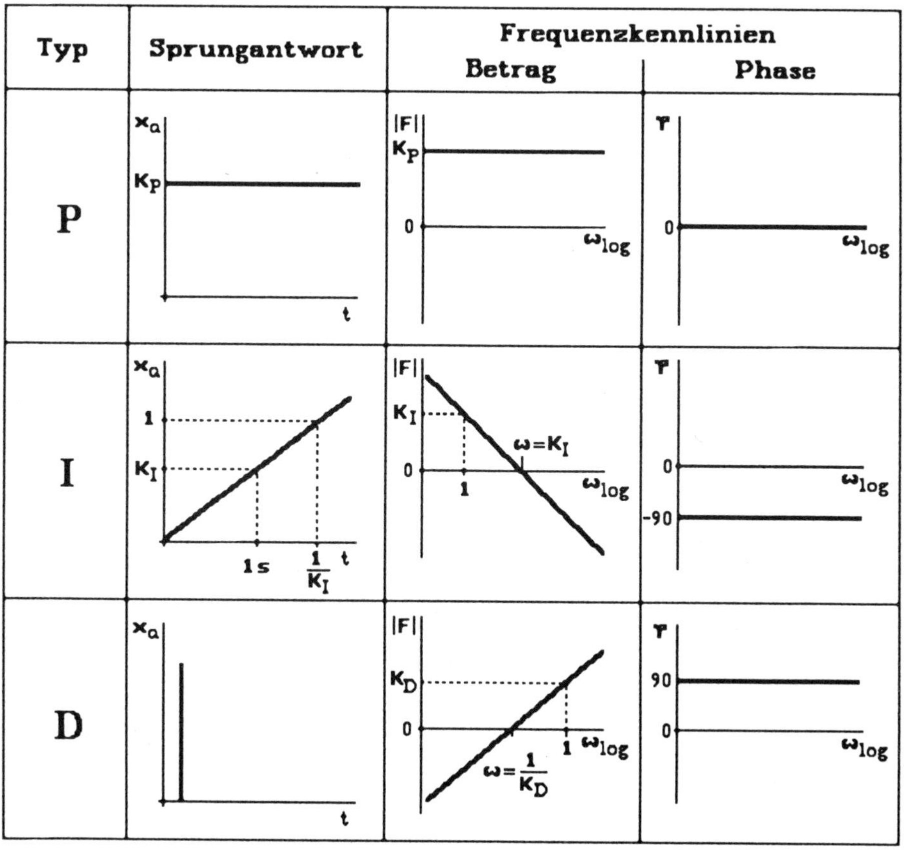

Abb. 9.34a: Eigenschaften der Grundtypen von Übertragungsgliedern

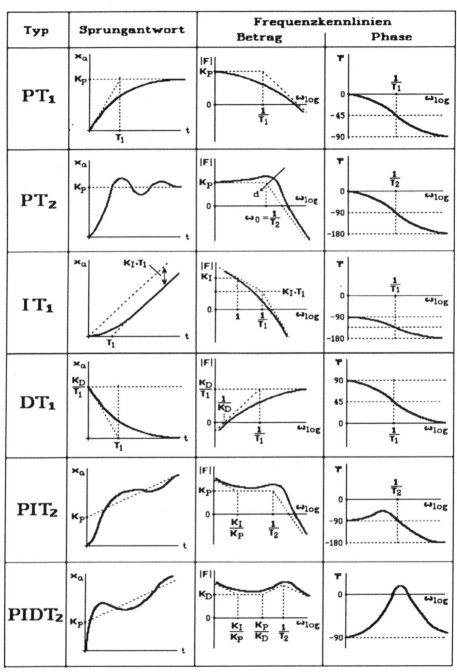

Abb. 9.34b: Aufstellung von kombinierten Übertragungsgliedern

9.7 Ändern der Verhaltensweise von Reglern und Regelstrecken

Die Reaktionsweise am Ausgang auf eine Änderung des Eingangswertes von Regelstrecken ist normalerweise durch ihren Typ und ihre Kennlinie vorgegeben. Manchmal kann es trotzdem wünschenswert sein, das Verhalten an sich verändern zu können. Sei es, um der Strecke einen anderen Typ zu geben oder ggf. eine stark gekrümmte Kennlinie weitestgehend zu linearisieren.

Eine Möglichkeit, die hier helfen kann, ist die sogenannte Rückführung. In der Elektronik ist dieses Verfahren als Gegenkopplung bekannt. Das Prinzip der Rückführung besteht darin, daß ein Teil der Ausgangsgröße einer Regelstrecke mit umgekehrtem Vorzeichen auf den Eingang zurückgekoppelt wird. Das setzt natürlich zunächst gleiche physikalische Größen an Ein- und Ausgang voraus. Ist diese Bedingung nicht erfüllt, muß erst eine entsprechende Umwandlung vorgenommen werden.

9.7.1 Starre Rückführung

Die proportionale Rückführung, in der Regelungstechnik auch starre Rückführung genannt, gibt einen festen voreinstellbaren Teil der Regelgröße als korrigierenden Wert auf die Stellgröße zurück. Wir bezeichnen den Anteil der rückgeführten Größe mit b. Abb. 9.35 zeigt das Blockschaltbild einer Regelstrecke mit starrer Rückführung. Durch die Rückführung wird die Verstärkung K_S der Strecke vermindert. Dies ist allgemein ein Beitrag zur Erhöhung der Stabilität des Regelkreises. Beträgt z.B. der Faktor b = 50 % oder 0,5, wird damit die Verstärkung auf etwa die Hälfte reduziert. Sehr schnelle Regelstrecken, wie z.B. Druckregelstrecken in Hydraulikanlagen, werden dadurch in ihrer Reaktion gedämpft. Die Gefahr des Schwingens der Regelgröße wird reduziert.

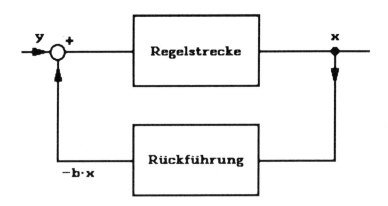

Abb. 9.35: Regelstrecke mit starrer Rückführung

9.7.1.1 Linearisierung der Kennlinie

Neben der oft für die Stabilität des Regelkreises sehr angenehmen Eigenschaft der Reduzierung der Streckenverstärkung K_S weist die Rückführung bei Strecken mit P-Verhalten aber noch einen anderen Vorteil auf. Gekrümmte Kennlinien können durch richtige Wahl des Wertes von b verhältnismäßig gut begradigt oder auch linearisiert werden.

Zur Demonstration dieses Verhaltens verwenden wir noch einmal die Kennlinienschar aus Abb. 9.30. Es handelte sich dabei um die Kennlinien eines drehzahlgeregelten Ventilators, wobei der erzeugte Druck als Funktion der Solldrehzahl aufgetragen ist. Wir greifen für die weitere Betrachtung die Kennlinie 2 heraus. Diese ist in Abb. 9.36 nochmals aufgetragen.

In diesem Betriebszustand wurde dann die Regelstreckenkennlinie erneut aufgenommen. Diesmal allerdings mit einer Rückführung. Der Wert b des rückgeführten Signales betrug dabei 0,2408. Die so entstandene neue Kennlinie ist ebenfalls in Abb. 9.36 eingetragen. Man kann deutlich erkennen, daß die neue Kennlinie nicht mehr so stark gekrümmt ist wie die ursprüngliche Kurve.

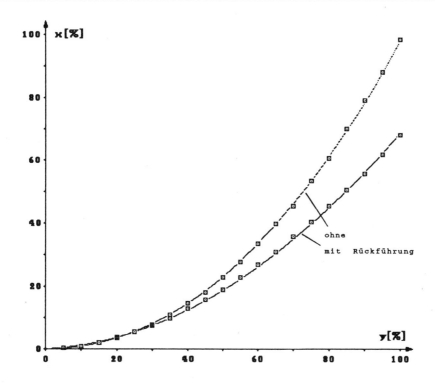

Abb. 9.36: Kennlinie der Druckregelstrecke nach Anwendung der Rückführung

Der Einfluß der Rückführung läßt sich auch mathematisch erfassen. Darurch wird es möglich, die neue Kennlinie der Regelstrecke am Computer vorauszusagen. Auf diese Weise können ohne viele Versuche in der Praxis mehrere Werte für b erprobt werden, um den günstigsten herauszufinden.

Damit in der Rechnung keine störenden Dimensionen auftreten, muß die ursprüngliche Kennlinie zunächst normiert werden. Normieren bedeutet, daß alle Größen auf den Faktor 1 bezogen werden. Bei der Stellgröße y bedeutet dies überhaupt kein Problem, sie ist ohnehin schon in Prozent aufgetragen und damit dimensionslos. Für die Achse der Regelgröße x ist die Procedure auch nicht weiter schwierig. Der Druck, der bei 100 % Stellgröße erreicht wird, bildet auch hier die 100-%-Marke. Alle anderen Werte werden linear zurückgerechnet. Nun läßt sich leicht aus dieser Kennlinie eine mathematische Funktion herleiten. Bei einem Ventilator ist der Druck in 1. Näherung proportional dem Quadrat der Drehzahl. Man kann schreiben:

$p \sim n^2$.

Nach der Normierung gilt:

$p = n^2$,   oder allgemein: $x = y^2$.

Für $y = 1$ nimmt auch die Regelgröße x den Wert 1 an. Um den Vorgang der Linearisierung zu verstehen, müssen wir ein wenig Mathematik betreiben. Da ein Teil der Ausgangsgröße mit negativem Vorzeichen auf den Eingang zurückgekoppelt wird, ergibt sich als korrigierter Stellwert:

$y_k = y - b \cdot x$

Der neue Istwert folgt dann zu:

$x_k = y_k{}^2$

Der nachfolgende Prozeß ist iterativ. Mit der neuen Größe x_k folgt ein neues y_k. Daraus wieder ein neues x_k usw. Nach ca. 20 bis 25 Berechnungen kann man davon ausgehen, daß die Werte stabil bleiben. Der danach gefundene Wert kann als resultierender Wert der Regelgröße x angenommen werden.

Eine Eigenschaft von Kennlinien, die progressiv verlaufen, ist, daß die Krümmung im unteren Drittel nur wenig verändert wird. Der Grund ist, daß die korregierte Kurve nur Werte annehmen kann, die unterhalb der ursprünglichen Funktion für diesen Stellwert liegen.

Degressive Kurven, wie sie z.B. bei Temperaturregelstrecken üblich sind, lassen sich durch eine starre Rückführung wesentlich besser korrigieren. Abb. 9.37 zeigt ein Beispiel dazu. Der ursprüngliche Kurvenverlauf konnte dabei durch eine Sinusfunktion sehr gut angenähert werden.

Damit der Computer auch etwas zu tun hat, läßt man sich am Bildschirm des PC eine Grafik der Originalkurve mit der angenommen oder approximierten Funktion zeigen. Zusätzlich wird zum Vergleich die Kurve der korrigierten Kennlinie dargestellt. Listing 9.3 zeigt eine Programmschleife, mit der die Iteration am Rechner vorgenommen werden kann. Es wird hier nicht das Ergebnis auf die Einhaltung bestimmter Fehlerschranken überprüft, sondern es wird davon ausgegangen, daß nach spätestens 25 Rechenschritten der Wert der neuen Funktion ermittelt ist. Die Function X() berechnet die Werte für die Originalkurve. Sie ist in diesem Listing nicht enthalten.

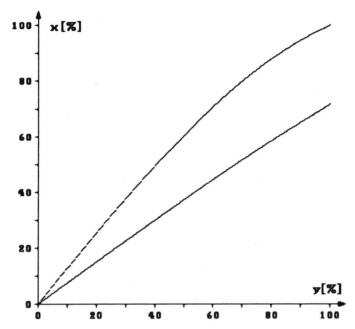

Abb. 9.37: Korrektur einer degressiven Kurve

```
b := 0.2408;
for i := 1 to 400 do
begin
   a := x(i);
   for j := 1 to 25 do
   begin
     yk := i/400 - b * a;
     a := x(round(yk*400));
   end;
   xk := x(round(yk*400));
   putpixel(i+50,450-round(xk*350),4);
end;
```

Listing 9.3: Iterationsschleife zum Finden der neuen Kennlinie

In allen Fällen der Praxis führt der analoge Aufbau der Rückführschaltung sofort zum richtigen Ergebnis. Die Betrachtung am Computer soll lediglich dazu dienen, den Faktor b vorher in bestimmten Grenzen abschätzen zu können, um ohne zeitaufwendige Versuche später an der Anlage ein optimales Ergebnis zu erhalten. Abb. 9.38 zeigt den praktischen Aufbau einer Schaltung aus Operationsverstärkern, wie sie zur Rückführung eingesetzt werden kann.

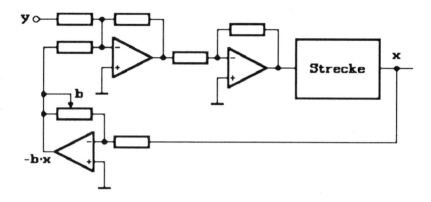

Abb. 9.38: Praktischer Aufbau einer Rückführschaltung

Beachtenswert ist bei allen Beispielen der Verlust im Aussteuerbereich. Die maximal durch eine angelegte Stellgröße von 100 % erreichbare Regelgröße ist merklich zurückgegangen. Von Fall zu Fall muß entschieden werden, ob man sich aus diesem Grund nicht doch entschließt, den stärker gekrümmten Kennlinienverlauf in Kauf zu nehmen.

9.7.1.2 Ändern der Streckeneigenschaft

Eine weitere Möglichkeit, die man durch den Einsatz der Rückführung hat, ist die, die Eigenschaften einer Strecke gezielt zu ändern. So kann z.B. eine Regelstrecke ohne Ausgleich, also ein I-Typ, in eine Regelstrecke mit Ausgleich überführt werden.

Als Beispiel verwenden wir einen Hydraulikzylinder, dessen Stellgeschwindigkeit nur von der Druckdifferenz abhängt, die sich an den beiden Kolbenseiten eingestellt hat. Bei einer konstanten Differenz wird sich der Kolben mit konstanter Geschwindigkeit verschieben. Das geschieht so lange, bis sich die Regelstrecke in der Sättigung befindet. Für den Kolben im Stellzylinder bedeutet das, bis er zum Anschlag gelaufen ist.

Wir wollen nun versuchen, dieser Regelstrecke ein proportionales Verhalten aufzuzwingen. Das bedeutet, wenn der Strecke eine bestimmte Stellgröße zugeführt wird, soll sie mit einer dazu proportionalen Stellung des Kolbens antworten und nicht wie vorher, mit einer bestimmten Stellgeschwindigkeit.

Zunächst müssen wir dazu den Aufbau der Regelstrecke etwas genauer kennenlernen. Dieser ist in Abb. 9.39a schematisch dargestellt. Die Stellgröße gelangt als normiertes Spannungssignal (0 - 10 V) über einen entsprechenden Verstärker an ein sogenanntes Proportionalventil. Proportionalventile haben die Eigenschaft, daß sie an ihrem Ausgang einen Hydraulikdruck einstellen, der im Verhältnis zur am Magneten anliegenden Spannung steht. Hier soll das Ventil z.B. einen Druck von 0 bis 100 bar erzeugen können. Korrekterweise muß man sagen, daß eigentlich der durch den Magneten fließende Strom die Ursache ist, deshalb in der Schaltung auch der Verstärker. Der proportionale Zusammenhang gilt aber über das Ohmsche Gesetz auch für die Spannung. Dieser so erzeugte Druck wirkt nun auf die eine Seite des Kolbens. Die Gegenseite ist mit einem durch konstanten Gasdruck vorgespannten zweiten System verbunden. Der Druck hier beträgt genau 50 bar. Diese Einstellung ist notwendig, um den Kolben in beide Richtungen bewegen zu können. Negative Drücke kann man leider mit einem Hydrauliksystem nicht erzeugen. Beträgt nun die Stellgröße genau 5 V, stellt sich am Kolben ein Gleichgewicht ein. Er bewegt sich nicht. Bei jedem anderen Betrag der Stellgröße wird er mehr oder weniger schnell in die eine oder die andere Richtung gedrückt. Es liegt also das typische Beispiel einer Regelstrecke mit integralem Verhalten vor. Der Istwert der Regelgröße wird elektrisch über einen Linear-Wegaufnehmer gebildet. Durch diesen kann die jeweilige Kolbenstellung erfaßt werden. Durch die Spannungsänderung ist auch die Kolbengeschwindigkeit auswertbar.

Damit das Verhalten der Regelstrecke geändert werden kann, kann die der Kolbenstellung entsprechende Spannung zur Rückführung genutzt werden. Sie wird der Eingangsspannung, also der Stellgröße, mit umgekehrtem Vorzeichen überlagert. Die entsprechende Erweiterung des Aufbaus ist in Abb. 9.39b dargestellt.

Der Stellzylinder verhält sich nun wie eine P-Regelstrecke. Jedem Wert der Stellgröße kann eindeutig eine bestimmte Stellung des Kolbens zugeordnet werden. Durch das Potentiometer P kann entsprechend des Widerstandsverhältnisses zum Eingangswiderstand der Stellbereich der gesamten Anordnung beeinflußt werden. Für gleiche Widerstände entspricht er 100 % bezogen auf eine Eingangsspannung von maximal 10 V. Der Faktor der Rückführung b ist damit gleich 1. Wird die Schleiferstellung in Richtung "+" verän-

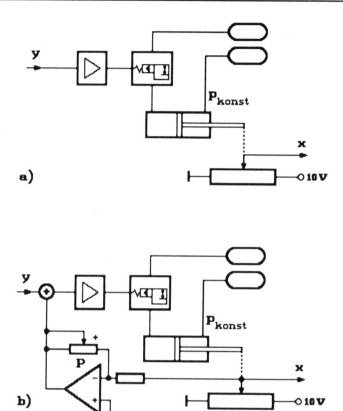

Abb. 9.39: Schematischer Aufbau einer Regelstrecke mit einem Hydraulikzylinder

dert, engt sich der Stellbereich ein. Der gesamte zur Verfügung stehende
Hub des Zylinders kann nicht mehr durchfahren werden. Verstellt man das
Potentiometer in die andere Richtung, genügen kleinere Änderungen der
Stellgröße, um den gesamten Hub des Zylinders auszunutzen. Praktisch hat
man mit diesem Potentiometer jetzt Einfluß auf den Faktor K_s der Regel-
strecke.

9.7.2 Nachgebende Rückführung

Eine andere Art der Rückführung ist die nachgebende Rückführung. Ihren
Namen hat sie daher, daß sie über die Zeit gesehen, den Anteil b des rückge-
führten Wertes permanent verringert, bis er letztlich ganz verschwindet.
Das Übertragungsverhalten einer solchen Rückführung entspricht dem eines
D-Gliedes. Besser gesagt, dem eines DT1-Gliedes.

Um dieses zu verdeutlichen, benutzen wir den Operationsverstärker als I-
Regler aus Abb. 9.18, bei dem in den Gegenkopplungszweig ein Kondensator eingebaut ist. Der Kondensator bewirkt, daß im ersten Moment die volle
Ausgangsspannung mit umgekehrtem Vorzeichen auf den Eingang zurückgekoppelt wird. Nach und nach lädt sich der Kondensator auf. Der Anteil der
rückgeführten Spannung vermindert sich damit. Die wirksame Ausgangsspannung des Verstärkers wird damit stetig vergrößert. In diesem Fall konnte also die Eigenschaft der Reglerschaltung durch dem Einsatz einer nachgebenden Rückführung gegenüber einem P-Regler gravierend verändert werden.

Wendet man diese Art der Rückführung auf eine Regelstrecke bzw. auf ein
Regelstreckenglied an, lassen sich auch hier deutliche Veränderungen im
Übertragungsverhalten erzielen. In einem der vorherigen Abschnitte wurde
sinngemäß erwähnt, daß die praktisch nicht existierende Regelstrecke 0.
Ordnung eigentlich das ideale Übertragungsverhalten zeigt. Sehr kleine
Zeitkonstanten sind aber manchmal äußerst unpraktisch. Gerade dann, wenn
der Regelkreis durch einen PC geregelt werden soll, können sich solche so-
gar durchaus störend auf die Güte der Regelung auswirken.

Das Ziel ist jetzt, eine Regelstrecke, die sehr schnell reagiert, in ihrer Reaktionsweise so zu verändern, daß bei einem Sprung am Eingang die Regelgröße nicht mehr sofort mit einer Veränderung von $\Delta x = K_s \cdot \Delta y$ antwortet,
wie sie es ohne Rückführung tun würde, sondern daß der volle Betrag von Δx
erst nach Ablauf einer bestimmten Zeit erreicht wird. Wie groß diese Zeitspanne sein soll, sei zunächst einmal dahingestellt. Praktisch heißt das, aus
einer Strecke 0. Ordnung bzw. aus einer Strecke mit einer verhältnismäßig
sehr kleinen Zeitkonstante, wird eine Strecke 1. Ordnung mit einer definierten Zeitkonstante. Oder zumindest verhält sie sich mit einer nachgebenden
Rückführung wie eine solche.

Wir verwenden als Beispiel wiederum eine Hydraulikregelstrecke. Es soll diesmal nicht eine Kolbenstellung geregelt werden, sondern ganz einfach der Druck der Hydraulikflüssigkeit, der sich hinter dem Proportionalventil einstellt. Dieser Druck kann durch verschiedene Störeinflüsse schwanken. Die Erfassung des Istwertes erfolgt in unmittelbarer Nähe des Ventils. Druckänderungen in der Flüssigkeit, z.B. hervorgerufen durch Änderungen des Steuerstromes im Proportionalventil, oder auch durch andere Ereignisse, setzen sich mit der für das entsprechende Medium geltenden Schallgeschwindigkeit auf den Sensor fort. In Flüssigkeiten kann die Schallgeschwindigkeit durchaus Werte um ca. 1.500 m/s annehmen. Da die Wege sehr klein sind, reagiert der Druckaufnehmer praktisch sofort mit einer Veränderung seines elektrischen Ausgangssignals. Wird jetzt die Ausgangsspannung des Sensors über eine geeignete Rückführschaltung auf das Eingangssignal, also die Stellgröße, nachgebend rückgeführt, tritt in der Regelstrecke eine gewisse Dämpfung auf. Die Regelgröße verhält sich jetzt so, als würde die Strecke eine größere Zeitkonstante besitzen.

In Wirklichkeit erzeugt die nachgebende Rückführung ein Stellsignal in entgegengesetzter Richtung der Störung. Dadurch wird die anfänglich relativ große Änderung praktisch selbsttätig ausgeregelt. Sobald der Einfluß der Rückführung aufhört, verhält sich die Regelstrecke wie zuvor ohne Rückführung. Durch den Einsatz eines Verstärkers im Rückführzweig ist es sogar möglich, die Ausgangsgröße der Regelstrecke mit einem Faktor > 1 auf den Eingang zurückzulegen. Dies hat in jedem Falle einen Einfluß auf das dynamische Verhalten der Strecke. Das statische Verhalten bleibt praktisch unberührt, da der Einfluß der Rückführung mit zunehmender Zeit verschwindet. Der Vorteil des P-Verhaltens der Strecke, also der selbsttätige Ausgleich, geht dadurch nicht verloren.

Die Zeit, die benötigt wird, um das endgültige Ausgangssignal aufzubauen, wird durch die Zeitkonstante der Rückführung maßgeblich beeinflußt. Diese sollte höchstens genauso groß gewählt werden, wie die, die die Strecke selbst besitzt. Anderenfalls können unangenehme Effekte im zeitlichen Verlauf der Regelgröße auftreten. Man ist gezwungen, sich durch Experimente an die Grenze des Möglichen heranzutasten. Ähnlich wie bei den Fingerabdrücken des Menschen existieren keine zwei Regelstrecken, die sich absolut identisch verhalten. Es gibt Programme, welche die Simulation dynamischer Prozesse, speziell in der Regelungstechnik, auf einem PC zulassen. Einen Anhalt kann man sich dadurch sicher geben lassen, Gewißheit über das Verhalten bekommt man aber nur durch den praktischen Versuch.

Die Tatsache, daß man das zeitliche Verhalten von Regelstrecken verändern kann, ist sehr wichtig für den Einsatz von Computern als Regler. Sind doch die Ausgangsspannungen der D/A-Wandler je nach Auflösungsvermögen, nur in mehr oder weniger großen Sprüngen änderbar. Reagiert die Strecke zu schnell auf eine solche sprunghafte Verstellung der Stellgröße, können wiederum Schwingungen in der Regelgröße die Folge sein.

Durch Einsatz einer nachgebenden Rückführung können jedoch auch andere Probleme bewältigt werden. Regelstrecken höherer Ordnung, die aufgrund mangelnder Dämpfung zum Schwingen neigen, können dadurch so bedämpft werden, daß die Eigenschwingungen nahezu vollständig unterdrückt werden. Natürlich sind auch hier die Rückführzeitkonstante und der Faktor b sorgfältig auszuwählen bzw. zu probieren. Zugrunde liegt einer solchen Maßnahme natürlich immer der Vorsatz, das Verhältnis von t_g / t_u zu vergrößern. Die Regelbarkeit der Strecke kann durch eine solche Maßname nur verbessert werden (vgl. Abb. 9.28).

9.7.3 Verzögerte Rückführung

Die dritte Art der Rückführung eines Signals vom Ausgang auf den Eingang der jeweiligen Stufe stellt die verzögerte Rückführung dar. Die verzögerte Rückführung ist im Gegensatz zur nachgebenden Rückführung, die zunächst voll und dann immer weniger wirkend wird, erst nicht, danach aber mit immer wachsendem Einfluß wirksam, bis sie ihren Maximalwert erreicht hat. Zeitabhängig kann also auf diese Art die Verstärkung einer Regelstrecke vermindert werden.

Eine praktisch anwendbare Schaltung für den Part der Rückführung ist in Abb. 9.40 dargestellt. Es handelt sich dabei um einen Spannungsteiler mit integriertem Tiefpaß. Über P1 kann die Zeitkonstante verändert werden, durch P2, oder besser durch das Verhältnis der Widerstandswerte von P1 zu P2, wird der Faktor b der Rückführung bestimmt, der nach theoretisch unendlich langer Zeit wirksam wird.

Angewendet auf einen Regler erhält man damit aus z.B. einem P-Regler einen Regler mit PD-Verhalten. Wird der Faktor b gleich 1 gewählt, erhalten wir den reinen, aber praktisch leider unbrauchbaren D-Regler.

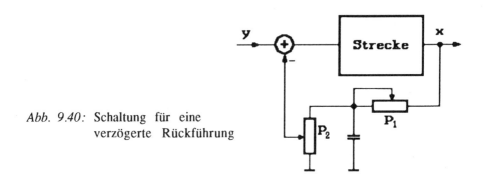

Abb. 9.40: Schaltung für eine
    verzögerte Rückführung

Angewendet auf eine Regelstrecke, kann die verzögerte Rückführung speziell bei Strecken mit I-Verhalten, dazu führen, daß sich die Regelstrecke
wie eine P-Regelstrecke mit relativ großer Zeitkonstante verhält. Ein Beispiel einer I-Regelstrecke mit starrer Rückführung wurde bereits behandelt.
Nach Ablauf der Verzögerungszeit verhält sich die verzögerte Rückführung
wie eine starre Rückführung. Bei Strecken höherer Ordnung, die aufgrund
ihrer Übergangsfunktion zunächst sehr träge oder gar nicht auf eine Änderung der Stellgröße reagieren, danach aber ein relativ hohes oder sogar hefti-
ges Ansprechvermögen zeigen, kann diese Methode der Rückführung zu einem wesentlich günstigeren Streckenverhalten führen.

Wichtig zu wissen ist, daß die Auswirkung der verzögerten Rückführung auf
den Streckeneingang am Ausgang natürlich auch erst nach der entsprechenden Zeitfunktion der Strecke wirksam wird. Bei ungeschickter Wahl der
Rückführzeitkonstane bzw. des Faktors b, können danach sogar ungedämpfte
Schwingungen der Regelgröße auftreten, die letztlich dazu führen, daß die
Regelgröße nur noch zwischen Minimal- und Maximalwert springt. Regelungstechnisch betrachtet wäre das der "Super-Gau".

Für die Behandlung von Regelstrecken höherer Ordnung gibt es leider kein
Universalrezept. So ist es auch nahezu unmöglich, die Verhaltensweise einer
praktisch ausgeführten Strecke nach Anwendung einer Rückführschaltung
vorherzusagen. Sowohl Zeitkonstante, als auch der Faktor b der Rückführung, müssen hier sehr sorgfältig auf die Strecke abgestimmt sein. Für die
experimentelle Ermittlung der Werte gilt, daß man bei der Zeitkonstante von
großen bis sehr großen Werten zu den kleineren vordringen sollte. Man muß
also anfänglich so tun, als sei die Rückführung nicht vorhanden. Bei der Einstellung des Faktors b sollte man sich von kleinen Werten bis an den Grenzwert, der für die Regelstrecke erträglich ist, herantasten.

9.7.4 Verzögert nachgebende Rückführung

Die Möglichkeiten bei der Bildung einer Rückführung sind praktisch unbegrenzt. So entsteht z.b. durch Kombination einer verzögerten und einer
nachgebenden Rückführschaltung eine verzögert nachgebende Rückführung.
In Abb. 9.41 ist der prinzipielle Aufbau einer solchen Rückführung dargestellt. Sie besteht aus zwei in Reihe geschalteten Rückführgliedern, wobei
das erste ein PT1-Verhalten und das zweite ein DT1-Verhalten besitzt. Praktisch handelt es sich dabei um einen Tief- und einen Hochpaß.

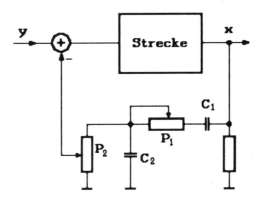

Abb. 9.41: Schaltung eines Gliedes zur verzögert nachgebenden Rückführung

9.7.5 Schrittregler

Durch Anwendung der Rückführung bei Zwei- bzw. bei Dreipunktreglern
lassen sich auch die Eigenschaften eines solchen ganz wesentlich verändern.

Haben wir vorher diese Reglertypen lediglich als sogenannte Grenzwertreg-
ler kennengelernt, wird es nun möglich, ihnen ein Verhalten zu geben, das
dem eines stetigen P-, PI- oder gar eines PID-Reglers weitestgehend entspricht. Man spricht in diesem Fall von einem Schrittregler.

Schrittregler werden in der Praxis wegen ihres verhältnismäßig unkomplizierten Aufbaus und des daraus resultierenden geringeren Preises gern eingesetzt. Das bevorzugte Einsatzgebiet sind Regelstrecken, die z.B. motorische Stellglieder für Ventile, Klappen o.ä. besitzen, die von Natur aus ein I-Verhalten aufweisen. In diesem Fall setzt man dann Dreipunktschrittregler ein, damit z.B. bei einem Motor die Möglichkeit des Rechts- bzw. des Linkslaufs besteht.

Da die Reglerarten, stetig oder nicht stetig, nach ihrem Verhalten am Ausgang eingeteilt werden, müßte der Schrittregler eigentlich bei den unstetigen Reglern erwähnt werden. Praktisch zeigt er jedoch ein Verhalten, das dem eines stetigen Reglers weitestgehend entspricht. Das entsprechende Stellglied muß natürlich die Ausgangssignale verarbeiten können. Auf das gleiche Problem trifft man übrigens, wenn ein Computer als Regler verwendet werden soll, und wenn dann nur ein digitaler Schaltausgang zur Verfügung steht.

9.7.5.1 Zweipunkt-Schrittregler

Um das Wirkungsprinzip dieses Reglers zu erklären, verwenden wir eine Temperaturregelstrecke. Für einen reinen Zweipunktregler wurde die Wirkungsweise bei einer solchen bereits dargestellt.

Der Zweipunktregler gibt z.B. solange ein Signal aus, bis die obere Grenztemperatur überschritten ist. Er kennt lediglich zwei Zustände (Grenztemperatur überschritten oder nicht). Um aus dem Zweipunktregler einen Zweipunktschrittregler zu machen, müssen wir an seinem Eingang zunächst die Regeldifferenz (x-w) bilden. Bei einem reinen Zweipunktregler war diese Größe vom Betrag her nicht notwendig. Dieser hat lediglich die Polarität dieses Vergleichs als Kriterium zum Schalten herangezogen.

Der Schrittregler erzeugt damit ein Ausgangssignal, dessen Dauer von der Regelabweichung abhängig ist. Dabei gilt natürlich ein vorher gewählter Proportionalbereich X_p, innerhalb dessen der Regler arbeiten kann.

Exemplarisch wählen wir ein X_p von 100 %. Für eine Regelabweichung von 50 % wäre dann der Ausgang dieses Reglers für die Dauer von 100 % des Zeitfensters von z.B. 10 Sekunden eingeschaltet. Bei einer Temperaturregelung würde die Heizung in diesem Fall voll beaufschlagt. Der Istwert der Regelstrecke wird dadurch unweigerlich steigen.

Mit dem Steigen der Regelgröße verringert sich natürlich auch die Regelabweichung bzw. die Regeldifferenz. Der Schrittregler reagiert darauf in der Weise, daß er die Ausgangsimpulse zunehmend verkürzt. Für eine Regelabweichung von Null beträgt die Dauer der Ausgangsimpulse dann 50 % des Zeitfensters.

9.7.5.2 Dreipunkt-Schrittregler

Der Dreipunkt-Schrittregler ist die in der Praxis am häufigsten verwendete Form des Schrittreglers.

Durch den Dreipunkt-Schrittregler wird es z.B. möglich, ein motorisches Stellglied in beiden Richtungen zu bewegen. Für die Regelung muß sich dadurch jedoch ein sogenannter Totbereich ergeben, in dem keine Korrektur der Stellgröße stattfindet. Wird dieser Bereich von der Regelgröße nach oben oder nach unten überschritten, kann der Regler wieder eingreifen. Die Größe des Totbereiches hängt von der Einstellung des Proportionalbereiches ab. Je nach Art der Regelstrecke kann eine zu kleine Einstellung des Wertes auch bei einem solchen Regler zum Aufschwingen der Regelgröße führen.

Das Verhalten eines Dreipunkt-Schrittreglers ist in Abb. 9.42 dargestellt. Die in der Abbildung gezeigte negative Stellgröße wird durch den zweiten Schaltausgang des Dreipunktreglers erzeugt.

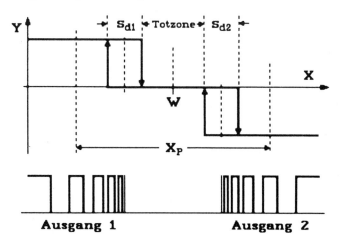

Abb. 9.42: Ausgangsverhalten eines Dreipunkt-Schrittreglers

9.8 Regelaufgaben

Bevor man sich jedoch der Kombination von Regler und Regelstrecke zuwenden kann, muß zunächst erst einiges über die Regelaufgaben klar sein. Unter der Regelaufgabe versteht man, welche Art der Regelung überhaupt vorgenommen werden soll. Man unterscheidet dabei in zwei Hauptrichtungen: Festwertregelung und Folgeregelung.

9.8.1 Festwertregelung

Die Festwertregelung ist die wohl am häufigsten angewandte Art der Regelung. Hauptaufgabe ist es dabei, einen vorgegebenen Sollwert unter dem Einfluß aller möglicherweise auftretenden Störeinflüsse konstant zu halten. Das Kriterium, das hier für die Beurteilung der Funktion des Regelkreises herangezogen wird, ist das sogenannte Störverhalten. Damit ist die Reaktion des Reglers im Verbund mit der Regelstrecke auf eine von außen einwirkende Störung gemeint.

Betrachtet man sich die Kennlinie der Regelstrecke, so wird man feststellen, daß sich der Arbeitspunkt bei einer Festwertregelung auch unter dem Einfluß von Störungen nur wenig verschieben wird. Für die Auslegung des Reglers bedeutet das, daß die Verstärkung der Strecke K_s im gesamten Arbeitsbereich einen annähernd konstanten Wert besitzt.

9.8.1.1 Das Störverhalten des Regelkreises

Die Hauptaufgabe einer Regelung besteht meist darin, Störungen, die auf die Strecke veränderlich einwirken, schnell und vollständig auszugleichen. Erst das Vorhandensein veränderlicher Störungen macht ja eine Regelung erforderlich. Nach einer Störgrößenänderung tritt immer eine vorübergehende Regelabweichung auf. Nur diese kann der Regler erkennen und dann mehr oder weniger schnell und vollkommen beseitigen. Für den Betreiber der Anlage ist die Aussage über das Störverhalten der Regelung eigentlich die wichtigste Information.

9.8.1.2 Die Störübergangsfunktion

In der Realität treten in einem Regelkreis mehrere Störgrößen gleichzeitig auf, die dazu noch an verschiedenen Stellen und mit unterschiedlichem Größen- und Zeitverhalten auf die Regelstrecke einwirken. So könnte z.b. bei einem elektronisch geregelten Netzteil die Netzspannung und/oder deren Frequenz schwanken. Die Eigenerwärmung der Bauteile spielt eine nicht zu unterschätzende Rolle, und nicht zuletzt treten auch noch Lastschwankungen auf. Man kann die Störungen eigentlich nicht in ein bestimmtes Schema zwängen. Manche treten mehr oder weniger plötzlich auf, andere ganz allmählich. Dazu kommen noch Störgrößen, die periodisch auftreten können. Entweder allmählich oder plötzlich.

Um einen vollständigen Eindruck zu gewinnen, müßte man alle diese Einflüsse simulieren können. Praktisch ist das ein nahezu unmögliches Unterfangen. In vielen Fällen verzichtet man deshalb darauf, diese Übergangsfunktion zur weiteren Optimierung der Regelparameter mit heranzuziehen. Bei der Betrachtung aller möglicher Störungen läßt sich aber immer eine finden, die den Wirkungsablauf am stärksten beeinträchtigt. Im Fall des geregelten Netzteiles wären dies sicherlich die Schwankungen der Last. Diese Störung ist bei der Untersuchung des Regelkreises ganz sicher sehr einfach nachzubilden. Bei anders gearteten Regelstrecken ist im Normalfall immer ein ähnlich bestimmender Störeinfluß zu finden, der sich auch für die Untersuchung relativ einfach simulieren läßt.

Die Störübergangsfunktion gibt Auskunft darüber, wie sich der Regelkreis bei einer sprunghaften Änderung der Störgröße verhält. Die Werte, die man dabei finden kann, sind die Überschwingweite x_m der Regelgröße und die Ausregelzeit t_{aus}. Abb. 9.43 zeigt einen typischen Verlauf der Regelgröße eines Kreises nach Aufbringen einer Störung. Besondere Beachtung verdient die Überschwingweite x_m. Nach einer Faustformel läßt sich sagen, daß die Überschwingweite umgekehrt proportional zur eingestellten Proportionalverstärkung K_p am Regler ist. Bei größerer Verstärkung ergibt sich damit eine kleinere Überschwingweite. Die Ausregelzeit wird dadurch bestimmt, daß die Regelgröße nach der Störung innerhalb eines vorher bestimmten Toleranzbandes bleibt. Früher wurde diese mögliche Toleranz mit Meßgenauigkeit bezeichnet. Diesen Begriff findet man oft noch in älterer Literatur. Da aber die Meßgenauigkeit ein sehr flexibler Begriff ist, kann sie nicht für die Auswertung dieser Übergangsfunktion herangezogen werden. Es gibt Meßsysteme für alle möglichen physikalischen Größen, deren Fehler weit unter

0,01 % liegt. Nach Anwendung der alten Regel liegt damit die Ausregelzeit
für praktisch ausgeführte Regelstrecken immer bei dem Wert unendlich. Zur
Erinnerung: Ein 12-Bit-A/D-Wandler kann ein angelegtes Spannungssignal
mit ca. 0,025 % auflösen. Ein 16-Bit-A/D-Wandler bringt es in seiner Meßgenauigkeit da schon auf stolze 0,0015 % des Eingangsbereiches. Aus diesem Grund wird das Toleranzband allgemein mit 2 % der maximalen Regelgröße festgelegt.

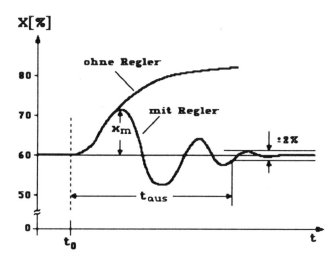

Abb. 9.43: Typischer Regelgrößenverlauf nach einer Störung

9.8.2 Folgeregelung

Gänzlich anders muß sich der Regler verhalten, wenn der Sollwert über die
Zeit geändert wird. Hier ist nicht gefragt, einen bestimmten Wert auf Dauer
konstant zu halten, sondern es soll der Verlauf des Istwertes über eine gewisse Zeitspanne dem Sollwert nachgeführt werden.

Gerade dabei ist es von äußerster Wichtigkeit, die Kennlinie der Regelstrek-
ke zur Verfügung zu haben. Im Fall eines absolut linearen Zusammenhanges
zwischen Stell- und Regelgröße sind eigentlich keine größeren Schwierigkeiten zu erwarten. Anders wird es in der Praxis, wenn die Kurve eine mehr
oder weniger starke Krümmung aufweist.

9.8.2.1 Das Führungsverhalten des Regelkreises

Wenn eine Sollwertänderung eintritt, ist es wichtig, den Istwert der Regelgröße möglichst schnell und mit relativ geringer Abweichung dem veränderten Sollwert nachzufahren. Wie gut diese Aufgabe durch den Regler bewerkstelligt werden kann, besagt das Führungsverhalten. Das bedeutet natürlich nicht, daß keine Störungen mehr ausgeglichen werden sollen. Jedoch tritt das Störverhalten eines solchen Regelkreises bei den meisten Aufgabenstellungen in den Hintergrund.

Typische Folgeregelungen sind z.B. Positionsregelungen, wie die einer Satelitenantenne. Hier wird der Sollwert an einem Kommandogerät meist von Hand vorgegeben. Ein weiterer Anwendungsfall sind Drehzahlregler für Elektroantriebe, bei denen die Drehzahl oft verändert werden soll.

Auch hierbei kann das Verhalten des Kreises am deutlichsten durch eine Übergangsfunktion dargestellt werden. Abb. 9.44 zeigt eine typische Reaktion auf eine sprunghafte Sollwertverstellung. Während bei der Festwertregelung eine Erhöhung von K_p die Überschwingweite reduziert, kehren sich bei einer Folgeregelung die Verhältnisse um. Eine Vergrößerung der Verstärkung bewirkt zwar eine kürzere Anregelzeit t_{an}, jedoch werden die Über-

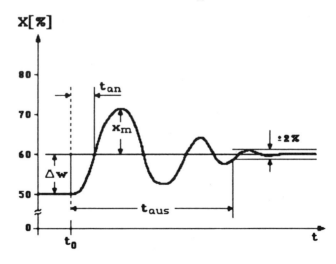

Abb. 9.44: Verlauf der Regelgröße nach einer sprunghaften Sollwertänderung

schwingweite und unter Umständen auch die Ausregelzeit drastisch vergrössert. In der Praxis ist abzuwägen, ob eine relativ große Überschwingweite zugunsten der kürzeren Anregelzeit in Kauf genommen werden darf.

In dem Diagramm ist zusätzlich noch ein neuer Begriff aufgetaucht. Es handelt sich dabei um die Anregelzeit t_{an}. Die Anregelzeit definiert den Zeitraum, den der Istwert im Regelkreis benötigt, um erstmalig den neu vorgegebenen Sollwert zu ereichen. Unabhängig davon, wie weit und wie oft die Regelgröße danach überschwingt.

9.8.2.2 Zeitplanregelung

Es gibt noch eine weitere Art von Folgeregelungen. So verlangen einige Prozesse bei der Metallveredelung z.B. die gezielte Führung der Ofenraumtemperatur sowohl beim Aufheizen, als auch beim Abkühlen. Dabei wird der Sollwert nicht sprunghaft oder zumindest sehr schnell verstellt wie bei der klassischen Folgeregelung, sondern die Veränderung geschieht relativ langsam an einer Rampe. Ein typischer Wert für einen Glühofen könnte beispielsweise 100 K pro Stunde sein. Die Veränderung geschieht also nach einem Zeitplan.

Für den Regler geschehen diese Verstellungen normalerweise so langsam, daß er ohne besondere Optimierung auf das Führungsverhalten dem geänderten Sollwert ohne große Mühe und ohne größere Regelabweichungen folgen kann. Das bedeutet für den Anwender oder Operator, daß in einem solchen Fall der Regelkreis mehr auf das Störverhalten hin ausgelegt werden kann. Die Optimierung darf dabei aber nicht auf den Arbeitspunkt konzentriert werden, den die Anlage möglicherweise nach einer Stunde erreicht hat und bei diesem Wert dann für längere Zeit verweilt. Der Grund: Die bei den meisten Regelstrecken eben nicht lineare Kennlinie. Im ungünstigsten Fall wird der gesamte Arbeitsbereich der Strecke sehr langsam durchfahren. Der Regler hat es jetzt mit einer Regelstrecke zu tun, deren Eigenschaften sich mit dem Verlauf des Soll- und Istwertes permanent ändern.

Zunächst bleibt nur die Möglichkeit, wenn man von den Möglichkeiten der Linearisierung aus Abschnitt 9.7.1.1 Abstand nehmen möchte, die Regelparameter für den Arbeitsbereich zu optimieren, der am kritischsten ist. Es ist dies der Bereich, in dem die Verstärkung der Strecke am größten ist. Spätestens jetzt zeigen sich die Vorteile eines PCs als Regler. Hier hat man die Möglichkeit, die Kennlinie der Strecke über den Arbeitsbereich zu berücksichtigen. In Abhängigkeit vom Faktor K_S des momentanen Betriebspunktes auf der Strecke kann damit die Proportionalverstärkung des Reglers den jeweiligen Gegebenheiten angepaßt werden.

Daß der Zeitplanregler mehr auf das Störverhalten hin ausgelegt werden kann, läßt eigentlich auch den Umkehrschluß zu. Ein Festwertregler läßt sich auch als Regler für einen zeitlich veränderlichen Sollwert benutzen. Die Voraussetzung dazu ist jedoch, daß die Sollwertänderung relativ langsam vonstatten geht. So ist es ganz sicher möglich, die Temperatur in einem Ofen langsam bis zum gewünschten Sollwert über eine Rampe zu erhöhen, um dann dort stabil zu werden, ohne daß sie nennenswert überschwingt. Verändert man aber bei einem Festwertregler, der auf einen Arbeitpunkt von z.B. 500 °C abgestimmt ist, den Sollwert von Raumtemperatur auf eben diese 500 °C in einem Schritt, führt das zu einer sehr großen Überschwingweite der Temperatur und zu einer ebensogroßen Ausregelzeit. Schuld ist meist nicht die relativ hohe Verstärkung K_p, sondern der Integralanteil, der während der Aufheizphase unaufhörlich wächst. Ist die Solltemperatur angeregelt, wird zwar über den P- und möglicherweise auch über den D-Anteil gegengesteuert, das Integral oder die Summe der Regeldifferenz über die Zeit muß erst abgebaut werden.

9.8.3 Regelgüte

Ein Maß dafür, wie gut eine Regelung ist, stellt die Regelgüte dar. Die Regelgüte wird hergeleitet aus dem Zahlenwert, der durch die Summe der Flächenanteile zwischen Soll- und Istwert über den Verlauf der Zeit gebildet wird. Man spricht hier auch von der Regelfläche A_Q. Bei einer optimalen Regelung soll die Regelfläche möglichst klein sein. Damit solch eine Flächenfunktion gebildet werden kann, muß das Quadrat der Regelabweichung x - w über die Zeit integriert werden.

$$A_Q = \int (x-w)^2 \ dt$$

Leider ist das mit der Integration nicht so einfach, weil dafür die Regelabweichung in Abhängigkeit von der Zeit als mathematische Funktion zur Verfügung stehen muß. Dies ist in der Praxis wohl kaum der Fall. Man muß sich also mit anderen Verfahren zur Flächenbestimmung behelfen. Sinnvollerweise wählt man als Zeitintervall für die Integration bzw. für eine Summierung, die Ausregelzeit t_{aus}. Die in dieser Zeit von der Regelgröße bestrichene

Fläche A_Q ist damit ein Maß für die Regelgüte. Bezeichnet man die Regelgüte mit Q, dann gilt:

$$Q \sim \frac{1}{A_Q}$$

Zur Verdeutlichung ist in Abb. 9.45 die Regelfläche für die Übergangsfunktion aus Abb. 9.44 dargestellt. Die entsprechende Fläche ist schraffiert. Wichtig ist, daß die Teilflächen betragsmäßig addiert werden. Eine negative Regelabweichung subtrahiert also nicht. Auch ohne die Anwendung höherer Mathematik kann man nur durch Betrachtung eine wertende Aussage über den Vergleich zweier Übergangsfunktionen treffen, die mit unterschiedlicher Parametervorgabe am Regler aufgenommen wurden.

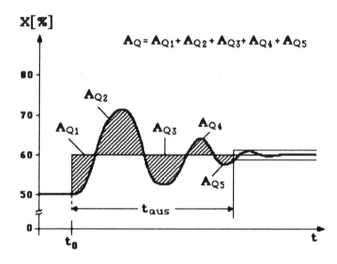

Abb. 9.45: Regelfläche der Funktion aus Abb. 9.44

9.9 Stellglieder

Damit ein PC einen Regelkreis kontrollieren kann, muß er die Möglichkeit haben, auf das Glied im Regelkreis Einfluß zu nehmen, das die Regelgröße im wesentlichen bestimmt. Dies ist das sogenannte Stellglied.

Stellglieder in Regelkreisen können die unterschiedlichsten Formen und Wirkungsweisen haben. Allen gemeinsam ist jedoch die Aufgabe, die Regelgröße durchVorgabe der Stellgröße so zu beeinflussen, daß diese auf einem bestimmten Wert gehalten oder dorthin gebracht werden kann.

9.9.1 Anforderungen für PC-Regelkreise

Ein PC ist lediglich in der Lage, über entsprechende Zusatzhardware elektrische Signale an die Außenwelt abzugeben. Dies kann in Form einer analogen Spannung durch einen D/A-Wandler geschehen oder auch als digital codiertes Signal. Darüber hinaus gibt es rechnerseits keine anderen Möglichkeiten.

Durch ein digitales Signal vom Rechner kann z.B. ein Relais als Stellglied angesteuert werden, das seinerseits wiederum andere Funktionen auslöst. Bei einer Zweipunktregelung könnte dadurch unmittelbar die Energiezufuhr zur Regelstrecke geschaltet werden. Es besteht aber auch die Möglichkeit, durch ein digitales Steuerwort einen codierten Wert an ein externes Gerät auszugeben. Ein Beispiel dafür wurde in Kapitel 2 zur digitalen Steuerung des Zündwinkels an einem Triac für eine Phasenanschnittsteuerung gebracht. Nichts anderes geschieht rechnerintern bei einem eingebauten D/A-Wandler.

Wenn das Stellglied einer Regelstrecke mit keinem dieser Signale, die ein PC für die Ansteuerung zur Verfügung stellen kann, direkt ansprechbar ist, ist es zunächst für die Verwendung im PC-Regelkreis ungeeignet. Abhilfe kann geschaffen werden, wenn man sich spezielle Adaptoren beschafft oder selbst erstellt, die die nötige Umsetzung der Signale übernehmen. Soll z.B. der Druck an einem Ventilator geregelt werden, steht als Stellglied eigentlich nur der Antriebsmotor zur Verfügung. Mit dem Rechner allein ist man kaum in der Lage, diesen Motor direkt zu bedienen. Man benötigt also ein spezielles Interface. Bei einem Drehstrommotor kleiner Leistung wird dies in der Regel ein Frequenzumrichter sein, der nach dem Pulsverfahren arbeitet. Die Arbeitsweise eines solchen Umrichters ist für den vorgesehenen Zweck zunächst auch zweitrangig. Entscheidend ist hier, daß sich das Gerät durch eine Spannung oder einen Strom am Eingang steuern läßt. Damit ist die Voraussetzung für die Eignung als Stellglied im PC-kontrollierten Regelkreis erfüllt. Das Gerät antwortet auf eine bestimmte Steuerspannung mit einer bestimmten Drehzahl des Motors. Jetzt sind wir in der Lage, per Programm und D/A-Wandler einen Drehstrommotor in seiner Drehzahl zu beeinflussen.

Es liegt hier eigentlich ein eigener Regelkreis vor. Die Drehzahl wird entsprechend der Steuerspannung vom Umrichter eingestellt und gehalten. Für unseren Fall ist jedoch nicht die Drehzahl des Motors entscheidend, sondern die Druckerhöhung, die durch die angeschlossene Arbeitsmaschine, hier den Ventilator, erbracht wird. Diese kann jedoch durchaus über die Drehzahl des Ventilators beeinflußt werden.

Meist handelt es sich bei einer Regelung um Größen, die durch elektrische Energie entweder primär oder sekundär beeinflußt werden, wie bei dem Ventilator im eben genannten Beispiel. In einem solchen Fall sollte es nicht weiter schwierig sein, ein Interface zu finden, das sich z.B. mit 0 bis 10 V, entsprechend einem Stellbereich für die physikalische Ausgangsgröße von 0 bis 100 %, ansteuern läßt.

9.9.2 Kaskadenregelung

Daß Stellglieder manchmal eigene Regelkreise bilden, geht in der Gesamtbetrachtung der vorliegenden Regelstrecke eigentlich oft unter. Bei einer Untersuchung per Störübergangsfunktion o.ä. der gesamten Strecke geht das Zeitverhalten dieser Kreise meist nur als zusätzliche Zeitkonstante mit ein. Werden innerhalb eines Regelkreises durch einzelne Glieder neue, kleinere Regelkreise gebildet, gelangt man zu einer gänzlich anderen Regelform.

Technisch wird diese Form der Regelung als Kaskadenregelung bezeichnet. Eine Kaskadenregelung zeichnet sich dadurch aus, daß z.B. ein Hilfsregler im System integriert ist, der seinen Sollwert von einem übergeordneten Regler, dem Hauptregler, erhält. Für den Hauptregler verhält sich dieser Hilfsregler wie ein Stellglied. Der Hauptregler gibt an diesen ja auch eine Stellgröße aus. Abb. 9.46 zeigt das Blockschaltbild einer Kaskadenregelung am Beispiel der Druckregelstrecke mit einem Ventilator. Der Regelstrecke wird dabei eine Hilfsregelgröße x_h entnommen. In unserem Beispiel handelt es sich um die Motordrehzahl. Diese wird dem Hilfsregler zugeführt. Schwankungen in der Drehzahl des Motors können dadurch wesentlich schneller ausgeglichen werden, als wenn sie erst mit zusätzlichen Zeitkonstanten behaftet, den Umweg über Druckschwankungen des Ventilators zum Hauptregler machen müßten. Sie werden praktisch schon im Hilfsregelkreis beseitigt. Früher wurde dieses Prinzip fast ausschließlich nur dazu verwendet, sehr träge Regelstrecken etwas besser regelbar zu machen. Das Gleiche gilt natürlich heute auch noch. Aber durch den Einsatz "intelligenter" Stell-

glieder bei PC-Regelkreisen verwendet man diese Methode heute oft unfrei-
willig und manchmal auch, ohne sich eigentlich über das Verfahren und die
Wirkungen im klaren zu sein.

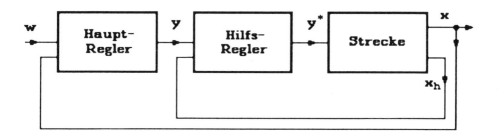

Abb. 9.46: Blockschaltbild einer Kaskadenregelung

10 Digitale Regelung

Nachdem wir sehr viel über Regler und Regelstrecken erfahren haben, kommen wir jetzt zum eigentlichen Punkt. Wie kann ein Regler durch einen PC nachgebildet werden?

Der Übergang vom analogen auf den digitalen Regler ist zunächst nur ein kleiner Schritt. Verlassen wir einmal die Praxis und behaupten, ein Computer wird mit einer nahezu unendlich hohen Taktfrequenz betrieben. Weiterhin setzen wir voraus, daß das Istwerterfassungssystem, also der A/D-Wandler, verzögerungsfrei und in der Zeit Null einen anliegenden analogen Wert digitalisieren und dem Rechner zur Verfügung stellen kann. Auch die nachfolgende analoge Ausgabe des Stellwertes über einen D/A-Wandler kann sofort erfolgen. Außerdem können die beteiligten Wandler Signale in beliebig vielen und kleinen Schritten fehlerfrei auflösen. Unter diesen (leider nur theoretischen) Bedingungen könnte sich ein Computer genau wie ein analog aufgebauter stetiger Regler verhalten.

Kehren wir zur Praxis zurück, müssen wir feststellen, daß keine der eben erwähnten Bedingungen erfüllt ist. Wenn auch ein PC mit einer '486-CPU und einer Taktfrequenz von 33 MHz schon sehr schnell ist, ein Vergleich mit einem PC/XT ist hier nahezu nicht mehr möglich, die Verarbeitungsgeschwindigkeit ist dennoch begrenzt. Von A/D- bzw. von D/A-Wandlern weiß man, daß sie nur eine begrenzte Auflösung besitzen (z.B. 12 oder auch 16 Bit). Auch eine minimale Wandlungszeit ist vorgegeben. Will man also einen Regelkreis über einen PC kontrollieren, ist man gezwungen, in einigen Funktionen Abstriche zu machen bzw. man muß Kompromisse eingehen.

Da aber eine Regelstrecke in der Praxis auch immer ein gewisses Zeitverhalten aufweist, d.h., sie kann sowieso nicht in der Zeit Null auf eine Änderung der Stellgröße reagieren, wird das Problem ein klein wenig entschärft. Dadurch wird es möglich, zur Regelung auch einen "normalen" PC einzusetzen. Eine '486-CPU mit 33 MHz Taktfrequenz ist eigentlich nicht erforderlich.

10.1 Reglernachbildung auf dem PC

Für die unstetige Regelung wurden bereits Programmbeispiele vorgestellt. Diese Form der Regelung ist auch nicht besonders problematisch, wenn man sie auf einen PC überträgt. Was aber weitaus wichtiger oder interessanter ist: Wie kann das Verhalten eines analogen, stetig wirkenden Reglers in Verbindung mit einer bestimmten Regelstrecke auf einem Computer nachgebildet werden?

Man weiß, daß u.a. die Zeitkonstante einer Regelstrecke einen sehr wichtigen Wert für die Beurteilung der Regelbarkeit darstellt. Was beim analogen Regler praktisch nicht auftritt, kann beim digital arbeitenden Regler, sprich beim Computer, sehr schnell zum Verhängnis führen. Es sind nämlich zusätzliche, durch den Regler verursachte Totzeiten bzw. Laufzeiten zu berücksichtigen.

Ein Computer kann ein Programm nur Anweisung für Anweisung abarbeiten. Für eine Programmschleife, die einen Regler realisieren soll, bedeutet das, der Rechner ist mit der Abarbeitung der entsprechenden Befehle eine Zeit lang beschäftigt. Bis das Ergebnis vorliegt, vergeht also eine genau zu definierende Zeitspanne. Erst nach dieser kann das Stellsignal gebildet werden und nach Ablauf einer weiteren Zeitspanne ausgegeben werden.

Für alle nachfolgenden Betrachtungen wird davon ausgegangen, daß die Regelgröße nach der Wandlung durch den A/D-Wandler immer einen Wert annimmt, der im Bereich von 0 und 4.095 liegt. Das gleiche gilt für die danach vom Regler ausgegebene Stellgröße. Damit wird dem Computer als Regler zumindest für die Ein- und Ausgänge das Verhalten eines sogenannten Einheitsreglers verliehen.

10.1.1 Regelprinzip eines Computers

Gleich zu Anfang sei mit Listing 10.1 eine kurze Routine vorgestellt, mit der eine Regelung auf einem mit A/D- und D/A-Wandler ausgestatteten PC realisiert werden kann. Es handelt sich dabei um die Implementation eines reinen P-Reglers. Sollwert und Proportionalverstärkung werden dabei als Parameter übergeben. Die Function AD() und die Procedure DA() wurden vorab schon behandelt. Im Gegensatz zu anderen Anwendungen, die vorher behandelt wurden, muß die Function AD() hier lediglich den Integerwert der Wandlung liefern. Die Routine selbst kann hier nur durch einen Tastendruck verlassen werden. Bis dahin arbeitet der PC nach Aufruf der Procedure nur für die Regelung.

```
procedure p_regler(w: integer; kp: real);
                  (* w von 0 bis 4095 *)
var x,y: integer;

begin
  repeat
     x := ad(0);          (* Istwerterfassung *)
     y := round(kp*(w-x)); (* Vergleich        *)
     da(y);               (* Korrektur        *)
  until keypressed;
end;
```

Listing 10.1: Einfache Routine zur P-Regelung eines Kreises

Im Gegensatz zu einem analog arbeitenden Regler kann der Computer nicht gleichzeitig einen neuen Istwert aufnehmen, diesen mit dem Sollwert vergleichen und auch noch zur selben Zeit eine Korrektur der Stellgröße vornehmen. Bei einem Computer geschehen diese Vorgänge streng nach dem vorgegebenen Programm nacheinander. Vom Zeitpunkt der Erfassung des aktuellen Istwertes bis zu einer Korrektur der Stellgröße kann für Computermaßstäbe eine durchaus geraume Zeit vergehen. Der Rechner gibt nun eine Stellgröße aus, deren Wert für die Aufrechterhaltung der Regelgröße erforderlich war als der letzte Istwert aufgenommen wurde. Ganz genau betrachtet, also viel zu spät.

Wenn der letzte aktuelle Istwert der Regelgröße auch noch z.B. auf dem Bildschirm als Zahlenwert oder in sonst irgendeiner Form ausgegeben werden soll, verschlechtert sich das Verhältnis weiter. Jede zusätzliche Aufgabe, die der PC jetzt noch zu lösen hat, hält ihn davon ab, die Reaktion der Strecke auf die letzte Änderung der Stellgröße zu überprüfen.

10.1.2 Die Methode des Vergleichs

Wird die Regelgröße zu groß, ist der Stellwert zu verringern. Sollte sie zu klein werden, muß der Stellwert vergrößert werden! Diesem Prinzip gehorchen alle Arten von Regelungen.

Solange es sich um eine reine Proportionalregelung wie in Listing 10.1 handelt, werden an die Regelroutine weiter kaum Ansprüche gestellt. Vor allem spielt der Faktor Zeit hier keine größere Rolle. Wird davon ausgegangen, daß die Zeitkonstante der Regelstrecke sehr viel größer ist, als die Abarbeitungszeit der Regelroutine durch den Rechner, sind keine Schwierigkeiten zu erwarten. Der einzige Wert, der kritisch werden kann, ist der Wert der Proportionalverstärkung. Damit sich der Computer aber wie ein Einheitsregler verhalten kann, ist die Procedure aus Listing 10.1 um einige Punkte zu erweitern.

Die Stellgröße muß im Bereich von 0 bis 4.095 bleiben. Negative Werte, wie sie durch die Berechnung entstehen können, werden für die Ausgabe nicht zugelassen. Deshalb wird bei der Bildung von y zunächst der Wert 2.048 addiert. Dieser entspricht dem halben Aussteuerbereich für die Ausgabe am D/A-Wandler. Listing 10.2 zeigt die entsprechend notwendige Programmerweiterung für die Begrenzung der Ausgabe auf positive Werte.

```
repeat
   x := ad(0);
   y := 2048+round(kp*(w-x));
   if y > 4095 then
      y := 4095;
   if y < 0 then
      y := 0;
   da(y);
until keypressed;           (*    oder andere Bedingung *)
```

Listing 10.2: Notwendige Erweiterung der Routine aus Listing 10.1 zur Begrenzung des Ausgangswertes auf positive Größen

Der konstante Wert von 2.048, der bei der Berechnung des Stellwertes addiert wird, ist willkürlich gewählt. In Verbindung mit einer realen Regelstrecke wird man einen Wert wählen, der die Regelgröße im störungsfreien Betrieb gerade eben aufrecht erhalten kann. Dieser Wert kann unter Zuhilfenahme der Kennlinie der Regelstrecke ermittelt werden.

10.2 Die Regelgleichung

Eine reine P-Regelung ist also relativ einfach zu realisieren. Soll ein Regler mit gemischtem Verhalten auf dem PC nachgebildet werden, sind einige andere und neue Dinge zu beachten.

10.2.1 Umgesetzte Differenzengleichung

Damit das Verständnis für die nachfolgenden Dinge geschaffen werden kann, soll die vollständige Gleichung für einen Regler vorgestellt werden. Es handelt sich dabei um eine Differentialgleichung.

$$y = K_P \cdot [(w-x) + K_I \cdot \int (w-x) \cdot dt + K_D \cdot \frac{d(w-x)}{dt}]$$

Mit $w = 0$ kann eine neue Gleichung gebildet werden. Damit wird x zur Regelabweichung x_w. Ersetzt man außerdem K_I durch $1/T_n$ und K_D durch T_v, folgt:

$$y = -K_P \cdot [x_w + \frac{1}{T_n} \cdot \int x_w \, dt + T_v \cdot \frac{dx_w}{dt}]$$

Allerdings ist auch diese für den Gebrauch mit einem Computer nicht direkt verwendbar. Damit die Differentialgleichung gelöst werden kann, muß der Verlauf von x in Abhängigkeit der Zeit als geschlossene Gleichung vorliegen. Ansonsten ist keine Integration und auch keine Differentiation möglich. Da der Verlauf der Regelgröße x aber mehr oder weniger durch die Gegebenheiten gebildet wird, muß ein anderer Weg beschritten werden. Alle infinitiv kleinen Zeitspannen dt müssen in eine verwertbare Zeit Δt umgesetzt werden. Danach kann das Integral vereinfacht durch eine Summe und das Differential durch eine Differenz ausgedrückt werden. Die dadurch entstehende Gleichung lautet:

$$y = -K_P \cdot [x_w + \frac{1}{T_n} \cdot \Sigma \, x_w \cdot \Delta t + T_v \cdot \frac{\Delta x_w}{\Delta t}]$$

Eine Summe, sowohl auch eine Differenz, kann ein Computer aus zwei Werten bilden. Von ganz besonderer Bedeutung ist jetzt neben der Regelabweichung der Wert Δt. Neben der Proportionalverstärkung K_p wirkt dieser sich mit seinem Wert stark auf den Wert von y aus. Wenn ein Regelalgorithmus auf einem Computer richtig funktionieren soll, müssen die Zeitintervalle, in denen die Regelprocedure durchlaufen wird, stets gleich sein.

In Abb. 10.1 wird versucht, das Zustandekommen der Gleichung anhand einer grafischen Darstellung zu erläutern. Aufgetragen sind der Sollwert und der Verlauf des Istwertes über ein bestimmtes Zeitintervall.

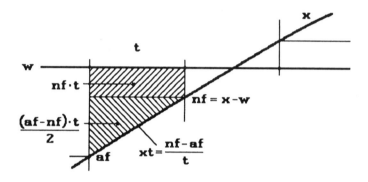

Abb. 10.1: Hintergrund der Reglergleichung

Es wird davon ausgegangen, daß der Istwert sich dem Sollwert von unten nähert. Zunächst müssen vier Begriffe eingeführt werden, die in der Programmschleife zur Regelung verwendet werden. Es handelt sich dabei 1. um den neuen Fehler, kurz NF. Dieser drückt die Regelabweichung x - w aus. Der zweite Begriff ist der alte Fehler (AF). Der neue Fehler wird beim nächsten Regelvorgang zum alten Fehler. Als Drittes wird der Summenfehler (SF) benötigt. Dieser drückt mathematisch die Fläche, die zwischen der Soll- und der Istwertkurve liegt, aus. Es ist die Regelabweichung multipliziert mit der Zeit. Zuletzt ist da noch die Änderungsrate der Regelgröße. Sie wird mit XT bezeichnet und drückt die Steigung zwischen altem und neuem Fehler bezogen auf das Zeitintervall Δt aus. Da in der Regelungstechnik die Zeitangaben für T_n und T_v in Minuten üblich sind, muß auch hier der Wert in Minutenbruchteilen eingesetzt werden. Für z.B. 20 Aufrufe der Regelroutine je Sekunde beträgt er 0,0008333. Man macht allerdings keinen Fehler, wenn man die Zeiten in Sekunden oder Sekundenbruchteilen wählt. An eine einmal vorgegebene Zeiteinheit muß man sich nur konsequent halten.

Die Berechnung der für die Regelung notwendigen Größen geht nun folgendermaßen vor sich. Zunächst wird der alte Wert NF aus der vorangegangenen Berechnung auf AF übertragen. Danach wird NF aus x - w neu berechnet. Der nächste Schritt dient zur Berechnung des Integralanteils. Der alte Summenfehler wird um die Größe ergänzt, die seit der letzten Berechnung angelaufen ist. Es handelt sich um den Flächeninhalt des Rechtecks DT · NF plus dem des Dreiecks (AF-NF) · DT. Damit die Dreieckfläche korrekt berechnet wird, muß noch durch 2 geteilt werden. Als letzte Vorbereitung, bevor der neue Stellwert berechnet werden kann, muß der D-Anteil XT ermittelt werden. Dies geschieht durch (NF - AF) / DT. Damit erhält man die mittlere Änderungsgeschwindigkeit der Regelgröße für das vergangene Zeitintervall.

Mit den nun vorliegenden Größen kann der neue Stellwert mittels der Reglergleichung berechnet werden. Listing 10.3 zeigt die entsprechende Procedure. Alle verwendeten Variablen müssen im Hauptprogramm global vereinbart sein. Der gebildete Stellwert PID ist allerdings noch nicht auf die Mitte des möglichen Stellbereichs korrigiert. Dieser notwendige Schritt muß noch eingefügt werden.

```
procedure regler;

begin
   af := nf;
   nf := ist - soll;
   sf := sf + nf * dt + (af-nf) / 2 * dt;
   (* I - Anteil *)
   xt := (nf-af)/dt;
   (* D - Anteil *)
   pid := -kp * (nf + 1/tn * sf + tv * xt);
end;
```

Listing 10.3: Procedure zur PID-Regelung

10.2.2 Einfluß der Auffrischungsrate

Wie bereits erwähnt, ist der Einfluß des Wertes DT besonders groß auf die Stellgröße. Er geht stark in die Berechnung der Werte von SF und XT ein.

Ist das Aufrufintervall der Procedure z.B. doppelt so groß, wie in DT angegeben, wirkt sich das beim Integralanteil so aus, als wäre der Parameter T_n

doppelt so groß. Praktisch bedeutet das, daß der Integralanteil von der Wirkung her genau auf die Hälfte reduziert wird. Der D-Anteil seinerseits errechnet die doppelte Steigung der Regelgröße. Dies entspricht in der Parameterangabe ebenfalls der Situation, als wäre T_v mit dem zweifachen Wert angegeben. Bei schwankenden Aufrufintervallen kann die Regelung also schon heftig durcheinander geraten.

Eine Möglichkeit, wie man dieses Problem umgehen kann, besteht darin, die Regelroutine samt Messung des aktuellen Istwertes durch den Interrupt 1Ch auslösen zu lassen. Damit wird ca. 18,2 mal je Sekunde geregelt. Eine zweite Möglichkeit, eigentlich die bessere, ist, den Wandlungsvorgang für den Istwert durch einen Timer zu steuern und in der Interruptroutine, die den Wandler ausliest, direkt die Berechnung der neuen Stellgröße vorzunehmen. Eine zu diesem Zweck modifizierte Routine zeigt Listing 10.4. Einer der Vorteile dieser Methode liegt darin, daß das Zeitintervall für den Aufruf der Regelung in weiten Grenzen frei wählbar ist. Ein weiterer Vorteil ist, daß die Wandlungszeit, genauer gesagt, die Wartezeit auf das EOC-Signal des Wandlers entfällt. Der Wandler braucht lediglich ausgelesen werden. Wird der Interrupt über den Rechnerzeitgeber ausgelöst, muß der Wandlungsvorgang am A/D-Wandler separat gestartet werden. Durch den Wegfall der Wartezeit in der Programmschleife läßt sich also ein kürzeres Aufrufintervall erreichen. Bei sehr kleinen Zeitkonstanten der Regelstrecke ist dies für die Stabilität wichtig.

```
procedure regler; interrupt;

begin
   ist := (port[ba+1] shl 4) + (port[ba] shr 4);
   (* Wert    aufnehmen *)
   af := nf;
   nf := ist - soll;
   sf := sf + nf*dt + (af-nf)/2*dt;
   xt := (nf-af)/dt;
   pid := 2048 - round(kp*(nf+1/tn*sf+tv*xt));
   if pid > 4095 then
      pid := 4095;
   if pid < 0 then
      pid := 0;
   port[da] := lo(pid);      (* Direkte Ausgabe *)
   port[da+1] := hi(pid);    (* des Stellwertes *)
   port[$20] := $20;
end;
```

Listing 10.4: Interruptroutine zur Regelung

Die Vorbereitung des Systems und die Installation der Interruptroutine geschehen genau so, wie bei dem Beispiel in Abschnitt 7.1.2.4. Es können im
Prinzip die gleichen Routinen verwendet werden. Im Gegensatz zur reinen
Messung von Signalverläufen wird hier kein Schleifenzähler inkrementiert,
der nach einer vorher bestimmten Anzahl von Durchläufen den Interrupt
wieder abschaltet. Vor Abbruch des Programms muß also sichergestellt werden, daß der Interrupt deaktiviert wird. Wird der Rechner nicht abgeschaltet
oder neu gebootet, läuft er sonst bis zum Jüngsten Tag. Sollte sich zwischenzeitlich an der Speicherbelegung etwas ändern, zeigt der Interruptvektor
sozusagen ins Leere. Es bleibt nur der Griff zur Reset-Taste. Vorsicht ist also
geboten bei Programmabbruch durch andere Maßnahmen, wie z.B. Keybreak
im Hauptprogramm, Laufzeitfehler usw. Es empfiehlt sich dringend die Installation einer zusätzlichen EXIT-Procedure. Hinweise darauf sind dem Pascal-
Handbuch zu entnehmen.

10.2.3 Regler mit Teilverhalten

Nicht alle Prozesse benötigen eine PID-Regelung. Bei Folgeregelungen z.B.
kann ein I-Anteil des Reglers lediglich Unheil anrichten. Es gibt mehrere
Möglichkeiten, dieser Situation zu begegnen. Die erste ist, man setzt die Zeit
Tn auf einen sehr großen Wert. Damit wird der Anteil des Integrals praktisch
zu Null, weil in der Gleichung durch die Zeit T_n geteilt wird. Der zweite und
bessere Weg ist der, alle Berechnungen zu dieser Sparte einfach auszulassen.
Die Routine arbeitet dadurch schneller. Es steht mehr Zeit für Bildschirmausgaben o.ä. zur Verfügung. Für den D-Anteil gilt das gleiche. Wird er nicht
benötigt, sollte die Berechnung gänzlich übergangen werden. Für diesen Fall
kehren wir zurück zu der Routine aus Listing 10.1.

Grundsätzlich ist bei allen Anwendungen der zulässige Bereich der Größe Y
zu überwachen. Möglicherweise darf sie wegen des verwendeten D/A-Wand-
lers nur positive Werte annehmen. Je nach Stellglied sind aber auch Werte von
+2.047 bis -2.048 möglich. Der Bereich ist im Einzelfall anzupassen (vgl.
Listing 10.2).

10.3   Parametereinstellung

Der Erfolg einer Regelung ist letztlich abhängig von der Wahl der richtigen
Parameter. Praktisch haben sich mehrere Verfahren etabliert. Alle führen
letztlich aber zum gleichen Resultat.

Wenn auch durch Methoden wie z.b. die Frequenzganganalyse die Wahl der
Parameter, die am Regler einzustellen sind, erleichtert wird, bleibt in der
Praxis für die Feineinstellung, oder wie man auch sagt, für den letzten Schliff,
letztendlich doch nur die Methode von Versuch und Irrtum.

Das Problem, das meistens auftritt, ist, daß für die Nutzung am Computer die
Signale der Regelgröße eben doch nicht als normierte Signale vorliegen. Bei
der Messung mit Thermoelementen vom Typ K entspricht eine Temperatur
von 1.000 °C mit einer Verstärkung um den Faktor 100 einer Spannung von ca.
4,3 V. Eine Normierung auf den Bereich 0 bis 10 V wird dann noch selten
vorgenommen. Das Problem dabei ist, man müßte entweder die Verstärkung
nochmals um den Faktor 2,32... anheben, oder die Anpassung rechnerisch
vornehmen. In jedem Fall wird auch der mögliche Fehler um genau diesen
Faktor   vergrößert.

Bei einem Temperaturbereich von z.B. 800 °C gilt schon wieder ein anderer
Wert.

Die Wahl der richtigen Regelparameter, insbesondere der Verstärkung K_p,
gestaltet sich dadurch manchmal als recht schwierig. Durch die Untersuchungen der Strecke nach den verschiedenen vorgestellten Methoden können
durchaus gute Werte abgeschätzt werden. Die endgültigen Einstellungen lassen sich aber trotzdem nur durch anschließende Versuche an der Strecke
finden.

10.3.1 Einstellung nach der Stabilitätsgrenze

Eines der verwendeten Verfahren nennt man Einstellung nach der Stabilitätsgrenze. Es hat den Vorteil, daß die Optimierung auch ohne tiefgehende Untersuchungen der Strecke angewendet werden kann. Damit man bei dieser Vorge-

hensweise möglichst schnell zum Ziel kommt, sollte die Findung der Parameter in folgender Weise vorgenommen werden:

Auf den Regelkreis wird eine sprunghafte Veränderung einer Störgröße aufgekoppelt. Bei Regelungen, die mehr auf das Führungsverhalten hin abgestimmt werden sollen, benutzt man eine Sollwertänderung. Mit den Einstellungen für $T_v = 0$ und $T_n = \infty$ wird der Faktor K_p so lange vergrößert, bis die Strecke gerade beginnt, periodisch zu schwingen. Man hat damit den Wert der kritischen Verstärkung K_{Pkrt} gefunden. Als nächstes benötigt man die Periodendauer dieser Schwingung T_{krit}. Bei relativ langsamen Schwingungen kann diese mit einer Stoppuhr hinreichend genau gemessen werden. Schwingt die Strecke höherfrequent, sollte man dem Computer als zusätzliche Aufgabe diese Messung übertragen.

Diese beiden gefundenen Werte dienen jetzt als Grundlage für die optimale Einstellung des Reglers. In Abb. 10.2 sind die Einstellwerte unter Bezug auf K_{Pkrit} und T_{krit} für die verschiedenen Reglertypen zusammengestellt.

Reglerart	Einstellwerte
p	$K_p \approx 0{,}5\ K_{Pkrit}$
PI	$K_p \approx 0{,}45\ K_{Pkrit}$ $T_n \approx 0{,}85\ T_{krit}$
PID	$K_p \approx 0{,}59\ K_{Pkrit}$ $T_n \approx 0{,}5\ T_{krit}$ $T_v \approx 0{,}12\ T_{krit}$

Abb. 10.2: Optimale Parameter nach der Methode der Stabilitätsgrenze

10.3.2 Einstellung nach der Übergangsfunktion

Nicht immer erlaubt es die praktische Situation, daß man eine Regelstrecke zum Schwingen anregen kann. Eine Methode der Ermittlung der Parameter, bei der dies nicht notwendig ist, ist die Einstellung nach der Übergangsfunktion. Dazu werden allerdings Kennlinie und Übergangsfunktion vorausgesetzt.

Aus der Kennlinie wird der Wert X_E benötigt. X_E kennzeichnet den Istwert, der sich bei maximaler Stellgröße an der Strecke einstellt. Als nächstes benötigt man aus der Übergangsfunktion die Zeitwerte für die Totzeit T_t und die Zeitkonstante τ. Bei Regelstrecken höherer Ordnung sind die entsprechenden Ersatzwerte zu verwenden (vgl. Abschnitt 9.3.1.3).

Abb. 10.3 zeigt eine Aufstellung von Näherungsformeln, nach denen die Einstellungen für die verschiedenen Reglerarten aus den Kennwerten der Regelstrecke überschlagen werden können.

| Reglerart | Optimales | |
	Störverhalten	Führungsverhalten
P	$K_P \approx \dfrac{\tau}{3,3\ X_E\ T_t}$	$KP \approx \dfrac{\tau}{3,3\ X_E\ T_t}$
PI	$K_P \approx \dfrac{\tau}{1,7\ X_E\ T_t}$ $T_n \approx 4\ T_t$	$K_P \approx \dfrac{\tau}{2,9\ X_E\ T_t}$ $T_n \approx 1,2\ T_t$
PID	$K_P \approx \dfrac{\tau}{1,05\ X_E\ T_t}$ $T_n \approx 2,4\ T_t$ $T_v \approx 0,4\ T_t$	$K_P \approx \dfrac{\tau}{1,7\ X_E\ T_t}$ $T_n \approx T_t$ $T_v \approx 0,5\ T_t$

Abb. 10.3: Optimale Parameter nach der Übergangsfunktion

Wichtig zu wissen ist, daß die Parametereinstellung auch durch die Regelaufgabe noch weitgehend beeinflußt werden kann. Die in Abb. 10.3 gezeigten Formeln gestatten die Einstellung auf eine minimale Regelfläche.

10.4 Situationsabhängige Regelparameter

Im Normalfall werden die Parameter wie K_P, T_n und T_v einer ganz bestimmten Situation angepaßt. Es soll z.b. in einem Ofen Glas langsam zur späteren Veredelung angewärmt werden. Befindet sich keine Glasscheibe im Ofen, ist mit den eingestellten Werten ganz hervorragend die Solltemperatur zu halten. Die Regelparameter scheinen demnach zu stimmen. Es wird nun eine kalte Scheibe in den Ofen eingebracht. Die Temperatur des Ofens sinkt mehr oder weniger schnell um z.B. 100 K. Durch den Faktor K_p bedingt wird die Heizung mit 100 % Leistung beaufschlagt. Durch diesen Umstand steigt die Temperatur im Ofen langsam wieder an. Wenn jetzt ein I-Anteil in der Regelung beteiligt ist, wird der Summenfehler SF permanent anwachsen. Selbst dann, wenn die Temperatur den Sollwert längst erreicht hat, sorgt der Summenfehler dafür, daß noch weiter geheizt wird.

Bei Verwendung eines analogen Reglers hat man sich mit der Tatsache abzufinden. Bei der Einstellung der Parameter kann dies in Form eines Kompromisses berücksichtigt werden. Der Computer hingegen ist in der Lage, je nach Situation mit den dafür gültigen optimalen Parametern zu arbeiten.

10.4.1 Veränderlicher I-Anteil

Die Ofentemperatur wird also nach der Störung durch das kalte Gut weit überschwingen. Der Regler kann erst dann den Anteil des Integrals zurücknehmen, wenn die gleiche Fläche der Regelabweichung auch in positiver Richtung bestrichen wurde. Dazu ist eine Temperatur über eine gewisse Zeit erforderlich, die oberhalb der Solltemperatur liegt.

Damit diese Situation möglichst ohne großes Überschwingen gehandhabt werden kann, ist es hier z.B. ab einer gewissen positiven Regelabweichung unbedingt erforderlich, den I-Anteil auszuschalten. D.h., wenn ein bestimmter Grenzwert von der Temperatur überschritten wird, ist der Wert SF auf Null zu setzen. Im Programm kann das z.B. durch folgende Anweisung geschehen:

```
if nf > 10 then
begin
  sf := 0;
end;
```

P-und D-Anteil sind jetzt allein für die Regelung zuständig.

10.4.2 Veränderlicher D-Anteil

Soll eine Temperatur in einem Ofen ohne nennenswerte Störungen konstant
gehalten werden, ist eher der wirksame D-Anteil der Regelung zu reduzieren.
Schwankungen, die nicht unbedingt durch die Temperatur verursacht werden,
sondern durch Wandlereffekte, führen hier zu unmittelbaren Änderungen der
Stellgröße, die eigentlich gar nicht notwendig sind. Auch hierbei kann man
sich ein gewisses Toleranzband der Regelgröße vorgeben. Befindet sie sich
innerhalb, wird per Programm die Vorhaltezeit einfach halbiert, oder gänzlich
auf Null gesetzt. Die folgenden Programmzeilen zeigen ein Beispiel.

```
if abs(nf) < 10 then
  tv := 0
else
  tv := tv0;
```


10.4.3 Veränderlicher P-Anteil

Gerade Temperaturregelungen stellen eine gewisse Besonderheit dar. Es ist
möglich, in einem Ofen mit relativ hoher Leistung zu heizen. Auf der anderen
Seite kann durch Abschalten des Heizelementes keine Kühlwirkung erzielt
werden. Temperaturregelstrecken besitzen immer zwei verschiedene Zeitkonstanten. Eine zum Heizen und die andere für das Abkühlen.

Bei einer normalen Regelung sind die Parameter fest eingestellt. Es wird nicht
zwischen Heizen und Abkühlen unterschieden.

Der Computer ist sehr wohl in der Lage zu unterscheiden. Für Regelabweichungen, die positiv sind, also wenn der Istwert höher als der Sollwert ist,

kann eine z.B. um den Faktor 10 höhere Verstärkung K_p angesetzt werden. Damit wird bewirkt, daß die Heizelemente schon bei kleinen Überschreitungen der Solltemperatur vollständig abgeschaltet werden und nicht erst dann, wenn der halbe voreingestellte Proportionalbereich von der Regelgröße nach oben durchlaufen ist.

Allerdings gilt diese Aussage nicht unbedingt pauschal. Es kann in der Praxis auch der umgekehrte Fall eintreten. Es dauert fast endlos lange, bis die Solltemperatur erreicht ist, bei einer Reduzierung der Heizleistung aber kühlt das System schnell aus. Dieser Fall läßt allerdings meist auf einen Fehler bei der Konstruktion der Anlage bzw. bei der Dimensionierung der Heizleistung schließen.

10.4.4 Berücksichtigung von Störungen

Treten in einem System mehr oder weniger periodisch immer die gleichen Störungen auf, wie z.B. das Einbringen kalten Gutes in einen Ofen, kann diese Situation ebenfalls in der Programmierung des Reglers berücksichtigt werden. Bei einem industriellen Prozeß wird die Gutmenge, die eingebracht wird, sicher meist die gleiche sein. Man kann sich daher auf bestimmte Verhältnisse einstellen.

Hat man die Reaktion der Regelstrecke auf diese Störung hin entsprechend untersucht, lassen sich auch hier gezielte Gegenmaßnahmen treffen. Dadurch wird es möglich, die Regelung für den stationären Fall zu optimieren und trotzdem der anfänglich starken Beeinträchtigung gezielt entgegenzutreten.

10.4.5 Berücksichtigung einer nichtlinearen Kennlinie

Zuletzt sei noch eine weitere Möglichkeit erwähnt, die bei Einsatz eines Computers als Regler, einen großen Vorteil bringt. Es können unmittelbar die Einflüsse einer nichtlinearen Kennlinie der Regelstrecke berücksichtigt werden. Speziell bei Folgeregelungen kann dies für die Qualität der Regelung eine erhebliche Verbesserung bedeuten.

Ist die Kennlinie der Regelstrecke im Rechner gespeichert, ist dieser in der Lage, die Verstärkung des Reglers an die jeweiligen, vom Arbeitspunkt abhängigen Gegebenheiten der Strecke anzupassen. Eine optimale Anpassung ist dann erreicht, wenn das Produkt aus K_S und K_P stets gleich gehalten wird.

Ein weiterer Vorteil besteht darin, daß der Grundwert der Stellgröße, der bisher immer nur mit dem Wert 2.048 angenommen wurde, auf einen Wert gesetzt wird, der ebenfalls den Gegebenheiten des Arbeitspunktes entspricht. Damit läßt sich gleichzeitig die bleibende Regelabweichung des P-Reglers kompensieren.

Literatur

[1] U.Tietze, Ch. Schenk, Halbleiter-Schaltungstechnik, Springer-Verlag, 5. Auflage

[2] Dubbel, Taschenbuch für den Maschinenbau, Springer-Verlag, 15.Auflage

[3] Bartsch, Taschenbuch mathematischer Formeln, Verlag Harri Deutsch, 5. Auflage

[4] G. Rose, Formelsammlung für Radio-Fernsehpraktiker und Elektroniker, Franzis Verlag, 11. Auflage

[5] Schwarz, Meyer, Eckhardt, Mikrorechner, VEB Verlag Technik, 3. Auflage

[6] E. Samal, Grundriß der praktischen Regelungstechnik, Verlag R. Oldenburg, München 1964

Sachverzeichnis

Weiteres aus dem Franzis-Buchangebot:

Mit diesem Buch gelingt der leichte Einstieg in die computergesteuerte Meß-, Steuer- und Regeltechnik. Es beschreibt die Problemabläufe in leichtverständlichem Pseudo-Code, einer Darstellungsart, die in der kommerziellen Programmierung zunehmend an Bedeutung gewinnt. Bewußt wurden nur Einzelschaltungen geboten, um dem Anfänger einen leichten Einstieg in das Gebiet der computerautomatisierten Meß-, Steuer- und Regeltechnik zu geben.

Messen, Steuern und Regeln mit PC's

Praxis der rechnergesteuerten Automatisierung. Von Wolfgang **Link**. 2., verbesserte Auflage 1990. 192 Seiten, 147 Abbildungen und 8 Tabellen, gebunden DM 48,–
ISBN 3-7723-6095-5

Das Buch beschreibt die Entwicklung und Anwendung externer Rechner-Interfaces zum Messen, Steuern und Regeln. Durch die Verwendung der RS 232-Schnittstelle ist der Einsatz praktisch an jedem Rechner möglich. Die beschriebenen Anwendungen reichen vom einfachen Relaisinterface bis zum Transientenrecorder mit Abtastraten bis zu 500 kHz. Mit diesem Buch wird der Leser in die Lage versetzt, Interfaces für die jeweiligen Erfordernisse aus dem beschriebenen Material zusammenzusetzen.

Messen, Steuern und Regeln über die RS 232-Schnittstelle

Meßdatenerfassung und Prozeßsteuerung mit dem PC. Von Burkhard **Kainka**. 3., verbesserte **Auflage 1991**. 176 Seiten, 52 Abbildungen, kartoniert DM 48,–
ISBN 3-7723-6054-8

Preisänderung vorbehalten

Franzis-Verlag, Buchvertrieb
Karlstraße 35, 8000 München 2, Telefon (089) 51 17-2 85
Tag-und-Nacht-Service: Telefax (089) 51 17-3 79